XIANDAI FENLI JISHU

现代分离技术

尹芳华 钟 璟 主编
叶 青 王龙耀 马江权 副主编

化学工业出版社
·北京·

本书从分离过程的共性出发，在阐述传统的多组分分离方法的同时，着重介绍了各种新型分离单元的基本原理、相关设备、应用实例和进展情况，并将大型通用流程模拟系统 Aspen Plus 用于化工分离计算。内容包括料液的预处理与固液分离，多组分精馏，特殊精馏技术，新型萃取技术，吸附与离子交换，膜分离过程，薄层色谱、柱色谱和纸色谱，结晶，综合实例和 Aspen Plus 在化工分离计算中的应用，各章均有一定数量的例题和习题。本书在内容的取舍和深度的把握上做了深入细致的工作，使之达到强化基础、更新内容、压缩篇幅和增加信息等多重目的。

本书可作为高等院校化工、制药、生化、应化、轻工等专业分离工程课程的教材，也可供化工、石油、材料、轻工、环境治理等部门从事科研、设计和生产的技术人员参考。

图书在版编目（CIP）数据

现代分离技术/尹芳华，钟璟主编. —北京：化学工业出版社，2009.1（2023.9重印）
ISBN 978-7-122-04163-0

Ⅰ. 现… Ⅱ. ①尹…②钟 Ⅲ. 分离-化工过程 Ⅳ. TQ028

中国版本图书馆 CIP 数据核字（2008）第 182589 号

责任编辑：曾照华　　　　　　　　　文字编辑：昝景岩
责任校对：顾淑云　　　　　　　　　装帧设计：张　辉

出版发行：化学工业出版社（北京市东城区青年湖南街 13 号　邮政编码 100011）
印　　装：北京科印技术咨询服务有限公司数码印刷分部
787mm×1092mm　1/16　印张 14¾　字数 375 千字　2023 年 9 月北京第 1 版第 12 次印刷

购书咨询：010-64518888　　　　　　　售后服务：010-64518899
网　　址：http://www.cip.com.cn

凡购买本书，如有缺损质量问题，本社销售中心负责调换。

定　　价：38.00 元　　　　　　　　　　　　　　　　　　　版权所有　违者必究

前　言

所有自发过程都是一个增熵的过程，其直接的影响就是自然界中的物质是由纯物质逐渐变为混合物，而分离工程则是通过添加能量或物质的方法，使混合物变成人类生产生活需要的纯物质的过程。

从1923年，美国麻省理工学院的刘易斯和麦克亚当斯合著的《化工原理》正式出版、分离操作单元被正式确认、分离工程的理论初见端倪以来，分离工程学科得到了迅速的发展，新的分离技术不断出现。本书在阐述传统多组分精馏的同时，着重介绍各种新型分离单元，如：膜分离、特殊萃取、色谱分离、离子交换等技术的基本原理、相关设备、应用实例和进展情况。力求将现代化学工业、石油工业、生物工业、制药工业等领域中出现的传质分离过程和技术阐述清楚。叙述的内容与工程密切相关，并专列出两个工程应用的实例，以培养读者综合分析和解决实际分离问题的能力。

近年来，"分离工程"或"新型分离技术"也被我国高等院校作为化学工程与工艺、制药工程、应用化学、生物工程、食品工程等专业的一门学科基础课。本书将分离工程、新型分离技术内容进行整合，添加反映学科最新进展的内容，以适应相关专业和行业对分离和提纯技术的不同需求。

本书可作为化学工程与工艺、制药工程、生物工程、轻化工程等本科专业的教材，也可作为相关企业、技术部门工程技术人员的参考书。

全书共分11章，具体分工是：第一、第七章，钟璟；第二、第九章，王龙耀；第三、第十一章，马江权；第四章，尹芳华；第五章，叶青；第六章，李为民；第八章，席海涛；第十章，钟璟、王龙耀。尹芳华、钟璟对全书内容进行了构思和设计，尹芳华对全书进行了统稿和审核。

通过本书读者可以掌握化工、制药、石化、食品和生化等行业常用分离过程的基本原理、操作特点、选用方法，并能通过查找相关书籍或使用相关软件（如：Aspen Plus）完成分离过程的初步工业设计。本书强调工程和工艺相结合的观点，增强设计和分析能力的训练；强调理论联系实际，提高解决实际问题的能力。

本书在编写过程中，参考了一些相关图书；得益于我校从事这方面教学和研究工作的老师提供的宝贵经验和素材。在这里，我们对以各种形式帮助过本书出版的单位和个人表达深深的敬意和谢意。

由于我们自身的知识水平和认识水平所限，书中难免有不妥之处，恳请读者批评、指正。

编者
2008年12月

目 录

第1章 绪论 ………………………………… 1
  1.1 分离过程的演变历程 ………………… 1
    1.1.1 分离工程的起源 ………………… 1
    1.1.2 分离工程的发展 ………………… 1
  1.2 分离工程学科 ………………………… 2
    1.2.1 分离工程学科的构架 …………… 2
    1.2.2 分离工程学科与其他学科的
        关系 ………………………………… 2
  1.3 分离过程的分类 ……………………… 2
    1.3.1 有相产生或添加的分离过程 …… 2
    1.3.2 有分离介质的分离过程 ………… 3
    1.3.3 采用固体分离剂的分离过程 …… 3
    1.3.4 有外加场的分离过程 …………… 4
  参考文献 ……………………………………… 4

第2章 料液的预处理与固液分离 ………… 6
  2.1 预处理 ………………………………… 6
    2.1.1 加热 ……………………………… 6
    2.1.2 凝聚和絮凝 ……………………… 8
    2.1.3 其他预处理方法 ………………… 12
  2.2 固液分离 ……………………………… 14
    2.2.1 影响固液分离的因素 …………… 14
    2.2.2 沉降 ……………………………… 14
    2.2.3 离心 ……………………………… 15
    2.2.4 过滤 ……………………………… 16
  习题 …………………………………………… 17
  参考文献 ……………………………………… 17

第3章 多组分精馏 ………………………… 18
  3.1 设计变量的确定 ……………………… 18
    3.1.1 单元的设计变量 ………………… 19
    3.1.2 设备的设计变量 ………………… 21
  3.2 多组分物系泡点和露点的计算 ……… 24
    3.2.1 多组分系统的泡点计算 ………… 24
    3.2.2 多组分系统的露点计算 ………… 29
  3.3 多组分精馏的简捷计算 ……………… 31
    3.3.1 多组分精馏过程分析 …………… 31
    3.3.2 最小回流比 ……………………… 34
    3.3.3 最少理论塔板数和组分分配 …… 35
    3.3.4 实际回流比和理论板数 ………… 36
    3.3.5 多组分精馏塔的简捷计算方法 … 37
  3.4 多组分精馏的严格计算 ……………… 40

    3.4.1 平衡级的理论模型 ……………… 40
    3.4.2 三对角线矩阵法 ………………… 42
  3.5 气液传质设备的效率 ………………… 51
    3.5.1 气液传质设备处理能力的影响
        因素 ………………………………… 51
    3.5.2 气液传质设备的效率及其影响
        因素 ………………………………… 51
    3.5.3 气液传质设备效率的估算方法 … 53
  习题 …………………………………………… 53
  参考文献 ……………………………………… 54

第4章 特殊精馏技术 ……………………… 55
  4.1 共沸精馏 ……………………………… 55
    4.1.1 共沸物的特性和共沸组成的
        计算 ………………………………… 55
    4.1.2 共沸精馏共沸剂的选择 ………… 58
    4.1.3 分离共沸物的双压精馏过程 …… 62
    4.1.4 共沸精馏流程 …………………… 63
    4.1.5 共沸精馏计算简介 ……………… 64
  4.2 萃取精馏 ……………………………… 65
    4.2.1 萃取精馏基本概念 ……………… 65
    4.2.2 萃取精馏溶剂选择 ……………… 67
    4.2.3 萃取精馏流程及举例 …………… 71
    4.2.4 萃取精馏计算简介 ……………… 73
  4.3 加盐精馏 ……………………………… 74
    4.3.1 气液平衡的盐效应及溶盐选择 … 75
    4.3.2 溶盐精馏 ………………………… 77
    4.3.3 加盐精馏 ………………………… 78
  4.4 反应精馏 ……………………………… 79
    4.4.1 反应精馏类型 …………………… 79
    4.4.2 反应精馏过程 …………………… 82
  习题 …………………………………………… 84
  参考文献 ……………………………………… 84

第5章 新型萃取技术 ……………………… 86
  5.1 双水相萃取 …………………………… 86
    5.1.1 双水相体系 ……………………… 86
    5.1.2 大分子和颗粒在双水相体系中
        的分配 ……………………………… 91
    5.1.3 双水相萃取在生物技术中的
        应用 ………………………………… 95
    5.1.4 双水相萃取过程及设备 ………… 96

5.2 超临界流体萃取 ·················· 97
　　5.2.1 超临界流体及其性质 ········ 97
　　5.2.2 超临界流体萃取的工艺和
　　　　　设备 ···················· 102
　　5.2.3 超临界流体的应用 ·········· 104
习题 ··· 105
参考文献 ·· 105

第6章 吸附与离子交换 ············ 106
6.1 吸附现象与吸附剂 ·············· 106
　　6.1.1 吸附现象 ···················· 106
　　6.1.2 吸附剂 ······················· 107
6.2 吸附平衡与速率 ·················· 109
　　6.2.1 吸附等温线 ················ 109
　　6.2.2 单组分气体（或蒸气）的吸附
　　　　　平衡 ·························· 111
　　6.2.3 双组分气体（或蒸气）的吸附
　　　　　平衡 ·························· 111
　　6.2.4 液相吸附平衡 ·············· 112
　　6.2.5 吸附速率 ···················· 113
6.3 固定床吸附过程 ·················· 115
　　6.3.1 固定床吸附器 ·············· 115
　　6.3.2 固定床吸附器的流程及操作 ·· 116
　　6.3.3 固定床吸附器的设计计算 ···· 117
6.4 变压吸附过程 ······················ 118
　　6.4.1 变压吸附操作原理 ········ 119
　　6.4.2 变压吸附循环流程 ········ 119
　　6.4.3 变压吸附过程计算和工艺
　　　　　条件 ·························· 122
6.5 离子交换过程 ······················ 125
　　6.5.1 离子交换树脂 ·············· 125
　　6.5.2 离子交换原理 ·············· 127
　　6.5.3 离子交换树脂的选用 ······ 129
　　6.5.4 离子交换过程设备与操作 ···· 130
　　6.5.5 离子交换过程计算 ········ 133
习题 ··· 137
参考文献 ·· 138

第7章 膜分离过程 ···················· 139
7.1 反渗透 ······························· 139
　　7.1.1 反渗透的原理 ·············· 139
　　7.1.2 描述反渗透过程的数学模型 ·· 140
　　7.1.3 反渗透工艺 ················ 143
　　7.1.4 反渗透的应用 ·············· 144
7.2 纳滤 ·································· 145
　　7.2.1 纳滤过程 ···················· 145
　　7.2.2 纳滤分离机理和分离规律 ···· 146

　　7.2.3 纳滤过程的数学描述 ······ 146
　　7.2.4 NF膜的种类 ················ 147
7.3 微滤和超滤 ························· 147
　　7.3.1 过程特征和膜 ·············· 147
　　7.3.2 浓差极化和膜污染 ········ 149
　　7.3.3 预测渗透通量的数学模型 ···· 150
　　7.3.4 微滤和超滤的组件和工艺 ···· 153
　　7.3.5 工业应用 ···················· 156
7.4 电渗析 ······························· 158
　　7.4.1 电渗析过程 ················ 158
　　7.4.2 电渗析中的传递 ············ 159
　　7.4.3 电渗析工艺 ················ 162
　　7.4.4 电渗析的应用 ·············· 165
7.5 渗透汽化 ···························· 166
　　7.5.1 渗透汽化过程 ·············· 166
　　7.5.2 渗透汽化中的传质 ········ 167
　　7.5.3 渗透汽化模型和计算 ······ 169
　　7.5.4 渗透汽化的应用 ············ 171
习题 ··· 171
参考文献 ·· 172

第8章 薄层色谱、柱色谱和纸
　　　　色谱 ································ 173
8.1 薄层色谱法 ························· 173
　　8.1.1 吸附剂 ······················· 174
　　8.1.2 铺层及活化 ················ 174
　　8.1.3 点样 ·························· 175
　　8.1.4 展开 ·························· 175
　　8.1.5 显色 ·························· 177
　　8.1.6 比移值 ······················· 178
8.2 纸色谱法 ···························· 178
　　8.2.1 点样 ·························· 178
　　8.2.2 展开 ·························· 179
8.3 柱色谱法 ···························· 179
　　8.3.1 吸附剂 ······················· 179
　　8.3.2 溶剂 ·························· 179
　　8.3.3 装柱 ·························· 180
习题 ··· 180
参考文献 ·· 180

第9章 结晶 ······························· 181
9.1 结晶过程的原理 ·················· 181
9.2 晶核形成与晶体生长 ············ 184
　　9.2.1 初级成核 ···················· 184
　　9.2.2 二次成核 ···················· 185
　　9.2.3 晶体的生长 ················ 186
9.3 工业结晶过程 ······················ 187

9.3.1 常用的工业起晶方法 …………… 187
9.3.2 过饱和度的形成与维持 …………… 187
9.3.3 简单结晶过程的计算 ……………… 189
9.4 晶体的质量控制 …………………………… 189
9.4.1 晶体质量的内容及影响因素 ……… 190
9.4.2 产品的结块 ………………………… 191
9.4.3 重结晶 ……………………………… 192
9.5 结晶设备 …………………………………… 192
9.5.1 冷却结晶器 ………………………… 193
9.5.2 蒸发结晶器 ………………………… 194
9.5.3 真空结晶器 ………………………… 194
9.5.4 盐析与反应结晶器 ………………… 194
9.5.5 结晶器的选择 ……………………… 195
习题 ……………………………………………… 196
参考文献 ………………………………………… 196

第 10 章 综合实例 …………………………… 197
10.1 工业实例 1：乙二醇的生产 …………… 197
10.1.1 概述 ……………………………… 197
10.1.2 乙二醇的生产方法概述 ………… 197
10.1.3 乙二醇的直接水合法生产
流程 ……………………………… 198
10.1.4 流程中涉及的分离过程 ………… 199
10.1.5 安全、能耗和环保问题 ………… 199
10.2 工业实例 2：头孢菌素 C 的分离
与提纯 …………………………………… 202
10.2.1 CPC 的物化性质 ………………… 202
10.2.2 CPC 盐生产工艺 ………………… 202
10.2.3 CPC 的生产环节 ………………… 203
10.2.4 工艺特点 ………………………… 205

习题 ……………………………………………… 205
参考文献 ………………………………………… 205

第 11 章 Aspen Plus 在化工分离计算中的应用 ………………………………… 206
11.1 Aspen Plus 简介 ………………………… 206
11.1.1 Aspen Plus 的主要功能和
特点 ……………………………… 206
11.1.2 Aspen Plus 的物性数据库 ……… 206
11.1.3 Aspen Plus 的热力学模型 ……… 207
11.1.4 Aspen Plus 的物性分析工具 …… 208
11.1.5 Aspen Plus 的单元模型库 ……… 208
11.2 Aspen Plus 基本操作 …………………… 208
11.2.1 Aspen Plus 的启动 ……………… 208
11.2.2 Aspen Plus 的流程设置 ………… 209
11.2.3 物流数据及其他数据的输入 …… 210
11.2.4 结果的输出 ……………………… 211
11.2.5 灵敏度分析和设计规定 ………… 211
11.2.6 物性分析和物性估算 …………… 211
11.2.7 物性数据回归 …………………… 212
11.3 Aspen Plus 塔设备计算中的单元
模块 ……………………………………… 212
11.3.1 DSTWU 模块 …………………… 213
11.3.2 RadFrac 模块 …………………… 213
11.4 Aspen Plus 应用实例 …………………… 218
11.4.1 二元混合物连续精馏的计算 …… 218
11.4.2 三元混合物连续精馏的计算 …… 224
11.4.3 乙醇-水-苯恒沸精馏的计算 …… 225
习题 ……………………………………………… 228
参考文献 ………………………………………… 229

第 1 章 绪 论

世界万物都是由有序自发地走向无序，所有的纯物质都逐渐变为混合物。分离工程就是将混合物分离成两种或两种以上较纯物质的一门工程技术学科。近年来，分离工程发展迅速，新的分离方法不断出现，很多传统的分类方法在新的领域也找到了用武之地。同时，与分离工程相关的理论、设备及研究方法也不断充实。由于分离过程的选择都是与被分离的物质密切相关的，所以分离工程的发展和应用也是与被分离的体系不可分割的。本书着重介绍化工相关工业中的现代分离工程和技术问题。

1.1 分离过程的演变历程

1.1.1 分离工程的起源

与其他学科一样，分离过程和技术也是在总结生产和生活实践的基础上逐渐形成和发展起来的，生产实践是分离工程形成与发展的源泉。

早在数千年前，人们已利用各种分离方法制作出许多人们生活和社会发展中需要的物质。例如，利用日晒蒸发海水结晶制盐；从矿石中提炼铜、铁、金、银等金属；火药原料硫黄的制造；从植物中提取药物；酿造葡萄酒时用布袋过滤葡萄汁等等。这些早期的生产活动都以分散的手工业方式进行，主要依靠世代相传的经验和技艺，尚未形成科学的体系。

18世纪产业革命以后的欧洲，三酸二碱等无机化学工业的形成开辟了现代化学工业。这些化工生产中需要将产品或生产过程的中间体从混合物中分离出来。例如，当时著名的索尔维制碱法中，使用了高达二十余米的纯碱碳化塔，同时应用了吸收、蒸馏、过滤、干燥等分离操作。但是当时的分离工程实际上是单个的分离单元操作。

20世纪初，单元操作概念的形成对化学工程的发展起了重大的作用。1901年，G. E. 戴维斯（George Edwards Davis）在英国出版了第一本《化学工程手册》，奠定了化学工程的基础。1923年，美国麻省理工学院的 W. K. 刘易斯和 W. H. 麦克亚当斯合著的《化工原理》正式出版。这时，分离工程的理论初见端倪。

1.1.2 分离工程的发展

化工分离单元操作的形成和对单元操作的规律进行抽象形成的理论，为分离过程在化工工艺开发、化工过程放大、化工装置设计和在化工生产中的正确应用提供了较为完整的理论体系和经济高效的分离设备，对促进化学工业的发展起到了重要的作用。

随着炼油工业和原子能工业的发展，分离工程的理论和技术在20世纪得到了充足的发展。进入20世纪70年代以后，化工分离技术趋向于复杂化、高级化，应用也更加广泛。与时同时，其他学科，如：材料学科、生物学科、环境学科等的发展也为分离工程提出了一些新型的边缘分离技术，如生物分离技术、膜分离技术、环境化学分离技术、纳米分离技术、超临界流体萃取技术等。

新型分离技术目前受到材料开发、生产成本及其他学科发展的限制，工业化应用程度还不高，但它们已经在某些高新领域显示出良好的分离性能和强劲的发展势头。目前新型分离技术主要包括：膜分离技术、膜技术-传统技术的改进、传统分离技术的新应用和反应-分离技术的耦合四个方面。这些技术将是未来分离工程的发展方向。

1.2 分离工程学科

1.2.1 分离工程学科的构架

由于分离工程与被分类的体系密切相关，所以目前分离工程学科的发展都是与其应用的领域密不可分的。以化学分离工程为例：化学分离工程属于二级学科，其隶属于化学工程一级学科。其下面涵盖：蒸馏、吸收、萃取、吸附与离子交换、膜分离、蒸发与结晶、干燥和化学分离工程其他学科八个三级学科。同时它又与其他二级学科，如：化学传递过程、化学反应工程、化工系统工程、化工机械与设备等有密切的联系。所以分离工程并不是一个孤立的学科，在研究过程中也需要其他学科的理论和技术。

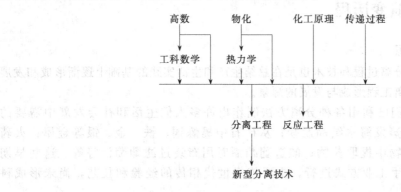

图 1-1 分离工程与其他学科的关系图

1.2.2 分离工程学科与其他学科的关系

图 1-1 列出了在工科院校尤其是化工类院校与分离工程相关的前续和后续课程，从图中可以看出，分离工程的发展、形成及研究开发必须是一个多学科紧密联系和交叉的过程，其学科的发展依赖相关的学科，也制约着相关的学科。

1.3 分离过程的分类

目前工业上采用的分离方法很多，装置的结构和类型也多种多样。多数的分离过程都是依照分离原理分为机械分离过程和传质分离过程，对于传质分离过程又进一步分为平衡分离过程和速率分离过程。由于本书的定位注重分离过程相关的技术，因此我们按照分离过程中体系内物质的变化（包括相态变化和种类变化）和使用的分离剂的类型来进行分类。

1.3.1 有相产生或添加的分离过程

在分离均相混合物时，通常采用添加或产生第二个不互溶的相实现产品的分离。第二相的产生是通过外加能量分离剂（热和功）产生相变或直接添加第二相的物质分离剂两种途径实现的。有些分离过程同时使用能量分离剂和物质分离剂。

表 1-1 列出了工业上常见的与两相间传质相关的分离过程，其中在工业上已经能够成功设计的过程用"＊"标注出来，这些过程已经有较成熟的理论，借助于计算机辅助的化工过

程设计和模拟程序，可以较轻松地设计出连续稳态的过程。

表 1-1 相产生或添加的分离过程

分离操作	进料相态	产生或添加的相态	分 离 剂	工 业 实 例
(1)部分冷凝*	蒸汽	液体	热量	采用部分冷凝技术从合成氨工业中分离 H_2 和 N_2
(2)闪蒸*	液体	蒸汽	减压	海水淡化
(3)蒸馏*	蒸汽和/或液体	蒸汽和液体	热量	苯乙烯的纯化
(4)萃取蒸馏*	蒸汽和/或液体	蒸汽和液体	热量和液体萃取剂	丙酮和甲醇的分离
(5)再沸吸收*	蒸汽和/或液体	蒸汽和液体	热量和液体吸收剂	从液化石油气产品中去除乙烷和低碳烃
(6)吸收*	蒸汽	液体	液体吸收剂	烟气中二氧化碳的脱除
(7)汽提*	液体	蒸汽	汽提气	原油常馏塔侧线抽提石脑油、煤油和柴油馏分
(8)回流汽提(水蒸气蒸馏)*	蒸汽和/或液体	液体或蒸汽	汽提气加热量	原油的减压蒸馏
(9)再沸汽提*	液体	蒸汽	热量	回收胺吸收剂
(10)共沸蒸馏*	蒸汽和/或液体	液体或蒸汽	液体夹带剂和热量	用醋酸正丁酯和水形成共沸剂，以从水中分离醋酸
(11)液液萃取*	液体	液体	液体溶剂	回收芳香族化合物
(12)干燥	液体和固体	蒸汽	气体和/或热量	在流化床干燥器中用热空气脱除聚氯乙烯中的水分
(13)蒸发	液体	蒸汽	热量	从尿素和水的溶液中将水蒸发出来
(14)结晶	液体	固体(和蒸汽)	热量	间二甲苯和对二甲苯的混合物中结晶出对二甲苯
(15)凝结	蒸汽	固体	热量	从不凝性气体中回收邻苯二甲酸酐
(16)浸提	固体	液体	液体溶剂	用热水从甜菜中萃取出蔗糖
(17)泡沫浮选	液体	气体	气泡	从废水溶液中回收清洁剂

对于（1）～（3）的分离过程都是基于被分离的物质中组分挥发度的差别实现分离的，在挥发度差别不足以完成分离任务时，就需要采用或添加其他的物质分离剂，如（4）中的萃取剂，（5）、（6）的吸收剂，（7）～（9）的汽提剂和（10）中的夹带剂。（11）～（17）的分离过程都是根据混合物中各组分的溶解度差别、挥发度差别等实现的分离。这类分离过程通常通过塔设备来实现分离操作，且多为传统的分离过程。

1.3.2 有分离介质的分离过程

在目前的工业应用领域，采用多孔和无孔膜作为分离介质，对传统分离方法难以实现的体系实现高选择性的分离日益受到关注。如表 1-2 所列。

1.3.3 采用固体分离剂的分离过程

采用固体物质分离剂的分离过程如表 1-3 所示。固体分离剂通常以颗粒的形式构成填充床层实现分离，也有采用附着在固体表面的液体吸附剂的。

表 1-2 通过分离介质——膜实现的分离过程

分离操作	进料相态	分离介质	工业实例
渗透	液体	无孔膜	—
反渗透*	液体	压力梯度和无孔膜	海水脱盐
渗析	液体	压力梯度和多孔膜	血液净化
微滤	液体	压力梯度和微孔膜	去除饮用水中的细菌
超滤	液体	压力梯度和微孔膜	从奶酪中分离出乳清
渗透汽化	液体	压力梯度和无孔膜	分离共沸物
气体渗透*	蒸汽	压力梯度和无孔膜	氢气的富集
液膜	蒸汽和/或液体	压力梯度和液膜	脱除硫化氢

表 1-3 固体物质分离剂的分离过程

分离操作	进料相态	分离剂	工业实例
吸附*	蒸汽或液体	固体吸附剂	对二甲苯的纯化
色谱分离	蒸汽或液体	固体吸附剂或吸附在固体上的液体吸附剂	二甲苯异构体和乙苯的分离
离子交换*	液体	离子交换树脂	去离子水的制备

1.3.4 有外加场的分离过程

通过被分离体系中各组分或离子对外加场或梯度响应程度的不同可以实现分离。表 1-4 列出了常用的这类分离过程。此类分离过程可以与前面提及的其他分离过程相结合，实现复杂体系的分离操作。

表 1-4 基于外加场或梯度实现的分离过程

分离操作	进料相态	外加场或梯度	工业实例
离心	蒸汽	离心力	铀同位素的分离
热传递	蒸汽或液体	热梯度	氯同位素的分离
电解	液体	电场力	重水的浓缩
电渗析	液体	电场力和膜	海水脱盐
电泳	液体	电场力	半纤维素的回收
场致分离	液体	场中的层流流动	—

参 考 文 献

[1] 邓修, 吴俊生. 化工分离工程. 北京: 化学工业出版社, 2000.
[2] 战树磷. 石油化工分离工程. 北京: 石油工业出版社, 1994.
[3] Seader J D and Henley E J. Separation Process. Principles. John Wiley & Sons Inc, 1988.

[4] 王学松. 膜分离技术及其应用. 北京：科学出版社，1994.
[5] 王湛. 膜分离技术基础. 北京：化学工业出版社，2000.
[6] 蒋维钧. 新型分离传质技术. 北京：化学工业出版社，1992.
[7] 严希康. 生化分离工程. 北京：化学工业出版社，2001.
[8] 毛忠贵. 生物工业下游技术. 北京：中国轻工业出版社，2002.
[9] 陈欢林. 新型分离技术. 北京：化学工业出版社，2005.

第 2 章 料液的预处理与固液分离

在化工生产过程中，原料液中除含有目的物外，往往还存在大量的未反应完全的反应物、原料带来的杂质、催化剂、反应中间产物及副产物等组分。为得到目的物产品，常规的做法是首先将料液中的固形悬浮颗粒或小液滴等非均相组分与可溶性组分分开。特别在生化产品生产过程中，如果目的物为胞内产物，应先通过细胞破碎等手段增大细胞的通透性，使细胞内的目的物渗透到细胞外的液相主体中来，再经过固液分离，除去细胞碎片等固形杂质。当料液中悬浮的固形颗粒或液滴的尺寸较大时，可以通过常规的沉降、离心或过滤等方式除去。但如果这些固形颗粒或液滴的尺寸较小，或其在较小尺寸范围内有较多的分布，则直接采用常规的非均相分离方法将很难将它们分开。此时，往往需对原料液进行预处理，以使后继的分离过程能够顺利进行。

通过物理和化学的手段将可溶性杂质转化为固形颗粒，然后与其他大颗粒固形物一起进行固液分离。在特定的料液体系中，影响固液分离的主要因素是固形物颗粒的形状和大小等特性。对于颗粒细小的固形物，可以采用凝聚和絮凝技术来增大其体积，从而提高固液分离的速度和效果。在常规分离方法中，常用的固液分离方法包括沉降、过滤和离心等单元操作。

2.1 预处理

预处理的主要目的是为了改善料液中非均相组分的分布特性及料液的流体特性，以利于非均相物系的分离，同时还除去一些对下游分离操作有影响的杂质，使后继的分离提纯过程能顺利进行。

例如生化发酵液中含有大量的核酸、蛋白质和多糖等大分子物质，这些杂质不仅会提高发酵液的黏度，降低固液分离的速度，还会影响到下游的分离过程。在溶剂萃取过程中会促使乳化现象发生，导致分相困难，造成物料损失；在离子交换或吸附过程中，会降低吸附容量，并造成吸附剂不可再生性污染；在膜过滤过程中，会在膜表面形成浓差极化，使膜通量迅速衰减，并降低膜寿命；在结晶过程中会影响到晶体的形貌及粒径，并会因吸附残留影响到晶体的表观状态及质量。此外，料液中往往还含有大量 Ca^{2+}、Mg^{2+}、Fe^{3+} 等无机盐，这不仅会影响到产品的质量（灰分、重金属含量等），还会影响到下游处理过程的进度和效果。因此，在实际应用过程中，往往要通过加热、凝聚与絮凝、反应等预处理方法尽可能地去除有关的杂质。

2.1.1 加热

加热是发酵液预处理最简单、最常用的预处理方法，即把待处理料液加热到所需温度并保温适当时间。加热可有效降低液体黏度，从而改善固-液分离条件，使固液分离变得容易。同时，在适当温度和受热时间下可使蛋白质凝聚，形成较大颗粒的凝聚物，进一步改善料液的特性。如链霉素发酵液在 pH 3 的条件下，70℃加热半小时后可使过滤速度增加 10~100 倍。同时，通过加热，在温度达到变性温度值后，微生物细胞内的生理活性物质，如酶蛋白质、核蛋白质、脱氧核糖核酸等，就会发生变性和钝化，从而失去细胞膜的渗透机能、代谢活性和增殖能力，导致微生物死亡，最终达到防止料液腐败或微生物滋生的目的，获得灭菌的效果。但加热的方法只适合于目的物产品对热稳定的料液体系。

(1) 加热对料液黏度的影响

黏度是流体的一种属性,同种流体的黏度显著地与温度有关。一般情况下,随温度升高,液体的黏度会减小,而气体的则增大。水的黏度可参见图2-1,其他料液的黏度可参见有关工具书中的黏度-温度图。不同流体的黏度数值不同,尤其当料液体系为混合物时,黏度往往需要通过黏度计等仪器实验测得。

对于黏度较高的料液,为便于输送和过滤等后续操作,需要通过预处理降低料液的黏度。加水稀释能降低液体黏度,但会增加悬浮液的体积,加大后继过程的处理任务。而且,单从过滤操作看,稀释后过滤速率提高的百分比必须大于加水比才能认为有效。在此情况下,加热就成为了优先考虑的方法。

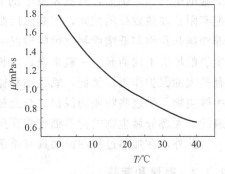

图 2-1 水的黏度(0~40℃)

(2) 加热产生的灭菌作用

生物体内的各种酶,大多数在70~80℃失活。不过,有些细菌的α-淀粉酶和过氧化物酶等,则需要在90℃以上,经过比较长的时间才能失活。

微生物细胞对加热的耐受性与微生物的种类有显著的关系。一般来说,属于同一分类学族的微生物大体显示类似的耐热性。对于酵母,其大部分营养细胞在50~58℃、10~15min的加热处理下死亡。若加热到100℃,所有的酵母均在数分钟内死亡。例如牛乳等也可用63℃、30min处理来进行灭菌。这种采用100℃以下的温度和比较短时间的加热处理,通常称为巴氏杀菌法。

而丝状菌,其大多数菌丝和孢子在60℃的温热条件下,经5~10min会死亡。红霉、青霉和毛霉等比其他霉的耐热性要强,而且干热下比湿热下更具耐热性。在加热120~130℃、约30min情况下,仍不死亡的丝状菌孢子也不少。

细菌比酵母和丝状菌具有更强的耐热性。细菌是最原始的生物,其分布广、种类多、可生存的环境也宽。多数酵母和丝状菌的繁殖在30℃附近最适宜,而很多种类的细菌则以40~50℃为最适繁殖的温度。除了中温和高温繁殖细菌外,细菌芽孢也比酵母、丝状菌或霉菌孢子更耐热,即使在100℃、数小时的加热下也不容易死亡。对于这样的细菌芽孢,只有100℃以上的高压杀菌才能使杀菌彻底进行。部分芽孢加热温度与死亡的关系如表2-1所示。

表 2-1 加热温度对芽孢死亡时间的影响

(玉米浆,pH 6.0,耐热性酸败菌:A. 200000个/mL,B. 2000个/mL)

A		B	
加热温度/℃	死亡时间/min	加热温度/℃	死亡时间/min
100	1320	100	1080
105	690	105	540
110	225	110	175
115	84	115	60
120	23	120	17
125	8	125	6
130	3.5	130	2.5
135	1.25	135	1.0
140	1.0	140	0.66

但是，在实际操作时，提高加热温度必须与目的物的耐受性相关联，否则可能得不偿失。

除了以上各种因素外，存在于环境溶液中的各种低分子物质和高分子物质也影响微生物细胞的耐热性。例如，料液体系中的氧化钠，在 0.5%～3.0% 的低浓度时，对某些细菌芽孢有阻止加热致死的效果，但高浓度则与此相反，能促进加热死亡。糖类对某种微生物的营养细胞和芽孢与低浓度氯化钠的情况一样，有保护的作用。但能起最大保护作用的浓度依微生物的种类不同而异。一般来说，生长在糖浓度高的环境下的高渗透压的微生物，高糖浓度有最大的保护作用。然而，氯化钠和糖类等的低分子溶质对微生物的保护效果并不普遍。有些微生物不受这些物质的保护。与此相反，蛋白质和淀粉等高分子物质的保护效果是相当普遍的，大部分微生物的营养细胞和芽孢的耐热性随这些物质浓度增加而增强。

此外，在加热过程中添加具有杀菌作用或抑菌作用的化合物，则可以提高杀菌的效果。

2.1.2 凝聚和絮凝

对于料液中颗粒细小的固形物，可以采用凝聚或絮凝技术来增大其体积，从而提高固液分离的速度和效果。絮凝预处理能显著地加快料液中固体颗粒的沉降，提高过滤速度。

(1) 凝聚

凝聚是指在特定电解质作用下，破坏悬浮固形颗粒、菌体和蛋白质等胶体粒子的分散状态，使胶体粒子聚集的过程。

解释凝聚微观机理的模型是扩散双电层结构模型。由于吸附溶液中的离子或自身基团的电离，溶液中胶体粒子的表面都带有电荷。在静电引力的作用下，溶液中带相反电荷的离子（粒子）会被吸附在胶体粒子周围，在界面上形成双电层结构。同时，在热运动作用下，这些离子还具有离开胶体粒子表面的趋势。此时，双电层可看成是由两部分组成的，在相距胶体粒子表面约 1 个离子半径的 Stern 平面内，带反电荷的离子被紧密束缚在胶核表面，形成吸附层。从 Stern 平面开始到溶液主体之间的溶液中，分散着带反电荷的离子，距离胶核越远，浓度越小，直至达到溶液主体的浓度，形成扩散层。图 2-2 是扩散双电层结构模型的示意图。当胶体粒子在溶液中运动时，总有一薄层液体会随着一起滑移，这一薄层的厚度比吸附层稍大，并形成了一个滑移面。在这一模型结构中，不同界面上有着不同的电位，胶核表面的电位 Φ_s 是整个双电层的电位，Stern 平面的电位为 Φ_d，滑移面上的电位为 ζ（又称电动

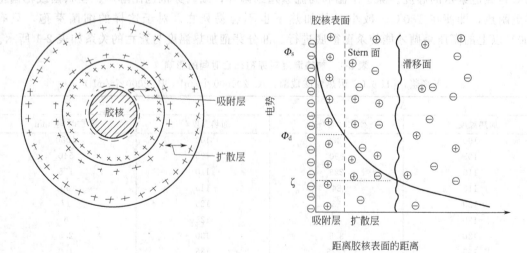

图 2-2 扩散双电层结构模型

电位)。在这三种电位中，只有ζ电位能实际测得，可以认为它是控制胶体粒子间电排斥作用的电位，用来表征对应双电层的特性，并成为研究凝聚机理的重要参数。

由于带有相同电荷和扩散双电层的结构，胶体粒子能够保持分散状态。在布朗(Brown)热运动情况下，如果粒子间距离缩短到使它们的扩散层部分重叠时，就会产生电排斥作用，使两个粒子分开，从而阻止了粒子的聚集。电排斥作用随ζ电位的增大而增强，同时胶粒的分散程度也增大。此外，由于胶粒表面的水化作用，形成了粒子周围的水化层，阻碍胶粒间的直接聚集，从而也促使胶粒能够稳定存在。

在料液中加入具有相反电荷的电解质，可以中和胶体粒子所带的电荷，使其ζ电位降低。同时，电解质离子在水中还会产生水化作用，这会破坏胶体粒子周围的水化层。当双电层的排斥力不足以抗衡胶体粒子间的范德华力时，在热运动作用下，胶体粒子间就会发生直接碰撞，从而形成聚集体。

在形成聚集体过程中，升高温度会加快微观粒子的热运动速度，往往有利于凝聚的发生。就加入的电解质而言，影响凝聚作用的主要因素有电解质的种类、化合价和电解质的用量。根据静电学基本定理，可推导ζ电位的基本公式为：

$$\zeta = \frac{4\pi q \delta}{D} \tag{2-1}$$

式中　q——胶体的电动电荷密度，即滑移面上的电荷密度，C/m^2；
　　　D——水的介电常数，F/m；
　　　δ——扩散层的有效厚度，即Stern平面到电位降低到Φ_d的$1/e$处的距离，不能直接测得，m。

$$\delta = \sqrt{\frac{1000DkT}{4\pi Ne}} \sqrt{\frac{1}{\sum C_i Z_i^2}} \tag{2-2}$$

式中　N——阿伏加德罗常数，mol^{-1}；
　　　e——电子电荷，C；
　　　k——波尔兹曼常数，J/K；
　　　T——热力学温度，K；
　　　C_i——i离子浓度，mol/L；
　　　Z_i——i化合价。

由式(2-1)可知，ζ电位与滑移面上的电荷密度q和扩散层厚度δ有关；由式(2-2)可知，扩散双电层厚度与溶液中带相反电荷的离子浓度及其化合价有关，因此提高离子的化合价和浓度可以使扩散双电层厚度减小，从而使ζ电位降低。

凝聚剂主要是一些无机类电解质，由于大部分被处理的物质带负电荷（如细胞或菌体一般带负电荷），因此工业上常用的凝聚剂大多为阳离子型，分为无机盐类、金属氧化物类。

称使胶体粒子发生凝聚作用的最小电解质浓度（mol/L）为凝聚价或凝聚值，据此可以对电解质的凝聚能力进行评价。根据叔米-哈第法则，带相反电荷的离子化合价越高，凝聚值就越小，即凝聚能力越强。常用的无机盐类凝聚剂有：$Al_2(SO_4)_3 \cdot 18H_2O$（明矾）、$AlCl_3 \cdot 6H_2O$、$FeCl_3$、$ZnSO_4$、$MgCO_3$等；常用的金属氧化物类凝聚剂有：$Al(OH)_3$、$Fe_3O_4$、$Ca(OH)_2$或石灰等。阳离子对带负电荷的胶体粒子凝聚能力的次序为：

$$Al^{3+} > Fe^{3+} > H^+ > Ca^{2+} > Mg^{2+} > K^+ > Na^+ > Li^+$$

此外，加入酸或碱改变溶液的pH值，可以使粒子的荷电性能发生变化。随着荷电量的减少，粒子倾向于凝聚。反之，当粒子所带电荷总量随着pH值的调节而增大时，粒子则倾向于分散。调整 pH 可以影响料液的过滤性能，由于凝聚后粒子尺寸发生改变，并且随着 pH 的调整，粒子间的相互作用也会发生变化，过滤的滤速会受到一定影响。图 2-3 是陶瓷膜过滤肌苷发酵液时膜通量与 pH 关系的实例。

调节溶液 pH 到适当范围，粒子所带电荷有可能会出现正负逆转现象，其中当粒子净荷电量为 0 或接近 0 时，在碰撞作用下粒子很容易聚结在一起，产生凝聚现象，也称这一过程为等电点沉淀。

(2) 絮凝

絮凝是指使用絮凝剂（通常是天然或合成的大分子聚电解质），在悬浮粒子之间产生架桥作用而使胶粒形成粗大的絮凝团的过程。

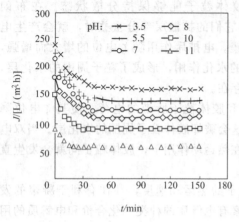

图 2-3 pH 值对膜通量的影响

絮凝剂通常是具有长链线状结构的高分子聚合物，一般其分子量可达数万至数千万。作为絮凝剂使用的化合物应易溶于所处理料液，并且对后继处理及最终产品质量无坏的影响。根据所带电荷的不同，絮凝剂可以分为阴离子型、阳离子型和非离子型三类。其中离子型絮凝剂带有多价电荷，电荷密度会直接影响絮凝效果。絮凝剂的长链结构上具有大量的活性官能团，这些官能团能与胶体粒子产生吸附作用，这样一个絮凝剂长链分子上能够吸附多个颗粒，同时一个胶粒又会同时与多个长链分子发生作用，从而产生架桥作用。如果胶体粒子间的排斥电位不太高，只要高分子聚合物的分子链足够长，跨越的距离超过颗粒间的有效排斥距离，就能把多个胶体粒子连接在一起，形成网状结构的絮团，使分散状态的胶体粒子逐渐絮凝在一起，直至成为肉眼可见的粗大絮凝体。高分子絮凝剂吸附胶体粒子的机理主要是各种物理化学作用，如范德华力、静电引力、氢键和配位键等，究竟以哪种机理为主，则取决于絮凝剂、胶体粒子二者的化学结构。高分子絮凝剂的吸附架桥作用如图 2-4 所示。在微观上，由于相互剪切力的作用，絮团上会发生破碎和部分胶体粒子脱离的现象，但同时又有新的粒子结合上来，因此絮团的形成是一个动态的过程。

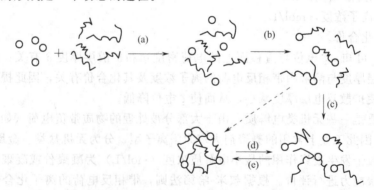

图 2-4 高分子絮凝剂的混合、吸附和絮凝过程示意图
(a) 絮凝剂分子与胶体粒子在液相中均匀混合；(b) 絮凝剂分子吸附在胶体粒子表面；
(c) 吸附重排，形成更稳定的吸附结构；(d) 架桥絮凝形成絮团；(e) 絮团破碎

常用的絮凝剂主要是人工合成的聚合物和天然的聚合物。人工合成的高分子絮凝剂包括聚丙烯酰胺类衍生物、聚苯乙烯类衍生物和聚丙烯酸类化合物等，在生化料液体系中还常采用聚亚胺衍生物。天然的高分子絮凝剂包括多糖类物质（如壳聚糖及其衍生物）、海藻酸钠、

明胶和骨胶等。它们都是从天然动植物中提取得到的，具有无毒、使用安全等特点，能够用于食品或医药中。此外，无机高分子聚合物如聚合铝盐和聚合铁盐也可作为絮凝剂使用。絮凝剂具有用量少、絮凝体粗大、分离效果好、絮凝速度快以及种类多、适用范围广等优点，但需注意的是聚丙烯酸类等絮凝剂具有一定的毒性，在食品以及医药工业中使用应考虑能否从最终产品中除去。

对于带负电荷的胶体粒子，阳离子絮凝剂具有同时降低粒子排斥电位和产生吸附架桥的双重机理，而非离子絮凝剂和阴离子絮凝剂则主要通过分子间引力和氢键等作用产生吸附架桥。此时加入无机电解质凝胶剂能够使悬浮粒子间的排斥降低，进而脱稳凝聚成颗粒，这为高分子絮凝剂的架桥创造了良好的条件。恰当地配合絮凝剂使用凝聚剂，可以提高絮凝的效果。

在使用过程中，实际的絮凝效果会受到很多因素的影响，例如絮凝剂的分子量、絮凝剂用量、溶液 pH、搅拌速度和时间等。高分子絮凝剂的分子量越大，分子链越长，吸附架桥的效果就越明显。但是随着分子量的增大，絮凝剂在水中的溶解度会变小，因此应用中要恰当选择适用的絮凝剂。絮凝剂的用量是另外一个重要因素，当絮凝剂浓度较低时，增加用量有助于充分架桥，提高絮凝效果；但是用量过多反而会引起吸附饱和，在胶体粒子表面形成覆盖层而无法产生相互连接的架桥作用，造成胶体粒子再次稳定的现象，絮凝效果反而降低。絮凝剂投加量对脱色率的影响如图 2-5 所示，可见随着絮凝剂用量的增多，残留在液体中的有色微粒逐渐减少，当添加的絮凝剂的量达到一定值后，脱色率的增长变得不太明显，甚至有下降的趋势。

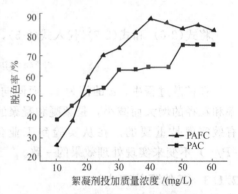

图 2-5　絮凝剂投加量对絮凝效果的影响

与凝聚过程类似，溶液 pH 值的变化也会影响离子絮凝剂官能团的电离度，从而影响絮凝剂的使用效果。提高电离度可使分子链上同种电荷间的排斥作用加大，絮凝剂分子链就从卷曲状态变为伸展状态，因而能发挥更佳的架桥能力。絮凝过程中，必须要注意剪切力对絮凝团的作用，在加入絮凝剂时，液体的湍动（如搅拌）是重要的，它能使絮凝剂迅速分散，但是絮团形成后，高的剪切力会打散絮团。因此应用中搅拌的转速和时间均需控制。在絮凝后的料液输送和固液分离中也应尽量选择剪切力小的设备。

(3) 絮团生成动力学

絮团在形成和生长过程中会经历扩散速率控制的异向凝聚和剪切作用引起的同向凝聚两个生长阶段。在布朗运动作用下胶体颗粒互相碰撞，进而产生凝聚的现象称异向凝聚。在这一阶段，微絮团的生成过程受布朗扩散条件控制，其生长过程符合二级反应定律：

$$-\frac{\mathrm{d}c}{\mathrm{d}t}=k_\mathrm{p}c^2 \tag{2-3}$$

式中　c——颗粒的浓度；

k_p——生长速率常数。

颗粒周围无静电屏蔽和表面水化层等屏障时，k_p 与布朗粒子扩散系数 D 具有如下关系：

$$k_\mathrm{p}=8\pi DNd \tag{2-4}$$

式中　N——阿伏加德罗常数；

d——布朗粒子半径。

当絮团直径尺寸达到 1μm 以上时，凝聚作用不再受扩散控制。在机械搅拌作用下，剪切作用会引起颗粒间相互碰撞，进而发生同向凝聚。在连续搅拌条件下，这一生长过程同样符合二级反应定律：

$$-\frac{dc}{dt}=k_0 c^2 \tag{2-5}$$

定义碰撞中导致沉淀颗粒生长的碰撞分率为有效碰撞因子 a，则速率常数 k_0 可用下式表示：

$$k_0=\frac{2}{3}aNd^3\left(\frac{P/V}{\rho\nu}\right)^{1/2} \tag{2-6}$$

式中　a——有效碰撞因子；
　　　P——搅拌功率；
　　　V——悬浮液体积；
　　　ρ——溶液密度；
　　　ν——溶液运动黏度。

假设生长过程中粒子总体积 φ 不变，则有

$$\varphi=\frac{\pi}{6}d^3 cN \tag{2-7}$$

将式(2-6)和式(2-7)代入式(2-5)，经过变换和积分得

$$c=c_0 \exp\left[-\frac{4}{\pi}a\varphi\left(\frac{P/V}{\rho\nu}\right)^{1/2}t\right] \tag{2-8}$$

在扩散过程中，a 的值为1，而同向凝聚过程中 a 值很小。在搅拌作用下，a 随剪切速率和粒径的增大而减小，是絮凝和凝聚的速度控制步骤。因此，适当的搅拌混合对于过程的有效实现是重要的。在从实验到工业化的放大过程中，往往控制单位体积的输入功率 (P/V) 不变来实现处理效果的一致。

2.1.3　其他预处理方法

(1) 吸附

工业生产中，通过加入适当的吸附剂可以有效除去料液中的色素等杂质，在预处理过程中最常用的吸附剂是活性炭。

活性炭具有良好的吸附性能和化学稳定性，是一种目前广泛应用的非极性的吸附剂。使用活性炭吸附能够去除水体异味、难生物降解的有机污染物和回收某些重金属离子。在吸附过程中，活性炭的比表面积起着主要作用。此外，pH 的高低、温度的变化和被吸附物质的分散程度等因素也对吸附速度有一定影响。

活性炭的吸附作用产生于两个方面，一是物理吸附，指的是活性炭表面的分子受到不平衡的力，而使其他分子吸附于其表面上；另一个是化学吸附，指活性炭与被吸附物质之间的化学作用。活性炭的吸附是上述两种吸附综合作用的结果。在一定的温度条件下，水中的可溶性杂质在活性炭表面积聚而被吸附，与此同时一部分被吸附物质由于分子运动会离开活性炭表面重新进入水中，即发生解吸现象。当活性炭在溶液中的吸附和解析处于动态平衡状态时称为吸附平衡，此时，被吸附物质在溶液中的浓度和在活性炭表面的浓度均不再变化，而此时被吸附物质在溶液中的浓度称为平衡浓度。活性炭吸附能力的大小可用吸附量 q_e 来衡量。

$$q_e=\frac{x}{m}=\frac{(C_0-C_e)V}{m} \tag{2-9}$$

式中　m——吸附剂投加量，g；

x ——吸附剂吸附的溶质总量，mg；
C_0 ——废水中原始溶质浓度，mg/L；
C_e ——吸附达平衡时水中的溶质浓度，mg/L；
V ——废水体积，mL。

在温度一定的条件下，吸附量与溶液浓度之间的关系，称为等温吸附规律。表达这一关系的数学式称为吸附等温式，根据这种关系绘制的曲线图，称为吸附等温线。q_e 值的大小除了取决于活性炭的品种之外，还与被吸附物质的性质、浓度、水温和 pH 值等具体条件有关。由于活性炭为非极性分子，因而溶解度小的非极性物质容易被吸附，而溶解度大的极性物质不易被吸附。

描述吸附容量 q_e 与吸附平衡时溶液浓度 C_e 的关系有 Langmuir、BET 和 Freundlich 吸附等温式。在水处理中通常用费兰德利希（Freundlich）方程式来表达固体吸附剂的吸附容量，即

$$q_e = KC_e \qquad (2\text{-}10)$$

这是一个经验公式，通常将上式变换成线性对数关系式(2-11)，用图解方法可求出 K、n 值。

$$\lg q_e = \lg K + \frac{1}{n}\lg C_e \qquad (2\text{-}11)$$

式中 K ——与吸附比表面、温度有关的常数；
n ——与温度有关的常数。

以 $\lg q_e$ 对 $\lg C_e$ 作图，即可绘制出吸附等温线，其斜率 $1/n$ 被称为吸附指数，一般当其值介于 0.1～0.5 之间时则表示该溶质容易吸附。

连续流活性炭的吸附过程与间歇性吸附有所不同，这主要是因为前者被吸附的溶质来不及达到平衡浓度，因此不能直接应用上述公式，这时应对吸附柱进行被吸附溶质泄漏和活性炭耗竭过程实验，也可简单地采用 Bohart-Adam 关系式表达，即

$$T = \frac{N_0}{C_0 v}\left[D - \frac{v}{KN_0}\ln\left(\frac{C_0}{C_B}-1\right)\right] \qquad (2\text{-}12)$$

式中 T ——工作时间，h；
v ——吸附柱中流速，m/h；
D ——活性炭层厚度，m；
K ——流速常数，$m^3/(g \cdot h)$；
N_0 ——吸附容量，g/m^3；
C_0 ——入流溶质浓度，mg/L；
C_B ——容许出流溶质浓度，mg/L。

(2) 反应消除

改善料液性质的另一种方法是加入反应剂，通过反应的方法来消除料液中不良物质的影响。

通过加入特定反应剂，使之和某些可溶性溶质发生反应生成不溶解的沉淀，其中生成的无定形沉淀除了能进一步吸附料液中的胶状物和悬浮物，往往还可作为助滤剂，提高后继的固液分离效果。通过预处理沉淀脱除的典型杂质是蛋白，当料液中含有大量杂蛋白时，除了可以通过加热、大幅度改变 pH、加有机溶剂（丙酮、乙醇等）等方法使蛋白质变性沉淀以外，还可以通过加入重金属离子（如 Ag^+、Cu^{2+}、Pb^{2+} 等）、有机酸（如三氯乙酸、水杨酸、苦味酸、鞣酸、过氯酸等）或表面活性剂，使蛋白质沉淀析出。

针对特定的料液，通过反应可使原本不溶的悬浮粒子溶解，或使其中的大分子分解，可

以改善料液的特性。例如当料液中含有较多不溶性多糖时，黏度会比较大，造成液固分离困难。此时可添加酶将其转化为单糖，从而提高过滤速度。例如在蛋白酶发酵液中加入 α-淀粉酶，将培养基中剩余的淀粉水解为单糖，可降低发酵液黏度，提高过滤速度。

化工生产中常见的无机杂质主要是 Ca^{2+}、Mg^{2+}、Fe^{3+} 等高价金属离子，在料液中加入盐类反应剂，可在预处理阶段生成沉淀除去。如加入草酸钠或草酸，可去除钙离子和镁离子，生成的草酸钙还能促进蛋白质凝固，提高溶液质量，但草酸镁溶解度较大，沉淀不完全。此时可添加磷酸盐（如三聚磷酸钠 $Na_5P_3O_{10}$），使生成不溶性磷酸钙盐和磷酸镁盐沉淀除去。加入黄血盐，可通过形成普鲁士蓝沉淀除去铁离子。

2.2 固液分离

固液分离即将料液中存在的杂质、细胞、催化剂颗粒、蛋白质絮凝体等的固形物从液相中分离出去的过程，以实现澄清料液或获得固体产品的操作目的。化学工程中常用的固液分离方法包括沉降、离心和过滤等单元操作。

2.2.1 影响固液分离的因素

对于大多数待分离的固液悬混物而言，影响固液分离过程及其分离效果的因素主要是料液的黏度和固形物的外形尺寸。对于沉降和离心等以场作用产生的重力或离心力驱动的固液分离过程，固相与液相的密度差是影响分离效果的重要因素；而对于过滤等压力驱动的固液分离过程，固形物的可压缩性也是影响分离效果的重要因素。

一般地说，待分离液中通常含有如下固形物或大分子：

悬浮固体（$10^4 \sim 10^6$ nm）

最小可见粒子（25000~50000nm）

胶体粒子（100~1000nm）

菌体（300~10000nm）

蛋白质/多聚糖（2~10nm，$10^4 \sim 10^6$ Da）

有机酸和糖等小分子（0.4~1.2nm，100~1000Da）

无机离子（0.2~0.4nm，10~100Da）

水（0.2nm，18Da）

此外，工业生产中的料液中还往往夹带有木屑、石子、丝状物及焊渣等固形颗粒。通常固液分离的难度和费用随着固形颗粒尺寸的减小而增大，对于尺寸细小或难以沉降的固形物颗粒，往往需要进行絮凝或凝聚等预处理，以增大其单个颗粒的体积。对于单个颗粒或絮凝体较大的物料，可以采用沉降或过滤的方法进行固液分离。固液分离的速度通常与黏度成反比，高黏度的物料进行固液分离较为困难。例如典型的生物发酵液等非牛顿型流体，料液的流变特性与其组成和含量均有关系。此时直接进行固液分离操作变得困难甚至不可能，往往需要添加助滤剂等辅助材料才能顺利实现过滤。

高的固形物含量在显著影响料液黏度的同时，也带来其他分离上的问题。例如固液分离后，如何去除固相所持有的液相，以提高目的物的质量或收率。此时采用带有洗涤环节的过滤操作，就显得非常必要。

2.2.2 沉降

利用重力进行沉降是常用的化工固液分离手段。在沉降过程中，固体颗粒会受到重力、

浮力和摩擦阻力的作用。如果假设固体颗粒为球形，则颗粒在沉降过程中所受到的作用力表达式为

重力 $$F_g = \frac{1}{6}\pi d_p^3 \rho_s g \tag{2-13}$$

浮力 $$F_b = \frac{1}{6}\pi d_p^3 \rho_L g \tag{2-14}$$

摩擦阻力 $$F_s = \zeta \frac{\pi d_p^2 \rho_L v_g^2}{8} \tag{2-15}$$

式中 d_p——固体颗粒粒径，m；
  ρ_s——固体密度，kg/m³；
  ρ_L——液体密度，kg/m³；
  g——重力加速度，9.81m/s²；
  v_g——重力沉降速度，m/s；
  ζ——阻力系数。

当雷诺数 Re 的值处于 $10^{-4}<Re<1$ 范围时，粒子周围的流体为滞流状态。此时有

$$\zeta = \frac{24}{Re} \tag{2-16}$$

其中

$$Re = \frac{d_p v_g \rho_L}{\mu_L} \tag{2-17}$$

式中 μ_L——液体黏度。

将式(2-17)、式(2-16) 代入式(2-15)，整理得到 Stokes 定律的表达式：

$$F_s = 3\pi \mu_L d_p v_g \tag{2-18}$$

当浮力、重力和摩擦阻力达到平衡时，固体颗粒匀速沉降，此时沉降速度为：

$$v_g = \frac{d_p^2(\rho_s - \rho_L)g}{18\mu_L} \tag{2-19}$$

当雷诺数 Re 的值处于 $1<Re<10^3$ 范围时，粒子周围的流体处于过渡区，此时可以用 Allen 公式计算沉降速度。

$$v_g = 27\left[\frac{d_p(\rho_s - \rho_L)g}{\rho_L}Re^{0.6}\right]^{0.5} \tag{2-20}$$

当雷诺数 Re 的值处于 $10^3<Re<10^5$ 范围时，粒子周围的流体处于湍流区，此时可以用 Newton 公式计算沉降速度。

$$v_g = 1.74\left[\frac{d_p(\rho_s - \rho_L)g}{\rho_L}\right]^{0.5} \tag{2-21}$$

当固体颗粒为非球形粒子时，上面计算式中的粒子直径 d_p 需用等体积当量直径来代替，并且需要根据颗粒的形状系数 Φ_s 对计算值进行校正。颗粒的形状系数定义为体积相等的球形颗粒表面积 A 和非球形颗粒表面积 A_p 的比值

$$\Phi_s = \frac{A}{A_p} \tag{2-22}$$

2.2.3 离心

在离心力场的推动下，固体颗粒会发生类似在重力场中的沉降过程。如果沉降颗粒到旋转中心的距离为 r，旋转角速度为 ω，离心转速为 N，则有单位质量物体受到的离心力为

$$F_c = r\omega^2 = 4\pi^2 N^2 r \tag{2-23}$$

离心设备的实际离心半径越大、转速越高，则离心力越大。在应用中一般用重力加速度 g 的倍数来表示离心设备的性能。与重力沉降相比，离心只是由重力为推动力变成了由离心力为推动力，因此对比重力沉降过程可以得到离心的沉降速度 v_s 为：

$$v_s = \frac{d_p^2(\rho_s - \rho_L)}{18\mu_L} r\omega^2 = \frac{2\pi^2 d_p^2(\rho_s - \rho_L)N^2 r}{9\mu_L} \tag{2-24}$$

通过交替使用低速和高速离心，可以使不同质量的物质在不同强度的离心力作用下分级沉降，这种离心分离方法叫差速离心法，此法适用于混合样品中各沉降速率差别较大组分的分离。此外，用密度梯度离心法可以观测高分子物的层状沉降，这种方法常在生化分离过程中应用，也被称为区带离心法。

在离心分离原理指导下，目前已经开发出了管式离心机、蝶片式离心机、螺旋卸料离心机等不同形式的离心机，并分别在不同分离要求的化工过程中得到了应用。

2.2.4　过滤

过滤是利用多孔介质对固形颗粒的筛分截留作用来实现固液分离的。按照原料液的流动情况，可以将过滤分为常规过滤和错流过滤，其中常规过滤由于形成明显滤饼层，并且料液流动方向与滤饼方向垂直，因此也被称为死端过滤。

在滤饼和过滤介质的筛分作用下，常规过滤能够截留 $10 \sim 100\mu m$ 的固形颗粒。在恒定压力下，滤速会随着滤饼层的增厚逐渐减慢。此时有滤液体积 V 与过滤时间 t 的关系式

$$t = KV^2 + BV \tag{2-25}$$

对于特定的过滤过程，上式中 K 和 B 均为常数，且有

$$K = \frac{C\alpha\mu}{2A^2\Delta p} \tag{2-26}$$

$$B = \frac{R_m\mu}{A\Delta p} \tag{2-27}$$

式中　C——料液中悬浮颗粒的浓度，kg/m^3；

　　　α——滤饼的质量比阻，m/kg；

　　　μ——滤液的黏度，$Pa \cdot s$；

　　　A——过滤面积，m^2；

　　　Δp——过滤压差，Pa；

　　　R_m——过滤介质的阻力，m^{-1}。

比阻 α 是评价物质过滤特性的主要指标，它与滤饼的结构特性有关，表示单位厚度滤饼的阻力系数。对于不可压缩性滤饼，α 是常数，对于可压缩性滤饼，α 随着过滤压差的增大而增大。

常用的常规过滤设备有板框式过滤机和真空转鼓过滤机，该类设备能够获得固态或半固态的滤饼，并能通过洗涤环节进一步降低滤饼所持有的原溶液。但由于是死端过滤，因此在处理固形颗粒细小、滤饼比阻较大且固含量较高的料液时，效率很低。这时往往需要通过预涂或添加助滤剂的方法来改善滤饼的结构特性，提高过滤速度。

此外，为提高过滤速度及滤液质量，也可以采用以膜过滤为代表的错流过滤方法。但是由于要保持浓缩液在过滤介质表面的高速流动，以减薄滤饼层厚度，其在过滤结束时只能获得富含固形物的浓缩液，而不能获得含湿量较小的滤饼。

习 题

1. 简述进行料液预处理的目的，并说明常用的料液预处理方法。
2. 分别解释凝聚和絮凝的产生机理，比较二者的不同。
3. 何谓同向凝聚和异向凝聚？两者的凝聚速率与哪些因素有关？
4. 什么是凝聚值？比较不同凝聚剂的凝聚值差别。
5. 絮凝剂主要可分为哪几类？简要说明各类的主要特点和使用范围。
6. 说明并比较死端过滤和错流过滤的概念。
7. 说明重力沉降和离心沉降的原理，并比较二者在应用中的优缺点。
8. 试分析影响过滤速度的因素，并给出几种提高固液分离速度的途径。

参 考 文 献

[1] 曾坚贤，邢卫红，徐南平. 陶瓷膜处理肌苷发酵液的研究. 膜科学与技术，2004, 24 (3)：23-27.
[2] 李善评，范思思，赵玉晓. 复合絮凝剂处理酿造废水的性能研究. 工业水处理，2008, 28 (4)：19-22.
[3] 孙彦. 生物分离工程. 第2版. 北京：化学工业出版社，2005.
[4] 顾觉奋. 分离纯化工艺原理. 北京：中国医药科技出版社，2000.
[5] 王龙耀，童张法，雷爱祖. 固定化细胞法在5'-三磷酸腺苷合成中的应用. 微生物学通报，2004, 31 (3)：141-145.
[6] 朱长乐. 膜科学与技术. 杭州：浙江大学出版社，1992.

第 3 章　多组分精馏

精馏是利用液体混合物中各组分挥发度的差异及回流的工程手段来实现分离液体混合物的单元操作，吸收是利用气体混合物中各组分在吸收剂中溶解度的差异分离混合物的单元操作。在化工原理课程中，对双组分精馏和单组分吸收等简单传质过程进行了比较详细的讨论，然而，在化工实际生产中，更多遇到的是含有较多组分或复杂物系的提纯和分离问题。

多组分精馏和两组分精馏的基本原理是相同的，根据挥发度的差异，可将各组分逐个分离。因多组分精馏中溶液的组分数目增多，故影响精馏操作的因素也增多，计算过程就比较复杂。随着计算机应用技术的普及和发展，目前，对于多组分多级分离问题的计算大多有软件包可供使用。

3.1　设计变量的确定

设计分离装置就是要求确定各个物理量的数值，如进料流率、浓度、压力、温度、热负荷、机械功的输入（或输出）量、传热面大小以及理论塔板数等。这些物理量都是互相关联、互相制约的，因此，设计者只能规定其中若干个变量的数值，这些变量称设计变量。如果设计过程中给定数值的物理量数目少于设计变量的数目，设计就不会有结果；反之，给定数值的物理量数目过多，设计也无法进行。因此，设计的第一步还不是选择变量的具体数值，而是要知道设计者所需要给定数值的变量数目。对于简单的分离过程，一般容易按经验给出。例如，对于一个只有一处进料的二组分精馏塔，如果已给定了进料流率、进料浓度、进料状态和塔压后，那么就只需再给定釜液的浓度、馏出液浓度及回流比的数值，便可计算出按适宜进料位置进料时所需的精馏段理论塔板数、提馏段理论塔板数以及冷凝器、再沸器的热负荷等。但若过程较复杂，例如，对多组分精馏塔，又有侧线出料或多处进料，就较难确定，容量出错。所以在讨论具体的多组分分离过程之前，先讨论确定设计变量数的方法。

从原则上来说，确定设计变量数并不困难。如果 N_v 是描述系统的独立变量数，N_c 是这些变量之间的约束关系数（即描述约束关系的独立方程式的数目），那么，设计变量数 N_D 应为：

$$N_D = N_v - N_c \tag{3-1}$$

系统的独立变量数可由出入系统的各物流的独立变量数以及系统与环境进行能量交换情况来决定。根据相律，任一处于平衡态的物系，它的自由度数 $f = c - \pi + 2$，式中，c 为组分数；π 为相数。应当注意：相律所指的独立变量是指强度性质，即温度、压力、浓度，是与系统的量无关的性质。要描述流动系统，除此之外，还必须再加上物流的数量（流率）。即对任一单相物流，其独立变量 $N_v = f + 1 = (c - 1 + 2) = c + 2$。系统与环境有能量交换时，$N_v$ 应相应增加描述能量交换的变量数。例如，有一股热量交换时，应增加一个变量数；既有一股热能交换又有一股功交换时，则增加两个变量数，等等。约束关系式包括：①物料平衡式；②能量平衡式；③相平衡关系式；④化学平衡关系式；⑤内在关系式。根据物料平衡，对有 c 个组分的系统，一共可写出 c 个物料衡算式。但能量衡算式则不同，对每一系统只能写一个能量衡算式。相平衡关系是指处于平衡的各相温度相等、压力相等以及组分 i 在各相中的逸度相等。后者表达的是相平衡组成关系，可写出 $c(\pi-1)$ 个方程式，其中 π 为平衡相的数目。由于我们仅讨论无化学反应的分离系统，故不考虑化学平衡约束数。内在关系通常是指约定的关系，例如物流间的温差、压力降的关系式等等。

下面讨论确定分离装置的设计变量数的方法。

3.1.1 单元的设计变量

一个化工流程由很多装置组成，装置又可分解为多个进行简单过程的单元。因此，首先分析在分离过程中碰到的主要单元，确定其设计变量数，进而确定装置的设计变量数。

分配器是一个简单的单元，用于将一股物料分成两股或多股组成相同的物流，见表 3-1 序号 1。例如，将精馏塔顶全凝器的凝液分为回流和出料，即为分配器的应用实例。一个在绝热下操作的分配器，其独立变量数为：

$$N_v^e = 3(c+2) = 3c+6$$

上式及以后各式中的上标 e 均指单元。分配器一共有三股物流，每股物流有 $c+2$ 个变量。没有热量的引进或移出，表示能量的变量数为零。

单元的约束关系数为：

物料平衡式	$Fx_{i,F} = L_1 x_{i,L_1} + L_2 x_{i,L_2}$	c
能量平衡式	$Fh_F = L_1 h_{L_1} + L_2 h_{L_2}$	1
内在关系式		
L_1 和 L_2 的压力相等	$p_{L_1} = p_{L_2}$	1
L_1 和 L_2 的温度相等	$T_{L_1} = T_{L_2}$	1
L_1 和 L_2 的浓度相等		$c-1$
N_c^e		$2c+2$

因此，分配器单元的设计变量数为：

$$N_D^e = N_v^e - N_c^e = c+4$$

设计变量数 N_D 可进一步区分为固定设计变量数 N_x 和可调设计变量数 N_a，前者是指描述进料物流的那些变量（例如，进料的组成和流量等）以及系统的压力。这些变量常常是由单元在整个装置中的地位，或装置在整个流程中的地位所决定的；也就是说，是事实已被给定或最常被给定的变量。而可调设计变量则是可由设计者来决定的。例如，对分配器来说，固定设计变量数和可调设计变量数分别为：

N_x^e：

进料	$c+2$	
压力	1	
合计	$c+3$	
$N_a^e = N_D^e - N_x^e$	1	

这一可调设计变量可以定为 L_1/F 或 L_2/F 的数值。

绝热操作的简单平衡级（无进料和侧线采出）如表 3-1 序号 12 所示。该单元有两股进料和两股出料，单元与环境无能量交换，故总变量数 $N_v^e = 4(c+2) = 4c+8$。因为气相物流 V_0 和液相物流 L_0 按定义互成平衡，因此该单元的约束总数为：c 个气液相平衡关系式，一个平衡压力等式，一个平衡温度等式，c 个物料平衡式，一个热量衡算式，故 $N_c^e = 2c+3$。

表 3-1 各单元的设计变量数

序号	单元名称	简图	N_v^e	N_c^e	N_D^e	N_x^e	N_a^e
1	分配器	$F \to \bigcirc \begin{matrix}\to L_1\\ \to L_2\end{matrix}$	$3c+6$	$2c+1$	$c+4$	$c+3$	1
2	混合器	$\begin{matrix}F_1\\ F_2\end{matrix} \to \bigcirc \to F_3$	$3c+6$	$c+1$	$2c+5$	$2c+5$	0
3	分相器	$F \to \bigcirc \begin{matrix}\to V\\ \to L\end{matrix}$	$3c+6$	$2c+3$	$c+3$	$c+3$	0
4	泵	$F \to \bigcirc \to F$, W	$2c+5$	$c+1$	$c+4$	$c+3$	1①
5	加热器	$F \to \bigcirc \to F$, Q	$2c+5$	$c+1$	$c+4$	$c+3$	1
6	冷却器	$F \to \bigcirc \to F$, Q	$2c+5$	$c+1$	$c+4$	$c+3$	1
7	全凝器	$V \to \bigcirc \to L$, Q	$2c+5$	$c+1$	$c+4$	$c+3$	1②
8	全蒸发器	$L \to \bigcirc \to V$, Q	$2c+5$	$c+1$	$c+4$	$c+3$	1②
9	全凝器(凝液为两相)	$V \to \bigcirc \begin{matrix}\to L_1\\ \to L_2\end{matrix}$, Q	$3c+7$	$2c+3$	$c+4$	$c+3$	1②
10	分凝器	$V \to \bigcirc \begin{matrix}\to V_0\\ \to L_0\end{matrix}$, Q	$3c+7$	$2c+3$	$c+4$	$c+3$	1
11	再沸器	$L \to \bigcirc \begin{matrix}\to V_0\\ \to L_0\end{matrix}$, Q	$3c+7$	$2c+3$	$c+4$	$c+3$	1
12	简单平衡级	$V_0, L_1 \to \square \to V_1, L_0$	$4c+8$	$2c+3$	$2c+5$	$2c+5$	0
13	带有传热的平衡级	$V_0, L_1 \to \square \to Q$	$4c+9$	$2c+3$	$2c+6$	$2c+5$	1
14	进料板	$F \to \square$	$5c+10$	$2c+3$	$3c+7$	$3c+7$	0

续表

序号	单元名称	简图	N_v^e	N_c^e	N_D^e	N_x^e	N_a^e
15	有侧线采出的平衡级		$5c+10$	$3c+4$	$2c+6$	$5c+5$	1
16	带有传热的进料板		$5c+11$	$2c+3$	$3c+8$	$3c+7$	1
17	带有传热和侧线采出的平衡级		$5c+11$	$3c+4$	$2c+7$	$2c+5$	2

① 若取泵出口压力等于后继单元的压力,则 N_a^e 可视为零。
② 若规定全凝器和全蒸发器的单相流或两相物流的温度分别为泡点和露点,则 N_a^e 可视为零。

因此,绝热操作的简单平衡单元的设计变量数为:
$$N_D^e = N_v^e - N_c^e = (4c+8) - (2c+3) = 2c+5$$

其中 N_x^e:

进料	$2(c+2)$
压力	1
合计	$2c+5$

可见, $N_a^e = N_D^e - N_x^e = 0$
在分离过程中经常遇到的各种单元的分析结果汇总于表 3-1。

3.1.2 设备的设计变量

一个分离设备由若干个单元组成,各个单元依靠单元间的物流而联结成完整的设备。因此,设备的设计变量总数 N_D^u 应是构成设备的各个单元的设计变量数之和,即 $\sum N_D^e$,但若在设备中某一种单元以串联的形式被重复使用时(例如精馏塔),则还应增加一个变量数以区别于一个这种单元与其他种单元相联结的情况。当然,若有两种单元以串联形式被重复使用,则需增加两个变量数。这一表示单元重复使用的变量数称为重复变量 N_r。此外,由于在设备中相互直接联结的单元之间必有一股或几股物流,是从这一单元流出而进入那一单元的,在联结的单元之间有了新的约束关系式,以 "N_c^u" 表示。显然,每一个联结两个单元之间的单相物流将产生 $c+2$ 个等式,即 $N_c^u = N(c+2)$,式中 N 为联结单元间的单相物流数,上标 u 表示设备。设备的设计变量数为:

$$N_D^u = \sum N_D^e + N_r - N_c^u \tag{3-2}$$

分析如图 3-1 所示的简单吸收塔的设计变量。该装置是由 N 个绝热操作的简单平衡级串联构成的,因此 $N_D^e = 2c+5$, $N_r = 1$。在串级内有中间物流 $2(N-1)$ 个,所以有 $2(N-1)(c+2)$ 个新的约束变量数,故该装置的设计变量:

$$N_D^u = \sum N_D^e + N_r - N_c^u$$
$$= N(2c+5) + 1 - 2(n-1)(c+2) = 2c+N+5$$

这些设计变量可规定如下:

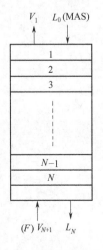

图 3-1 简单吸收塔

N_x^u:

	两股进料	$2c+4$
	每级压力	N
	合计	$2c+N+4$

N_a^u:

	理论级数	1

分析图 3-2 所示的带有一个侧线采出的精馏塔的设计变量数。该塔有一个进料口，一个侧线采出口，全凝器和再沸器。按图中虚线表示可将全塔划分为 8 个单元（包括三个串级单元），计算如下：

单元	$\sum N_D^e$
全凝器	$c+4$
回流分配器	$c+4$
$S-1$ 块板板的平衡串级	$2c+(S-1)+5$
采出级	$2c+6$
$(F-1)-S$ 块板的平衡串级	$2c+(F-1-S)+5$
进料级	$3c+7$
$(N-1)-F$ 板的平衡串级	$2c+(N-1)-F+5$
再沸器	$c+4$
合计	$14c+N+37$

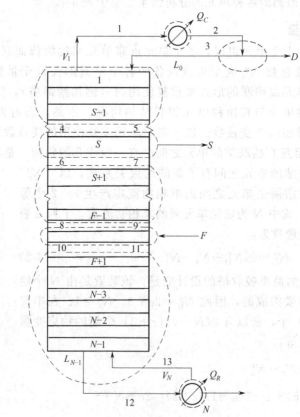

图 3-2 带有侧线采出的精馏塔

由于单元间的物流数共13股,所以

$$N_c^u = 13(c+2) = 13c+26$$

装置的设计变量为

$$N_D^u = (14c+N+37)-(13c+26) = c+N+11$$

其中固定设计变量

$$N_x^u = (c+2)+N+2 = c+N+4$$

可调设计变量

$$N_a^u = N_D^u - N_x^u = 7$$

若规定全凝器出口为泡点温度,尚剩6个可调设计变量。对操作型精馏塔,设计变量常规定如下:

N_x^u:

进料	$2c+4$
每级压力(包括再沸器)	N
全凝器压力	1
回流分配器压力	1
合计	$c+N+4$

N_a^u:

回流为泡点温度	1
总理论级数 N	1
进料位置 F	1
侧线采出口位置	1
侧线采出流率	1
馏出液流率(D/F)	1
回流比(L_0/D)	1
合计	7

通过上述举例可分析出,不同设备的设计变量数尽管不同,但其中固定设计变量的确定原则是共同的,即只与进料物流数目和系统内压力等级数有关。而可调设计变量数一般是不多的,它可由构成系统的单元的可调设计变量数简单加和而得到。这样,可归纳出一个简便、可靠的确定设计变量的方法:

① 按每一单相物流有 $c+2$ 个变量,计算由进料物流所确定的固定设计变量数。
② 确定设备中具有不同压力等级的数目。
③ 上述两项之和即为固定设计变量数 N_x^u。
④ 将串级单元的数目、分配器的数目、侧线采出单元的数目以及传热单元的数目相加,便是整个设备的可调设计变量数 N_a^u。

应用该确定设计变量数的方法重新计算图 3-2 所示精馏塔的设计变量数如下:

N_x^u:

进料变量数	$c+2$
压力等级数	$N+2$
合计	$c+N+4$

N_a^u:

串级单元数	3
回流分配器	1
侧线采出单元数	1
传热单元数	2
合计	7

可见，用两种确定设计变量数的方法计算结果是相同的，但后者要简单得多，设备越复杂，越体现出其优越性。而且该方法很容易推广到确定整个流程的设计变量数。

3.2 多组分物系泡点和露点的计算

泡露点计算是分离过程设计中最基本的气液平衡计算。例如在精馏过程的严格计算中，为确定各塔板的温度，要多次反复进行泡点温度的计算。为了确定适宜的精馏塔操作压力，就要进行泡露点压力的计算。在给定温度下作闪蒸计算时，也是从泡露点温度计算开始的，以估计闪蒸过程是否可行。

一个单级气液平衡系统，气液相具有相同的 T 和 p，c 个组分的液相组成 x_i 与气相组成 y_i 处于平衡状态。根据相律，描述该系统的自由度数 $f=c-\pi+2=c-2+2=c$，式中，c 为组分数，π 为相数。

泡露点计算按规定哪些变量和计算哪些变量而分成四种类型：

类型	规定	求解
泡点温度	$p, x_1, x_2, \cdots, x_c$	$T, y_1, y_2, \cdots, y_c$
泡点压力	$T, x_1, x_2, \cdots, x_c$	$p, y_1, y_2, \cdots, y_c$
露点温度	$p, y_1, y_2, \cdots, y_c$	$T, x_1, x_2, \cdots, x_c$
露点压力	$T, y_1, y_2, \cdots, y_c$	$p, x_1, x_2, \cdots, x_c$

在每一类型的计算中，规定 c 个独立参数，则另有 c 个独立的未知数。温度或压力为一个未知数，$c-1$ 个组成为其余的未知数。

3.2.1 多组分系统的泡点计算

(1) 泡点计算与有关方程

泡点温度和压力的计算指规定液相组成 x（用向量表示）和 p 或 T，分别计算气相组成 y（用向量表示）和 T 或 p。计算方程有：

① 相平衡关系
$$y_i = K_i x_i \quad (i=1, 2, \cdots, c) \tag{3-3}$$

② 浓度总和式
$$\sum_{i=1}^{c} y_i = 1 \tag{3-4}$$

$$\sum_{i=1}^{c} x_i = 1 \tag{3-5}$$

③ 相平衡常数关联式
$$K_i = f(p, T, x, y) \tag{3-6}$$

在化工生产的多数情况下，气相可认为是理想气体，K_i 与气相组成无关。

方程数为 $2c+2$ 个，变量数 x_i，y_i，K_i，T，p 为 $3c+2$ 个，自由度数＝变量数－方程

数$=c$，给定 p 或 T 和 $c-1$ 个 x_i，则上述方程有唯一解。

(2) 泡点温度的计算

若气液平衡关联式可简化为 $K_i=f(T, p)$，即与组成无关时，解法就变得简单。计算结果除直接应用外，还可作为进一步精确计算的初值。

将式（3-3）代入式（3-4）得泡点方程：

$$f(T)=\sum_{i=1}^{c}K_ix_i-1=0 \tag{3-7}$$

求解该式须用试差法，按以下步骤进行：

设 $T \xrightarrow{给定p}$ 由 p-T-K 图查 $K_i \to \sum_{i=1}^{c}K_ix_i \to |f(T)| \leqslant \varepsilon \xrightarrow{是} \left\{ \begin{array}{l} T \\ y_i \end{array} \right. \to$ 结束

否 调整 T

若按所设温度 T 求得 $\sum K_ix_i>1$，表明 K_i 值偏大，所设温度偏高。根据差值大小降低温度重算；若 $\sum K_ix_i<1$，则重设较高温度。

例 3-1 某液体混合物的组成为：苯 0.50（摩尔分数，下同），甲苯 0.25，对二甲苯 0.25。假设物系为理想系统，计算该物系在 100kPa 时的平衡温度和气相组成。计算三个组分饱和蒸气压的安托万方程为：苯 $\ln p^s=20.7936-2788.51/(T-52.36)$；甲苯 $\ln p^0=20.9065-3096.52/(T-53.67)$；对二甲苯 $\ln p^s=20.9891-3346.65/(T-57.84)$。$p^s$ 单位是 Pa，T 单位是 K。

解：理想物系的相平衡常数计算公式为

$$K_i=\frac{p_i^s}{p}=\frac{1}{p}e^{A_i-\frac{B_i}{T+C_i}}$$

$$f(T)=\sum_{i=1}^{c}\frac{x_i}{p}e^{A_i-\frac{B_i}{T+C_i}}-1=0$$

一阶导数为

$$f'(T)=\sum_{i=1}^{c}K_ix_i\frac{B_i}{(T+C_i)^2}$$

可采用牛顿迭代法计算：

$$T_{k+1}=T_k-\frac{f(T_k)}{f'(T_k)}$$

迭代得到最后的结果为

$$T=367.77$$
$$y_1=0.7762（苯的气相组成）$$
$$y_2=0.1571（甲苯的气相组成）$$
$$y_3=0.0667（甲苯的气相组成）$$

p-T-K 列线图常用于查找烃类的 K_i 值，图 3-3 和图 3-4 分别是轻烃在高温段和低温段的 p-T-K 列线图。

例 3-2 求含正丁烷（1）0.15、正戊烷（2）0.4 和正己烷（3）0.45（均为摩尔分数）的烃类混合物在 0.2 MPa 压力下的泡点温度。

解：因各组分都是烷烃，所以气、液相均可看成理想溶液，K_i 只取决于温度和压力。如计算要求不高，可使用烃类的 p-T-K 图（见图 3-3 和图 3-4）。

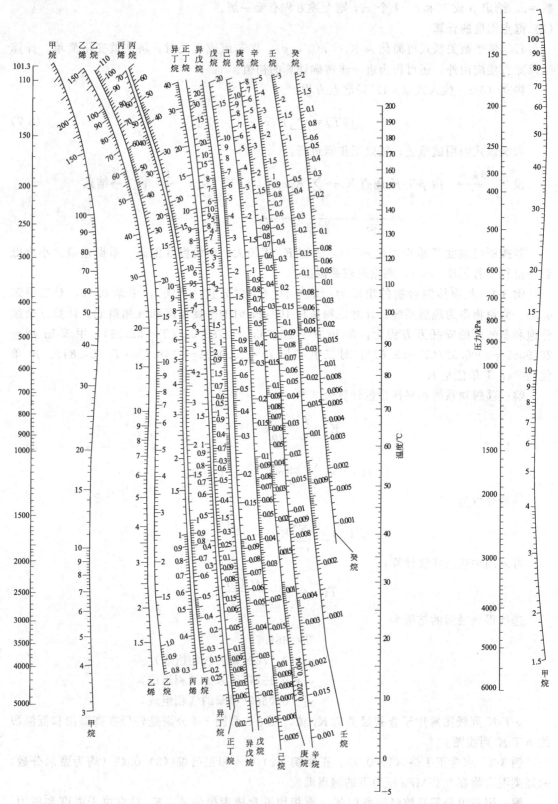

图 3-3 轻烃的 p-T-K 列线图（高温段）

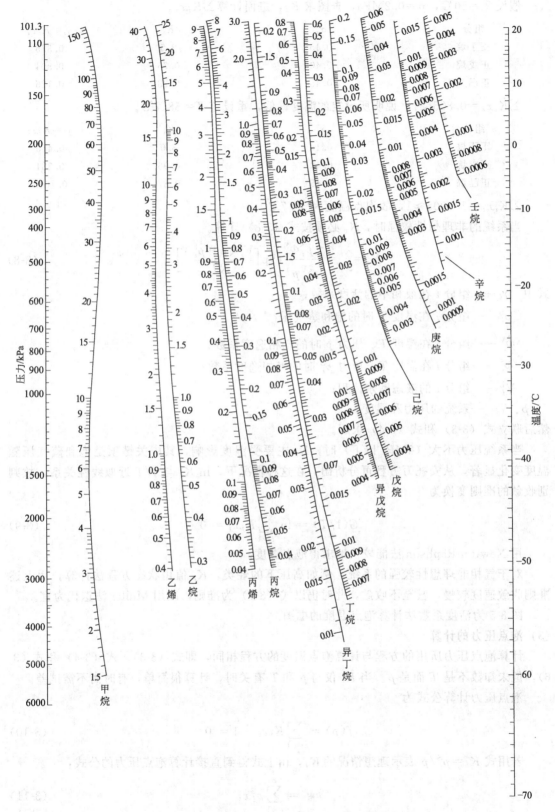

图 3-4 轻烃的 p-T-K 列线图（低温段）

假设 $T=50℃$，$p=0.2\text{MPa}$，查图求 K_i，进而计算 $\sum K_i x_i$。

组分	x_i	K_i	$y_i = K_i x_i$
正丁烷	0.15	2.5	0.375
正戊烷	0.40	0.76	0.304
正己烷	0.45	0.28	0.126

$\sum K_i x_i = 0.805 < 1$，说明所设定的温度偏低，重设定 $T=58.7℃$。

组分	x_i	K_i	$y_i = K_i x_i$
正丁烷	0.15	3.0	0.450
正戊烷	0.40	0.96	0.384
正己烷	0.45	0.37	0.1665

$\sum K_i x_i = 1.0005 \approx 1$，故泡点温度为 $58.7℃$。

当系统的非理想性较强时，K_i 必须按式（3-8）计算。

$$K_i = \frac{y_i}{x_i} = \frac{\gamma_i p_i^S \Phi_i^S}{\hat{\Phi}_i^V p} \exp\left[\frac{V_i^L(p-p_i^S)}{RT}\right] \tag{3-8}$$

式中　γ_i——组分 i 在液相中的活度系数；

p_i^S——组分 i 在温度 T 时的饱和蒸气压；

$\hat{\Phi}_i^V$——组分 i 在温度 T、压力 p 时的气相逸度系数；

Φ_i^S——组分 i 在温度 T、压力 p_i^S 时的气相逸度系数；

V_i^L——组分 i 的液态摩尔体积；

p、T——系统的压力和温度。

然后联立式（3-3）和式（3-4）求解。

当系统压力不大（2MPa 以下）时，K_i 主要受温度影响，其中关键项是饱和蒸气压随温度变化显著，从安托万方程可分析出，在这种情况下，$\ln K_i$ 与 $1/T$ 近似线性关系，故判别收敛的准则变换为

$$G(1/T) = \ln \sum_{i=1}^{c} K_i x_i = 0 \tag{3-9}$$

用 Newton-Raphson 法能较快地求得泡点温度。

对于气相非理想性较强的系统，例如高压下的烃类，K_i 值用状态方程法计算，用上述准则收敛速度较慢，甚至不收敛，此时仍以式（3-7）为准则，改用 Muller 法迭代为宜。

图 3-5 为活度系数法计算泡点温度的框图。

(3) 泡点压力的计算

计算泡点压力所用的方程与计算泡点温度的方程相同，即式（3-3）、式（3-4）和式（3-6），但未知数不是 T 而是 p。当 K_i 仅与 p 和 T 有关时，计算很简单，有时尚不需试差。

泡点压力计算公式为

$$f(p) = \sum_{i=1}^{c} K_i x_i - 1 = 0 \tag{3-10}$$

若用式 $K_i = p_i^S/p$ 表示理想情况的 K_i，由上式得到直接计算泡点压力的公式：

$$p_\text{泡} = \sum_{i=1}^{c} p_i^S x_i \tag{3-11}$$

对气相为理想气体、液相为非理想溶液的情况，用类似的方法得到：

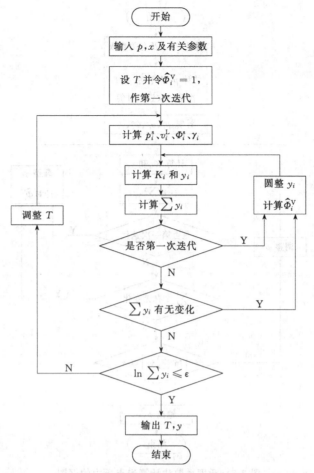

图 3-5 活度系数法计算泡点温度的框图

$$p_{泡} = \sum_{i=1}^{c} \gamma_i p_i^S x_i \tag{3-12}$$

若用 p-T-K 列线图求 K_i 的值,则需假设泡点压力,通过试差求解。

用活度系数法计算泡点压力的框图见图 3-6。

3.2.2 多组分系统的露点计算

该类计算规定气相组成 y 和 p 或 T,计算液相组成 x 和 T 或 p。

露点温度方程为

$$f(T) = \sum_{i=1}^{c} (y_i/K_i) - 1.0 = 0 \tag{3-13}$$

露点压力方程为

$$f(p) = \sum_{i=1}^{c} (y_i/K_i) - 1.0 = 0 \tag{3-14}$$

露点的求解方法与泡点计算类似。以露点温度为例:

设 $T \xrightarrow{\text{给定} p}$ 由 p-T-K 图查 $K_i \rightarrow \sum_{i=1}^{c}(y_i/K_i) \rightarrow |f(T)| \leqslant \varepsilon \xrightarrow{\text{是}} \begin{Bmatrix} T \\ x_i \end{Bmatrix} \rightarrow$ 结束

否　调整 T

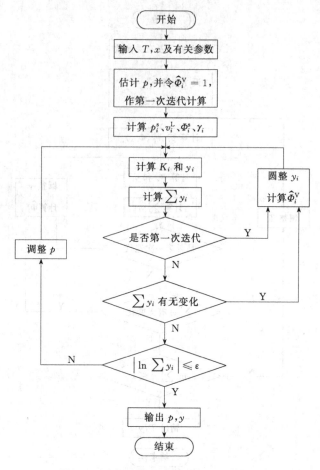

图 3-6 活度系数法计算泡点压力的框图

例 3-3 一烃类混合物含甲烷 5%、乙烷 10%、丙烷 30% 及异丁烷 55%（均为摩尔分数），试求混合物在 25℃时的泡点压力和露点压力。

解： 因为各组分都是烷烃，所以气、液相均可以看成理想溶液，K_i 值只取决于温度和压力。可使用烃类的 p-T-K 图。

① 泡点压力的计算

假设 $p=2.0$ MPa，因 $T=25$℃，查图求 K_i。

组分 i	甲烷(1)	乙烷(2)	丙烷(3)	异丁烷(4)	Σ
x_i	0.05	0.10	0.30	0.55	1.00
K_i	8.5	1.8	0.57	0.26	
$y_i = K_i x_i$	0.425	0.18	0.171	0.143	0.919

$\sum K_i x_i = 0.919 < 1$，说明所设压力偏高，重设 $p=1.8$ MPa。

组分 i	甲烷(1)	乙烷(2)	丙烷(3)	异丁烷(4)	Σ
x_i	0.05	0.10	0.30	0.55	1.00
K_i	9.4	1.95	0.62	0.28	
$y_i = K_i x_i$	0.47	0.195	0.186	0.154	1.005

$\sum K_i x_i = 1.005 \approx 1$，故泡点压力为 1.8MPa。

② 露点压力的计算

假设 $p=0.6$MPa，因 $T=25$℃，查图求 K_i。

组分 i	甲烷(1)	乙烷(2)	丙烷(3)	异丁烷(4)	$\sum$
y_i	0.05	0.10	0.30	0.55	1.00
K_i	26.0	5.0	1.6	0.64	
$x_i = y_i/K_i$	0.0019	0.02	0.1875	0.8594	1.0688

$\sum y_i/K_i = 1.0688 > 1.00$，说明压力偏高，重设 $p=0.56$MPa。

组分 i	甲烷(1)	乙烷(2)	丙烷(3)	异丁烷(4)	$\sum$
y_i	0.05	0.10	0.30	0.55	1.00
K_i	27.8	5.38	1.69	0.68	
$x_i = y_i/K_i$	0.0018	0.0186	0.1775	0.8088	1.006

$\sum y_i/K_i = 1.006 \approx 1$，故露点压力为 0.56MPa。

3.3 多组分精馏的简捷计算

3.3.1 多组分精馏过程分析

在本小节中将定性地研究二组分和多组分精馏过程的异同，分析在平衡级中逐级发生的流量、温度和组成的变化和造成这些变化的影响因素。

(1) 关键组分

通过设计变量分析得到，普通精馏塔的可调设计变量数 $N_a=5$。因此，除规定全凝器为饱和液体回流、回流比和适宜进料位置以外，另外两个可调设计变量一般规定为馏出液中某一个组分的浓度和釜液中另一组分的浓度。对多组分精馏来说，只能规定两个组分的浓度就意味着其他组分的浓度不能再由设计者指定，既规定了那两个组分的浓度，实际上也就决定了其他组分的浓度。通常把指定浓度的这两个组分称为关键组分，其中相对易挥发的那一个称为轻关键组分（L），难挥发的那一个为重关键组分（H）。

一般来说，一个精馏塔的任务就是要使轻关键组分尽量多地进入馏出液，重关键组分尽量多地进入釜液。但由于系统中除轻重关键组分外，尚有其他组分，故塔顶和塔底产品通常仍是混合物。相对挥发度比轻关键组分大的组分（简称轻非关键组分或轻组分）将全部或接近全部进入馏出液，而相对挥发度比重关键组分小的组分（简称重非关键组分或重组分）将全部或接近全部进入釜液。只有当关键组分是溶液中最易挥发的两个组分时，馏出液才有可能是近乎纯的轻关键组分；反之，若关键组分是溶液中最难挥发的两个组分，釜液可能是近乎纯的重关键组分。但若轻、重关键组分的挥发度相差很小，则也较难得到高纯度产品。

若馏出液中除重关键组分外没有其他重组分，而釜液中除了轻关键组分外没在其他轻组分，这种情况称为清晰分割。两个关键组分的相对挥发度相邻且分离要求较苛刻，或非关键组分的相对挥发度与关键组分相差较大时，一般可达到清晰分割。

(2) 多组分精馏特性

苯-甲苯二元精馏塔内的流量、温度和组成与理论板数关系的特点是：除了在进料板处液体流率有突变外，各段的摩尔流率基本上为常数。液体组成在塔顶部的变化较为缓慢，随后较快，至接近进料板处又较缓慢。进料板以下，也是同样的情况。显然，蒸气组成分布图与液体组成分布图应相类似。对于平衡线有异常现象的二组分精馏，由于最小回流比时的夹点区是在精馏段（或提馏段）中部，因此，在实际操作中，在塔顶部和接近进料处浓度变化较快。

温度分布图的形状接近于液体组成分布图的形状，因为泡点和组成是密切相关的。

对于苯-甲苯-异丙苯三组分精馏，总流率和温度与理论板的关系如图 3-7 和图 3-8 所示。如果恒摩尔流的假设成立，那么气液流率只在进料板处有变化。图 3-7 的虚线及实线分别表示按摩尔流假设和非摩尔流情况的模拟结果。值得注意的是，对于非摩尔流情况，液、气流率都有一定变化，但液气比 L/V 却接近于常数。

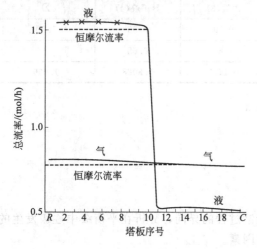

图 3-7　苯-甲苯-异丙苯精馏塔内气液流率分布

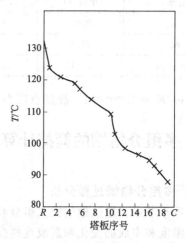

图 3-8　苯-甲苯-异丙苯精馏塔内温度分布

从图 3-8 可以看出，虽然温度分布的情况从再沸器到冷凝器仍呈单调下降，但精馏段和提馏段中段温度变化最明显的情况却不复存在。相反，在接近塔顶、塔底以及进料板附近，温度变化较快。相应在这些区域中组成变化也最快，而且在很大程度上是非关键组分在变化。在本例中，由于塔底的重关键组分的浓度迅速下降，重组分浓度急剧增加，使得塔釜温度明显增高。同时可以看出，由于非关键组分的存在，加宽了全塔的温度跨度。

图 3-9 表示了苯 (1)-甲苯 (2)-二甲苯 (3)-异丙苯 (4) 四组分精馏的液相浓度分布。进料组成为：$z_1 = 0.125$，$z_2 = 0.225$，$z_3 = 0.375$，$z_4 = 0.275$（摩尔分数），甲苯在馏出液中的回收率为 99%。各组分相对挥发度为：$\alpha_{12} = 2.25$，$\alpha_{22} = 1.0$，$\alpha_{32} = 0.33$，$\alpha_{42} = 0.21$。根据给定的要求，甲苯为轻关键组分，二甲苯为重关键组分，苯为轻组分，异丙苯为重组分。

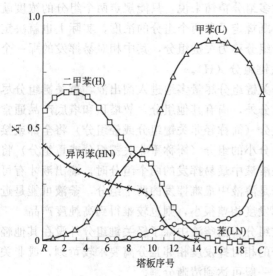

图 3-9　苯-甲苯-二甲苯-异丙苯四组分精馏塔内液相浓度分布图

由图 3-9 可看出，在进料板处各组分的摩尔分数都有相近的数量级。这是因为在该板引入的原料中包含了组成数量级相近的全部组分。在进料板以上，由于重组分异丙苯的相对挥发度比其他组分低得多，因此只需几块板就足以使它的摩尔分数降到很低的值。完全类似的道理也适用于进料板以下的轻组分苯。由于苯的相对挥发度大得多，因此它在进料板以下仅几板就降到很低的浓度。

重组分在再沸器液相中浓度最高，在向上为数不多的几块板中浓度有较大的下降，逐渐拉平并延续到进料板（见图3-9中的异丙苯）。这一行为解释为，塔最下面几块板的主要功能是分离重组分和重关键组分，由于重组分比重关键组分的相对挥发度小，因此，从再沸器向上，重组分的浓度明显下降。但由于进料中有一定量的重组分，而且它必须从釜液中排出，从而限制了重组分浓度继续下降，使得重组分在进料板以下相当长的塔段上浓度变化不大。根据物料衡算可知，该塔段中重组分的摩尔流率至少必须等于该组分在釜液中的摩尔流率。

同理适用于轻组分苯在进料板以上的行为。进料中的绝大部分轻组分必须进入塔顶馏出液中，因此也必须出现在进料板以上离开每一板的上升蒸气中。由于靠近进料板以上的塔段的主要功能是分离轻、重关键组分，因此轻组分的液相浓度变化很小。在顶部很少几块板上，轻组分和轻关键组分之间的分离是主要的，使得轻组分的浓度急剧增加，以致在馏出液中达到最高。

由图3-9可明显地看出，甲苯（L）和二甲苯（H）浓度分布曲线变化方向相反，规律相同。由于轻、重组分存在，两关键组分必须调整浓度以便同时适应彼此之间的分离和它们与非关键组分之间的分离。一方面像轻、重关键组分的二组分精馏一样，甲苯的浓度分布沿塔向上总的趋势是增大，而二甲苯的浓度分布沿塔向下总的趋势是增大。另一方面，二甲苯的浓度在接近塔底几板处出现极大值，釜液中二甲苯的浓度反而降低，这是由于重关键组分对重组分分离的结果。同理，由于塔顶几块板的主要功能是分离轻组分和轻关键组分，故甲苯浓度在接近塔顶几块板处出现极大值，馏出液中甲苯的浓度反而降低。

多组分精馏与二组分精馏在浓度分布上的区别可归纳为，在多组分精馏中：①关键组分的浓度分布有极大值；②非关键组分通常是非分配的，即重组分通常仅出现在釜液中，轻组分仅出现在馏出液中；③重、轻非关键组分分别在进料板下、上形成接近恒浓的区域；④全部组分均存在于进料板上，但进料板浓度不等于进料浓度。塔内各组分的浓度分布曲线在进料板处是不连续的。

塔内流量的变化与热平衡紧密相关。在精馏过程中沿塔向上组分的平均分子量一般是下降的，这是因为挥发度高的化合物通常是低分子量的。还因为低分子量组分一般具有较小的摩尔汽化潜热，所以上升蒸气进入某级冷凝时将产生具有较多摩尔数的蒸气。由于这一因素，沿塔向上流量通常有增加的趋势。若沸点较高的组分具有较低的汽化热，则情况正好相反。

其次，由于温度沿塔向上是逐渐降低的，所以蒸气向上流动时被冷却。这种冷却或是增加液体的显热或是增加液体的汽化量，如果液体被汽化，则导致向上流量增加。再者，液体沿塔向下流动时，液体必被加热，其热量或是消耗蒸气的显热或造成蒸气的冷凝，如果是蒸气冷凝，则导致下降流量的增加。当进料中有大量的、相对于关键组分是非常轻的或非常重的组分，或者更一般地说，如果从塔顶到塔底的温度变化幅度大，则这种影响更明显。

显然，上述这三个因素的总效应是复杂的，难以归纳出一个通用的规律。然而很明显，这些因素在很大程度上常常互相抵消，这就说明了恒摩尔流假设的实用性。

级间流量通过总物料衡算联系在一起，如果通过塔段的蒸气流量在某一方向上增大，则在该方向上液体流量也将增大。此外，由于分离作用主要取决于液气比 L/V，流量相当大的变化对液气比影响不大，因而对分离效果影响也小。级间的两流量越接近于相等，既操作越接近于全回流，则流量变化对分离的影响也越小。

通过上述分析得出重要结论：在精馏塔中，温度分布主要反映物流的组成，而总的级间流量分布则主要反映了热衡算的限制。这结论反映了精馏过程的内在规律，用于建立多组分精馏的计算机严格解法。

3.3.2 最小回流比

与二元精馏的情况一样，最小回流比是在无穷多塔板数的条件下达到关键组分预期分离所需要的回流比。

二元精馏，仅有一个"夹点"即恒浓区，在夹点处塔板数变为无穷多，且通常出现在进料板处。而对于多组分精馏，则会出现两个恒浓区，但由于非关键组分存在，使塔中出现恒浓区的部位较二元精馏来得复杂。

组分精馏中，只在塔顶或塔釜出现的组分为非分配组分，而在塔顶和塔釜均出现的组分则为分配组分。在最小回流比条件下，若轻、重组分都是非分配组分，则因原料中所有组分都有，进料板以上必须紧接着有若干块塔板使重组分的浓度降到零，恒浓区向上推移至精馏塔段中部。同样理由，进料板以下必须有若干块塔板使轻组分的浓度降到零，恒浓区应向下推移至提馏段中部［图 3-10(a)］。

重组分均为非分配组分而轻组分均为分配组分，则进料板以上的恒浓区在精馏段中部，进料板以下因无需一个区域使轻组分的浓度降至零，恒浓区依然紧

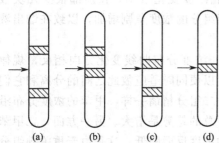

图 3-10 多组分精馏塔中恒浓区的位置

靠着进料板［图 3-10(b)］。又若混合物中并无轻组分，即轻关键组分是相对挥发度最大的组分，情况也是这样。若轻组分是非分配组分而重组分是分配组分，或原料中并无重组分，则进料板以上的恒浓区紧靠着进料板，而进料板以下的恒浓区在提馏段中部［图 3-10(c)］。若轻重组分均为分配组分，则进料板上、下两个恒浓区均紧靠着进料板，变成和二组分精馏时的情况一样［图 3-10(d)］，实际上这种情况是很少的。

最小回流比可以用严格的逐板计算法求解，须经试差，因此采用手算十分繁复。Underwood 提出 R_m 的简捷计算法，使用恒定的相对挥发度和假设恒摩尔流。该公式的推导是很复杂的，在 Underwood、Smith、Holland 和 King 等人的专著中都有详细的论述。为确定最小回流比，须求解以下两个方程

$$\sum \frac{\alpha_i (x_{i,D})_m}{\alpha_i - \theta} = R_m + 1 \tag{3-15}$$

$$\sum \frac{\alpha_i x_{i,F}}{\alpha_i - \theta} = 1 - q \tag{3-16}$$

式中　α_i——组分 i 的相对挥发度；

　　　q——进料的液相分率；

　　　R_m——最小回流比；

　　　$x_{i,F}$——进料混合物中组分 i 的摩尔分数；

　　　$(x_{i,D})_m$——最小回流比下馏出液中组分 i 的摩尔分数；

　　　θ——方程式的根。

为求解 R_m，首先用试差法解出式（3-16）中的 θ。θ 值应处于轻、重关键组分的 α 值之间。如果轻、重关键组分不是挥发度相邻的组分，则可得出两个或两个以上的 θ 值，分别计算 R_m，取其大者。由式（3-15）可以看出，计算 R_m 需要最小回流比下馏出液的组成，但该组成难以知道，虽有若干估算方法，但都比较麻烦，在实际计算中常近似用全回流条件下的组成代替。

3.3.3 最少理论塔板数和组分分配

达到规定分离要求所需的最少理论塔板数对应于全回流操作的情况。精馏塔的全回流操作是有重要意义的：①一个塔在正常进料之前进行全回流操作达到稳态是正常的开车步骤，在实验室设备中，全回流操作是研究传质的简单和有效的手段；②全回流下理论塔板数在设计计算中是很重要的，它表示达到规定分离要求所需的理论塔板数的下限，是简捷法估算理论板数必须用到的一个参数。

像两组分精馏一样，全回流操作下的多组分精馏也有确定的最少理论级数。Fenske 方程同样应用于多组分系统中的任何两个组分，当应用于轻、重关键组分时，变为

$$N_m = \frac{\lg\left[(x_{LD}/x_{HD})(x_{HW}/x_{LW})\right]}{\lg \alpha_{LH,av}} \tag{3-17}$$

式中 x_{LD}、x_{HD}——轻、重关键组分在馏出液中的摩尔分数；

x_{HW}、x_{LW}——轻、重关键组分在釜液中的摩尔分数；

$\alpha_{LH,av}$——轻、重关键组分相对挥发度的平均值。

全塔平均相对挥发度可近似由式（3-18）或式（3-19）计算。

$$\alpha_{LH,av} = \sqrt[3]{\alpha_D \alpha_W \alpha_F} \tag{3-18}$$

$$\alpha_{LH,av} = \sqrt{\alpha_D \alpha_W} \tag{3-19}$$

α_D 和 α_B 分别为塔顶温度（露点）和塔釜温度下轻重关键组分的相对挥发度。注意，馏出物露点和釜液泡点温度的估计须经试差，因为此时馏出液和釜液中其他组分的分配是未知的，而它们会影响 α 值。

式（3-17）中的摩尔分数之比也可用摩尔、体积或质量之比来代替，因为换算因子互相抵消。常用的形式是

$$N_m = \frac{\lg\left[\left(\dfrac{d}{w}\right)_L \Big/ \left(\dfrac{d}{w}\right)_H\right]}{\lg \alpha_{LH,av}} \tag{3-20}$$

式中 $\left(\dfrac{d}{w}\right)_i$——组分 i 的分配比，即组分 i 在馏出液中的摩尔数与釜液中摩尔数之比。

式（3-17）或式（3-20）用于多组分精馏时，由对关键组分规定的分离要求计算出最少理论板数，进而求出任一非关键组分在全回流条件下的分配。

设 i 为非关键组分，r 为重关键组成或参考组分，则式（3-20）可变为

$$\left(\frac{d_i}{w_i}\right) = \left(\frac{d_r}{w_r}\right)(\alpha_{ir})^{N_m} \tag{3-21}$$

联立求解式（3-21）和 i 组分的物料衡算式 $f_i = d_i + w_i$，便可导出计算 d_i 和 w_i 的公式。

当轻重关键组分的分离要求以回收率的形式规定时，用芬斯克方程求最少理论板数和非关键组分在塔顶、塔釜的分配是最简单的。若以 $\varphi_{L,D}$ 表示轻关键组分在馏出液中的回收率，$\varphi_{H,B}$ 表示重关键组分在釜液中的回收率，则

$$d_L = \varphi_{L,D} f_L; \quad w_L = (1-\varphi_{L,D}) f_L \tag{3-22}$$

$$d_H = (1-\varphi_{H,W}) f_H; \quad w_H = \varphi_{H,W} f_H \tag{3-23}$$

$$N_m = \frac{\lg\left[\dfrac{\varphi_{L,D}\varphi_{H,W}}{(1-\varphi_{L,D})(1-\varphi_{H,W})}\right]}{\lg \alpha_{LH,av}} \tag{3-24}$$

该式经变换可求非关键组分的回收率，进而完成全回流下的组分分配。

由式（3-17）看出，Fenske 方程的准确度明显取决于相对挥发度数据的可靠性。本书中所介绍的泡点、露点的计算方法可提供准确的相对挥发度。

由 Fenske 公式还可看出，最少理论板数与进料组成无关，只决定于分离要求。随着分离要求的提高（即轻关键组分的分配比加大，重关键组分的分配比减小），以及关键组分之间的相对挥发度向 1 接近，所需最少理论板数将增加。

3.3.4 实际回流比和理论板数

全回流条件下最少理论板数和最小回流比是两个极限条件，它们确定了塔板数和操作回流比的允许范围，有助于选择特定的操作条件。

确定在操作回流比下所需理论板数的简捷方法是 Gilliland 提出的经验算法以及 Erbar 和 Maddox 的经验关联，见图 3-11 和图 3-12。该图将操作回流比 R 与使用 Underwood 法得到的最小回流比 R_m、Fenske 法得到的最少理论板以及操作回流比条件下的理论板数相关联。Gilliland 适用于在分离过程中相对挥发度变化不大的物系，若系统的非理想性很大，该图所得结果误差较大。Erbar 和 Maddox 图对多组分精馏的适用性较好，因为它所依据的数据更多些。

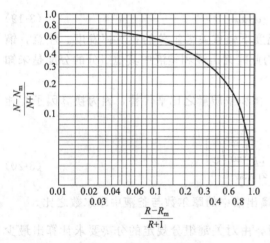
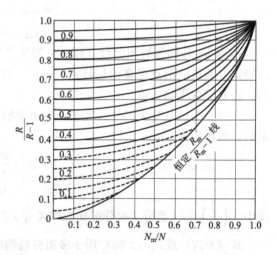

图 3-11 Gilliland 关联图　　图 3-12 Erbar 和 Maddox 图（图中虚线为外推值）

实际回流比的选择多基于经济方面的考虑。根据 Fair 和 Bolles 的研究结果，R/R_m 的最优值约为 1.05，但是，在比该值稍大的一定范围内都接近最佳条件。在实际情况下，如果取 $R/R_m = 1.10$，常需要很多理论板数；如果取为 1.50，则需要较少的理论板数。根据经验，一般取中间值 1.30。

Gilliland 还可拟合成如下公式：

$$\frac{N-N_m}{N+1} = 0.75 - 0.75\left(\frac{R-R_m}{R+1}\right)^{0.5668} \tag{3-25}$$

简捷法计算理论塔板数还包括确定适宜的进料位置。Brown 和 Martin 建议，适宜进料位置的确定原则是：在操作回流比下精馏段与提馏段理论板数之比，等于在全回流条件下用 Fenske 公式分别计算得到的精馏段与提馏段理论板数之比。

Kirkbride 提出了一个近似确定适宜进料位置的经验式：

$$\frac{N_R}{N_S} = \left[\left(\frac{z_{H,F}}{z_{L,F}}\right)\left(\frac{x_{L,W}}{x_{H,D}}\right)^2 \left(\frac{w}{d}\right)\right]^{0.206} \tag{3-26}$$

在多组分精馏计算中，能独立地指定的塔顶和塔釜的组成是有限的。但是，各组分在塔顶与塔釜的分配状况，却是计算一开始便需要的数据，因此要设法对其作初步估计。

将表示全回流下最少理论板数的式（3-17）等号两边取对数并移项，得

$$\lg \frac{x_{A,D}}{x_{A,W}} - \lg \frac{x_{B,D}}{x_{B,W}} = N_m \lg \alpha_{AB} \tag{3-27}$$

该式表示，在全回流时，组分的分配比与其相对挥发度在双对数坐标上呈直线关系，是估算馏出液和釜液浓度的简单易行的方法。

3.3.5 多组分精馏塔的简捷计算方法

对一个多组分精馏过程，若指定两个关键组分并以任何一种方式规定它们在馏出液和釜液中的分配，则：①用 Fenske 公式估算最少理论板数和组分分配；②用 Underwood 公式估算最小回流比；③用 Gilliland 或 Erbar-Maddox 图或相应的关系式估算实际回流比下的理论板数。以这三步为主体组合构成多组分精馏的 FUG (Fenske-Underwood-Gilliland) 简捷计算法。

馏出液和釜液中组分分配的规定方式有以下几种：

① 当给定轻、重关键组分分别在塔顶和塔釜的回收率时，应用 Fenske 方程、Underwood 公式和物料衡算可直接进行计算。

② 当给定轻、重关键组分分别在塔顶、塔釜的含量，且轻、重关键组分相对挥发度相邻时，首先假定为清晰分割进行物料衡算，通过校核，若假定合理，则能得到轻、重关键组分的回收率；若假定不合理，则应以该计算值作为初值进行试差计算，直至得到合理物料分配。

③ 当给定轻、重关键组分分别在塔顶、塔釜的含量，但轻、重关键组分的相对挥发度不相邻时，首先设定轻、重关键组分的回收率初值，利用 Fenske 公式进行试差计算，最终得到符合规定轻、重关键组分的塔顶、塔釜的含量值。

④ 当给定轻、重关键组分其中之一的回收率，另一个为塔顶或塔釜的含量时，首先假定比轻关键组分轻的组分在塔釜为零，比重关键组分重的组分在塔顶为零，作物料衡算并进行校核。若假定合理，则得到轻、重关键组分的回收率；若假定不合理，则应以该计算值作为初值进行试差计算，直至物料分配合理。

Aspen Plus 软件中的单元操作模块 DSTWU 可用于对单一进料两出料的多组分精馏塔进行简捷设计计算。给定平衡级数，可计算回流比；给定回流比，可计算理论级数。同时也可得到最佳进料位置和再沸器及冷凝器热负荷。利用 DSTWU 可得到回流比与理论级数关系曲线，为严格计算提供初值。

例 3-4 某分离烃类的精馏塔，进料量为 100mol/h，70℃（泡点）进料，操作压力为 405.3kPa。

  进料组成：正丁烷 $x_A = 0.4$（摩尔分数，下同）；
       正戊烷 $x_B = 0.25$；
       正己烷 $x_C = 0.20$；

正庚烷　　　$x_D = 0.15$；

分离要求：正戊烷在馏出液中的回收率为 90%，正己烷在釜液中的回收率为 90%。

计算：① 馏出液和釜液的流率和组成；

　　　② 塔顶温度和塔釜温度；

　　　③ 最少理论板数和组分分配。

解：设正戊烷为轻关键组分，正己烷为重关键组分。

① 馏出液和釜液的流率和组成的计算

总物料衡算　　　　　　　　$F = D + W$

对组分 B　　　　　　$Fx_{BF} = 0.25 \times 100 = 25.0 = Dx_{BD} + Wx_{BW}$

由 B 的回收率得　　　　$x_{BD}D = 0.90 \times 25.0 = 22.5$

因此　　　　　　　　　　　$Wx_{BW} = 2.5$

对于组分 C　　　　　$Fx_{CF} = 0.20 \times 100 = 20.0 = Dx_{CD} + Wx_{CW}$

同理得　　　　　$Wx_{CW} = 0.90 \times 20.0 = 18.0$，则 $Dx_{CD} = 2.0$

作第一次试差时，假设馏出液中没有组分 D，釜液中没有组分 A，因此物料衡算列表如下：

组分	进料 F		馏出液 D		釜液 W	
	$x_{i,F}$	$Fx_{i,F}$	$x_{i,D}$	$Dx_{i,D}$	$x_{i,W}$	$Wx_{i,W}$
A	0.40	40.0	0.620	40.0	0	0
B(L)	0.25	25.0	0.349	22.5	0.070	2.5
C(H)	0.20	20.0	0.031	2.0	0.507	18.0
D	0.15	15.0	0	0	0.423	15.0
Σ	1.00	F=100.0	1.000	D=64.5	1.000	W=35.5

② 塔顶温度和塔釜温度的计算

顶温的计算：

第一次试差：假设 $T_D = 67℃$，查 $K_i(67℃, 405.3\text{kPa})$，再由

$$y_{i,D} = x_{i,D} \xrightarrow{\alpha_C = 1} \alpha_i \to y_i/\alpha_i \to \sum y_i/\alpha_i \to K_C = \sum y_i/\alpha_i = 0.2627$$

查得 K_C 值相应于 67℃，故假设值正确。馏出液露点温度即塔顶温度为 67℃。

釜温的计算：

第一次试差塔釜温度：假设 $T_W = 135℃$。

组分	$x_{i,B}$	K_i	α_i	$\alpha_i x_i$	y_i
A	0	5.00	4.348	0	0
B(L)	0.070	2.35	2.043	0.1430	0.164
C(H)	0.507	1.15	1.000	0.5070	0.580
D	0.423	0.61	0.530	0.2242	0.256
Σ	1.000			$\sum \alpha_i x_i = 0.8742$	1.000

$$K_C = 1/0.8742 = 1.144$$

由 K_C 值反算塔釜温度 $T_W = 132℃$，因其接近假设值，结束试差。

③ 最少理论塔板数和组分分配

首先计算 α 值：

$$\alpha_{LH,D} = 2.50$$

$$\alpha_{LH,W} = 2.04$$
$$\alpha_{LH,av} = \sqrt{2.50 \times 2.04} = 2.258$$
$$N_m = \frac{\lg\left[(0.349/0.031)(0.507/0.070)\right]}{\lg(2.258)}$$
$$= 5.404 \quad (\text{包括再沸器})$$

其他组分的分配：
组分 A 的分配
$$\alpha_{AC,av} = \sqrt{\alpha_{AC,D}\alpha_{AC,W}} = \sqrt{6.73 \times 4.348} = 5.409$$
$$\frac{Dx_{AD}}{Wx_{AW}} = (\alpha_{AC,av})^{N_m}\frac{Dx_{CD}}{Wx_{CW}} = (5.409)^{5.404}\frac{64.5 \times 0.031}{35.5 \times 0.507} = 1017$$

作组分 A 的物料衡算
$$Fx_{AF} = 40.0 = Dx_{AD} + Wx_{AW}$$

与上式联立求解得
$$Wx_{AW} = 0.039; \quad Dx_{AD} = 39.961$$

同理求出组分 D 的分配
$$Wx_{DW} = 14.977; \quad Dx_{DD} = 0.023$$

修正的馏出液和釜液组成如下表：

组分	馏出液 D		釜液 W	
	$y_{i,D} = x_{i,D}$	$D\,x_{i,D}$	$x_{i,W}$	$W\,x_{i,W}$
A	0.6197	39.961	0.0011	0.039
B(L)	0.3489	22.500	0.0704	2.500
C(H)	0.0310	2.000	0.5068	18.000
D	0.0004	0.0230	0.4217	14.977
Σ	1.0000	$D = 64.484$	1.0000	$B = 35.516$

可见组分 D 在馏出液中的摩尔数以及组分 A 在釜液中的摩尔数都是很小的。

使用新的馏出液组成重算其露点温度，得 $K_C = 0.2637$，与前述计算结果偏差仅有 0.4%，故塔顶温度仍为 67℃。同理，釜温重算值也为 132℃。若所计算的泡点或露点温度有明显变化，则应重算 N_m。

例 3-5 最小回流比和操作回流比下的理论板数的计算。
应用例 3-4 的已知条件和计算结果进行下列计算：
① 使用 Underwood 法确定最小回流比；
② 使用 Erbar-Maddox 图求 $R = 1.5R_m$ 的理论板数；
③ 使用 Kikbride 法确定进料位置

解：① 由前例已知塔顶和塔釜温度分别为 67℃ 和 132℃，故全塔平均温度为 99.5℃，查图得该温度和平均操作压力下的 K_i 值。进、出物料组成及相对挥发度列于下表：

组分	$x_{i,F}$	$x_{i,D}$	$K_i(99.5℃)$	$\alpha_i(99.5℃)$	$x_{i,W}$
A	0.40	0.6197	3.12	5.20	0.0011
B(L)	0.25	0.3489	1.38	2.30	0.0704
C(H)	0.20	0.0310	0.60	1.00	0.5068
D	0.15	0.0004	0.28	0.467	0.4217
Σ	1.00	1.0000			1.0000

泡点进料 $q=1.0$，将上述数据代入式（3-16）：

$$\frac{5.20\times0.40}{5.20-\theta}+\frac{2.30\times0.25}{2.30-\theta}+\frac{1.00\times0.20}{1.00-\theta}+\frac{0.467\times0.15}{0.467-\theta}=0$$

θ 值的取值范围在 $1.00\sim2.30$ 之间，试差情况见下表：

θ	$\dfrac{5.20\times0.40}{5.20-\theta}$	$\dfrac{2.30\times0.25}{2.30-\theta}$	$\dfrac{1.00\times0.20}{1.00-\theta}$	$\dfrac{0.467\times0.15}{0.467-\theta}$	Σ
1.210	0.5213	0.5275	−0.9524	−0.0942	+0.0022
1.200	0.5200	0.5227	−1.0000	−0.0955	−0.0528
1.2096	0.5213	0.5273	−0.9542	−0.0943	+0.0001

将 $\theta=1.2096$ 代入式（3-15）：

$$R_m+1=\frac{5.20\times0.6197}{5.20-1.2096}+\frac{2.30\times0.3489}{2.30-1.2096}+\frac{1.00\times0.031}{1.00-1.2096}+\frac{0.467\times0.0004}{0.467-1.2096}$$

解得 $R_m=0.395$。

②

$$R=1.5R_m=0.593$$
$$R/(R+1)=0.3723$$
$$R_m/(R_m+1)=0.2832$$

查图 3-12 得

$$N_m/N=0.49$$
$$N=5.40/0.49=11.0$$

所以理论板数为 10.0。

③ 用式（3-26）求进料板位置

$$\lg\frac{N_R}{N_S}=0.206\lg\left[\left(\frac{0.20}{0.25}\right)\left(\frac{0.0704}{0.0310}\right)^2\left(\frac{35.516}{64.484}\right)\right]=0.07344$$

$$N_R/N_S=1.184$$

又因 $N_R+N_S=11.0$

解得：$N_S=2.0$；$N_R=6.0$

故进料板在第 6 块（自上而下）。

3.4 多组分精馏的严格计算

随着计算机技术的迅猛发展与广泛应用，对于多级分离过程进行严格的数学模拟已经成为可能。对于多组分多级分离设备的严格计算，不仅能够确定各级上的温度、压力、流率、气液相组成和传热速率等工艺设计所必需的参数，而且能考察和改进设备的操作、优化控制过程。对多级分离过程进行数学模拟，其核心是建立描述分离过程的动量、质量和热量传递模型和方程并进行求解。

3.4.1 平衡级的理论模型

逆流多级分离问题的平衡级模型由四组基本方程组成，即物料衡算方程（M）、相平衡方程（E）、组分摩尔分数加和方程（S）和热量衡算方程（H），称之为 MESH 方程。

有多股进料和多股出料的复杂多组分分离过程可以由图 3-13 表示，它是普通的 N 级逆流接触梯级布置的连续、稳态多级气液或液液分离装置。分离级由上而下编号，假定在各级上达到相平衡且不发生化学反应。

任一平衡级 j 的进料可以是一相或两相，其摩尔流率为 F_j，组分的摩尔分数为 $z_{i,j}$，温度 $T_{F,j}$，压力 $p_{F,j}$，平均摩尔焓为 $H_{F,j}$。级 j 的另外两股输入是来自上面第 $j-1$ 级组成的摩尔分

数为 $x_{i,j-1}$、摩尔流率为 L_{j-1} 的液相，和来自下面第 $j+1$ 级的摩尔组成为 $y_{i,j+1}$、摩尔流率为 V_{j+1} 的气相。级 j 的温度为 T_j，压力 p_j，气相摩尔焓 H_j，摩尔组成为 $y_{i,j}$，与之平衡的液相摩尔焓 h_j，摩尔组成为 $x_{i,j}$。

离开级 j 的气相物流可分为摩尔流率为 W_j 的气相侧线采出和进入第 $j-1$ 级的级间流 V_j，当 $j=1$ 时，V_1 作为塔顶气相产品采出。离开级 j 的液相物流可分成摩尔流率为 U_j 的液相侧线采出和送往第 $j+1$ 级的级间流 L_j。若 $j=N$，则 L_N 作为塔底产品采出。自级 j 引出的热量以 Q_j 表示，它可用来模拟级间冷却器、级间加热器、冷凝器或再沸器的热负荷。

对于组分数为 c 的平衡级 j，其 MESH 方程为：

(1) M 方程（物料衡算方程）
$$G_{i,j}^{M}=L_{j-1}x_{i,j-1}+V_{j+1}y_{i,j+1}+F_j z_{i,j}-(L_j+U_j)x_{i,j}$$
$$-(V_j+W_j)y_{i,j}=0 \quad i=1,2,\cdots,c \tag{3-28}$$

(2) E 方程（相平衡方程）
$$G_{i,j}^{E}=y_{i,j}-K_{i,j}x_{i,j}=0 \quad i=1,2,\cdots,c \tag{3-29}$$

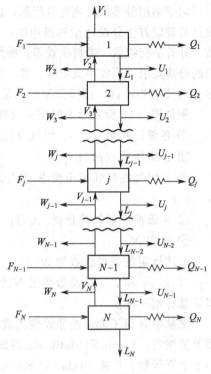

图 3-13 多组分分离塔示意图

(3) S 方程（加和归一方程）
$$G_j^{SY}=\sum_{i=1}^{c}y_{i,j}-1.0=0 \tag{3-30}$$

$$G_j^{SX}=\sum_{i=1}^{c}x_{i,j}-1.0=0 \tag{3-31}$$

(4) H 方程（热量衡算方程）
$$G_j^{H}=L_{j-1}H_{j-1}+V_{j+1}H_{j+1}+F_j H_{Fj}-(L_j+U_j)h_j-(V_j+G_j)H_j-Q_j=0 \tag{3-32}$$

式中，相平衡常数 $K_{i,j}$、气相摩尔焓 H_j 以及液相摩尔焓 h_j 不是独立变量，所对应的下列函数关联式也不被计入方程组内。

$$K_{i,j}=K_{i,j}(T_j, p_j, x_{i,j}, y_{i,j}) \tag{3-33}$$
$$H_j=H_j(T_j, p_j, y_{i,j}) \tag{3-34}$$
$$h_j=h_j(T_j, p_j, x_{i,j}) \quad i=1,2,\cdots,c \tag{3-35}$$

这样，描述一个平衡级的 MESH 方程数为 $2c+3$ 个。

将上述 N 个平衡级按逆流方式串联起来，并且去掉分别处于串级两端的 L_0 和 V_{N+1} 两股物流，则组合成适用于精馏、吸收和萃取的通用逆流分离装置，该装置共有 $N(2c+3)$ 个方程和 $[N(3c+9)-1]$ 个变量。注意：每级上进料组成仅计入 $c-1$ 个独立变量。

根据设计变量的确定方法，该装置的设计变量数为：

固定设计变量数 $N_x=N(c+3)$。

其中压力等级数 N；进料变量数 $N(c+2)$。

可调设计变量数 $N_a=3N-1$。

其中串级单元数 1；侧线采出单元数 $2(N-1)$；传热单元数 N。

故，设计变量总数为 $[N(c+6)-1]$ 个。

对于多组分多级分离计算问题，进料变量和压力变量的数值一般是必须规定的，其他设计变量的规定方法分设计型和操作型：设计型问题规定关键组分的回收率（或浓度）及有关参数、计算平衡级数、进料位置等；操作型问题规定平衡级数、进料位置及有关参数、计算可达到的分离要求（回收率或浓度）等。因此，设计型问题是以设计一个新分离装置使之达到一定分离要求的计算，而操作型问题是以在一定操作条件下分析已有分离装置性能的计算。

例如图 3-13 所表示的通用逆流接触装置的操作型问题可指定下列变量为设计变量：

① 各级进料量（F_j）、组成（$z_{i,j}$）、进料温度（$T_{F,j}$）和进料压力（$p_{F,j}$）；

② 各级压力（p_j）；

③ 各级气相侧线采出流率（W_j，$j=2,\cdots,N$）和液相侧线采出流率（U_j，$j=1,\cdots,N-1$）；

④ 各级换热器的换热量（Q_j）；

⑤ 级数 N。

上述规定的变量总数为 $N(c+6)-1$ 个。在 $N(2c+3)$ 个 MESH 方程中，未知数 $x_{i,j}$、$y_{i,j}$、L_j、V_j 和 T_j，其总数也是 $N(2c+3)$ 个，故独立方程数与未知变量数相等，方程组可解且具有唯一解。

文献中介绍了大量的非线性代数方程组的迭代解法。例如对于单股进料、无侧线采出的简单精馏塔，Lewis 和 Matheson 逐级计算法以及 Thiele-Geddes 逐级、逐个方程计算法广泛用于手算级数。后来 Friday 和 Smith 指出，对于多进料、多侧线采出的复杂塔，逐级计算法不适于在计算机上使用，主要原因是由于计算机上圆整误差的累计导致解的失真。

随着高速计算机的使用，Amundson 和 Pontinen 提出了适于计算机运算的操作型多级分离问题的 MESH 方程解离法，随后出现了许多改进的方程解离技术。例如，泡点法（BP 法）适用于窄沸程进料的分离塔计算；流率加和法（SR 法）适用于宽沸程或溶解度有较大差别的进料；介于上述两者之间的情况，应采用 Newton-Raphson 法或解离与 Newton-Raphson 相结合的方法。BP 法适用于精馏计算，SR 法适用于吸收、解吸的计算，这两种算法具有简单、对初值要求不高、占用内存单元少的优点。Newton-Raphson 法在求解过程中将高度非线性方程进行了线性化处理，具有收敛速度快、稳定性好及适用于各种场合的优点，但它的计算工作量很大，占用内存单元多，对初值要求高。

由 Boston 和 Sullivan 提出的内-外法在设计稳态、多组分分离过程时大大缩短了计算热力学性质所耗用的时间，它采用两套热力学性质模型：①简单的经验法用于频繁的内层收敛计算；②严格和复杂的模型用于外层计算。在内层求解 MESH 方程使用经验关系式，而经验式中的参数则需在外层用严格的热力学关系校正，但这种校正是间断进行的且频率并不高。在 Aspen Plus 软件中，用改进的内-外法编制了 RADFRAC 和 MULTIFRAC 计算程序，它们可应用于多种类型的分离过程计算。

此外，还有仿照过程由不稳态趋向稳态的进程进行求解的松弛法。松弛法对初值要求不高，收敛稳定性好，但它的收敛速度极为缓慢，不宜作为常规计算方法。

3.4.2 三对角线矩阵法

三对角线矩阵法是以方程解离法为基础的严格计算方法，目前广泛地应用于精馏、吸收的操作型计算。给定平衡级数，MESH 方程组中相平衡方程与物料平衡方程相结合，消去 $y_{i,j}$（或 $x_{i,j}$），形成具有三对角系数矩阵的新方程，因而被称为三对角线矩阵法或 Thomas 法。

对图 3-13 中逆流装置作从第 1 级到第 j 级的总物料衡算，得到

$$L_j = V_{j+1} + \sum_{m=1}^{j}(F_m - U_m - W_m) - V_1 \tag{3-36}$$

将式（3-29）代入式（3-28）消去 $y_{i,j}$，再用式（3-36）消去变量 L，经整理得到

$$A_j x_{i,j-1} + B_j x_{i,j} + C_j x_{i,j+1} = D_j \tag{3-37}$$

$$A_j = V_j + \sum_{m=1}^{j-1}(F_m - U_m - W_m) - V_1 \quad 2 \leqslant j \leqslant N \tag{3-38}$$

$$B_j = -\left[V_{j+1} + \sum_{m=1}^{j}(F_m - U_m - W_m) - V_1 + U_j + (V_j + W_j)K_{i,j}\right] \quad 1 \leqslant j \leqslant N \tag{3-39}$$

$$C_j = V_{j+1} K_{i,j+1} \quad 1 \leqslant j \leqslant N-1 \tag{3-40}$$

$$D_j = -F_j z_{i,j}, \quad 1 \leqslant j \leqslant N \tag{3-41}$$

如图 3-13 所示，不存在级 0 和级 $N+1$，所以不存在 $x_{i,0}$ 和 V_{N+1}，因此，当 $j=0$ 时，式（3-37）的第一项不存在；当 $j=N$ 时，其第三项不存在，有：

$$
\begin{aligned}
j=1 \quad & B_1 x_{i1} + C_1 x_{i2} = D_1 \\
j=2 \quad & A_2 x_{i1} + B_2 x_{i2} + C_2 x_{i3} = D_2 \\
&\vdots \\
j=j \quad & A_j x_{i,j-1} + B_j x_{ij} + C_j x_{i,j+1} = D_j \\
&\vdots \\
j=N-1 \quad & A_{N-1} x_{i,N-2} + B_{N-1} x_{i,N-1} + C_{N-1} x_{i,N} = D_{N-1} \\
j=N \quad & A_N x_{i,N-1} + B_N x_{i,N} = D_N
\end{aligned}
\tag{3-42}
$$

将组分 i 的 N 个方程式集合起来，表示成下列三对角线矩阵方程：

$$
\begin{bmatrix}
B_1 & C_1 & & & & & \\
A_2 & B_2 & C_2 & & & & \\
& \cdots & \cdots & & & & \\
& & A_j & B_j & C_j & & \\
& & & \cdots & \cdots & & \\
& & & & A_{N-1} & B_{N-1} & C_{N-1} \\
& & & & & A_N & B_N
\end{bmatrix}
\begin{bmatrix}
x_{i,1} \\ x_{i,2} \\ \vdots \\ x_{i,j} \\ \vdots \\ x_{i,N-1} \\ x_{i,N}
\end{bmatrix}
=
\begin{bmatrix}
D_1 \\ D_2 \\ \vdots \\ D_j \\ \vdots \\ D_{N-1} \\ D_N
\end{bmatrix}
\tag{3-43}
$$

在对方程组式（3-43）进行求解时，当相平衡常数 K 与组成无关，且已知 T_j 和 V_j 初始值的情况下，式（3-43）变成一组线性代数方程，可用追赶法求解液相组成。在相平衡常数 K 与组成有关的情况下，开始计算前必须对组成赋初始值，而后在迭代中可用前一次迭代得到的组成计算 K 值。

MESH 方程中的另外两组方程 S 方程和 H 方程用于迭代和收敛变量 T_j 和 V_j，但方程式和变量的组合方式，即用哪个方程计算哪个变量，取决于物系的收敛特性。泡点法和流率加和法是两种不同的组合情况，分别有其应用场合。

(1) 三对角线矩阵的托马斯解法

对于具有三对角线矩阵的线性方程组，常用追赶法（或称托马斯解法）求解，该法属于高斯消元法，它涉及从第 1 级开始一直到第 N 级的消元过程，并最终得到 $x_{i,N}$，其余的 $x_{i,j}$ 值则从 $x_{i,N-1}$ 开始的回代过程得到。假设 A_j、B_j、C_j、D_j 为已知。计算步骤如下：

对第 1 级 $\qquad B_1 x_{i,1} + C_1 x_{i,2} = D_1 \tag{3-44}$

$$x_{i,1} = \frac{D_1 - C_1 x_{i,2}}{B_1}$$

令 $p_1 = \frac{C_1}{B_1}$ 和 $q_1 = \frac{D_1}{B_1}$ 则 $x_{i,1} = q_1 - p_1 x_{i,2}$ (3-45)

$$A_2 x_{i1} + B_2 x_{i2} + C_2 x_{i3} = D_2$$

将式 (3-45) 代入解得 $x_{i,2} = q_2 - p_2 x_{i,3}$

式中 $p_2 = \frac{C_2}{B_2 - A_2 p_1}$ 和 $q_2 = \frac{D_2 - A_2 q_1}{B_2 - A_2 p_1}$

显然，$x_{i,1}$ 的系数由 A_2 变为 0，$x_{i,2}$ 的系数由 B_2 变为 1，$x_{i,3}$ 的系数由 C_2 变为 p_2，相当于 D_2 的项变为 q_2。

将以上结果用于第 j 级，得到

$$p_j = \frac{C_j}{B_j - A_j p_{j-1}} \tag{3-46}$$

$$q_j = \frac{D_j - A_j q_{j-1}}{B_j - A_j p_{j-1}} \tag{3-47}$$

且

$$x_{i,j} = q_j - p_j x_{i,j+1} \tag{3-48}$$

第 N 级，由于 $p_N = 0$，可得到

$$x_{i,N} = q_N \tag{3-49}$$

在完成上述消元后，式 (3-43) 变成下面的简单形式：

$$\begin{bmatrix} 1 & p_1 & & & & \\ & 1 & p_2 & & & \\ & & \cdots & \cdots & & \\ & & & 1 & p_j & \\ & & & & \cdots & \cdots \\ & & & & & 1 & p_{N-1} \\ & & & & & & 1 \end{bmatrix} \begin{bmatrix} x_{i,1} \\ x_{i,2} \\ \vdots \\ x_{i,j} \\ \vdots \\ x_{i,N-1} \\ x_{i,N} \end{bmatrix} = \begin{bmatrix} q_1 \\ q_2 \\ \vdots \\ q_j \\ \vdots \\ q_{N-1} \\ q_N \end{bmatrix} \tag{3-50}$$

求出 $x_{i,N}$ 后，按上式逐级回代，直至得到 $x_{i,1}$。

(2) 泡点法 (BP 法)

精馏过程涉及组分的气液平衡常数的变化范围比较窄，用泡点方程计算新的级温度非常有效，故称这种三对角线矩阵法为泡点法 (BP 法)。

在泡点法计算过程中，用修正的 M 方程计算液相组成，其内层循环用 S 方程迭代计算级温度，而外层循环用 H 方程迭代气相流率。其设计变量规定为：各级的进料流率、组成、状态（F_j、$z_{i,j}$、p_F、$T_{F,j}$ 或 $H_{F,j}$），各级压力（p_j），各级的侧线采出流率（W_j、U_j，其中 U_1 为液相馏出物），除第 1 级（冷凝器）和第 N 级（再沸器）以外各级的热负荷（Q_j），总级数（N），泡点温度下的回流量（L_1）以及塔顶气相馏出物流率（V_1）。

泡点法的计算步骤如图 3-14 所示。开始计算流率时首先给定迭代变量 V_j 和 T_j 的初值。对大多数问题，V_j 可以通过规定的回流比、馏出流率、进料和侧线采出流率按恒摩尔流率假设进行初估。塔顶温度的初值可按下列方法之一确定：①当塔顶为气相采出时，可取气相产品的露点温度；②当塔顶为液相采出时，可取馏出液的泡点温度；③当塔顶为气、液两相采出时，可取露点、泡点之间的某一温度值。塔釜温度的初值常取釜液的泡点温度。当塔顶和塔釜温度均假定后，用线性内插得到中间各级的温度初值，然后计算 K 值。当 K 值是 T、

p 和组成的函数时,除非在第一次迭代中用假设为理想溶液的 K 值,还需要对所有 $x_{i,j}$(有时还需 $y_{i,j}$)提供初值,而在以后的迭代中使用前一次迭代得到的 $x_{i,j}(y_{i,j})$。通过运算得到各组分的系数矩阵中的 A_j、B_j、C_j、D_j 数值之后,便可以应用式(3-43)求解 $x_{i,j}$。由于式(3-43)没有考虑 S 方程的约束,故必须按照下式对计算得到的 $x_{i,j}$ 进行归一化:

$$x_{i,j} = \frac{x_{i,j}}{\sum_{i=1}^{c} x_{i,j}} \tag{3-51}$$

泡点温度的计算方法参阅前面的相关部分。在级温度确定后,用 E 方程求 $y_{i,j}$,进而计算各级的气、液相摩尔焓 H_j 和 h_j。

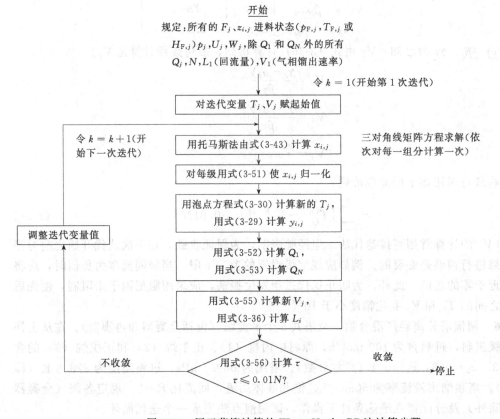

图 3-14 用于蒸馏计算的 Wang-Henke BP 法计算步骤

由于 F_1、V_1、U_1 和 L_1 已规定,故可用式(3-36)计算 V_2,并用如下 H 方程计算冷凝器的热负荷:

$$Q_1 = V_2 H_2 + F_1 H_{F,1} - (L_1 + U_1)h_1 - V_1 H_1 \tag{3-52}$$

由全塔的总物料衡算式计算出 L_N,进而由全塔的总热量衡算式计算再沸器的热负荷:

$$Q_N = \sum_{j=1}^{N}(F_j H_{F,j} - U_j h_j - W_j H_j) - \sum_{j=1}^{N-1} Q_j - V_1 H_1 - L_N h_N \tag{3-53}$$

为使用 H 方程计算 V_j,分别用式(3-36)表示 L_{j-1} 和 L_j 并代入式(3-32),得到修正的 H 方程:

$$\alpha_j V_j + \beta_j V_{j+1} = \gamma_j \tag{3-54}$$

式中 $\alpha_j = h_{j-1} - H_j$;$\beta_j = H_{j+1} - h_j$

$$\gamma_j = \Big[\sum_{m=1}^{j}(F_m - U_m - W_m) - V_1\Big](h_j - h_{j-1}) + F_j(h_j - H_{F,j}) + W_j(H_j - h_j) + Q_j$$

根据式（3-54），对第 2 级到第 $N-1$ 级写出矩阵表达式，得到式（3-55）所示的对角线矩阵方程：

$$\begin{bmatrix} \beta_2 & & & & & \\ \alpha_3 & \beta_3 & & & & \\ \cdots & \cdots & & & & \\ & & \alpha_j & \beta_j & & \\ & & & \cdots & \cdots & \\ & & & & \alpha_{N-2} & \beta_{N-2} \\ & & & & \alpha_{N-1} & \beta_{N-1} \end{bmatrix} \begin{bmatrix} V_3 \\ V_4 \\ \vdots \\ V_{j+1} \\ \vdots \\ V_{N-1} \\ V_N \end{bmatrix} = \begin{bmatrix} \gamma_2 - \alpha_2 V_2 \\ \gamma_3 \\ \vdots \\ \gamma_j \\ \vdots \\ \gamma_{N-2} \\ \gamma_{N-1} \end{bmatrix} \tag{3-55}$$

假定 α_j、β_j、γ_j 为已知，V_2 由式（3-36）计算得到，故可逐级计算出 V_j。

$$V_3 = \frac{\gamma_2 - \alpha_2 V_2}{\beta_2}$$

$$V_4 = \frac{\gamma_3 - \alpha_3 V_3}{\beta_3}$$

$$V_j = \frac{\gamma_{j-1} - \alpha_{j-1} V_{j-1}}{\beta_{j-1}}$$

迭代收敛可采用如下的简单准则：

$$\tau = \sum_{j=1}^{N} |T_j^{(K)} - T_j^{(K-1)}| \leqslant 0.01N \tag{3-56}$$

T_j 和 V_j 的计算常用直接迭代法。但经验表明，为保证收敛，在下次迭代开始之前对当前迭代结果进行调整是必要的。例如应规定级温度的上、下限，当级间流率为负值时，应将其变成接近于零的正值。此外，为防止迭代过程发生振荡，应采用阻尼因子来限制，使先后两次迭代之间的 T_j 和 V_j 变化幅度小于 10%。

例 3-6 精馏塔分离轻烃混合物，全塔共 5 个平衡级（包括全凝器和再沸器）。在从上往下数第 3 级进料，进料量为 100 mol/h，原料中丙烷（1）、正丁烷（2）和正戊烷（3）的含量 $z_1 = 0.3$，$z_2 = 0.3$，$z_3 = 0.4$（摩尔分数）。塔压为 689.4 kPa，进料温度为 323.3 K（即饱和液体）。塔顶馏出液流率为 50 mol/h，饱和液体回流，回流比 $R = 2$。规定各级（全凝器和再沸器除外）及分配器在绝热条件下操作，试用泡点法完成一个迭代循环。

该物系为理想体系，各组分饱和蒸气压的安托万方程为：

丙烷 $\ln p^s = 15.7260 - 1872.46/(T - 25.16)$

正丁烷 $\ln p^s = 15.6782 - 2154.90/(T - 34.42)$

正戊烷 $\ln p^s = 15.8333 - 2477.07/(T - 39.94)$

p^s 单位为 mmHg，T 单位为 K。

液体摩尔焓 h 为：

丙烷 $h = 10730.6 - 74.31T + 0.3504T^2$

正丁烷 $h = -12868.4 + 64.2T + 0.19T^2$

正戊烷 $h = -13244.7 + 65.88T + 0.2276T^2$

h 单位为 J/mol，T 单位为 K。

气体摩尔焓为：

丙烷 $H=25451.0-33.356T+0.1666T^2$

正丁烷 $H=47437.0-107.76T+28488T^2$

正戊烷 $H=16657.0+95.753T+0.05426T^2$

H 单位为 J/mol, T 单位为 K。

解: 馏出液量 $D=U_1=50\text{mol/h}$, 则 $L_1=RU_1=100\text{mol/h}$, 由围绕全凝器的总物料衡算得 $V_1=L_1+U_1=150\text{mol/h}$。

迭代变量初值列表如下:

级序号 j	V_j/(mol/h)	T_j/K
1	0(无气相出料)	291.5
2	150	305.4
3	150	319.3
4	150	333.2
5	150	347.0

在假定的级温度及 689.4kPa 压力下,从图 3-3 得到 K 值为:

组分	$K_{i,j}$				
	1	2	3	4	5
丙烷	1.23	1.63	2.17	2.70	3.33
正丁烷	0.33	0.50	0.71	0.95	1.25
正戊烷	0.103	0.166	0.255	0.36	0.49

对第 1 个组分的 C_3, 按照式 (3-37)~式 (3-41) 进行矩阵系数计算,可得到如下矩阵方程:

$$\begin{bmatrix} -150 & 244.5 & & & \\ 100 & -334.5 & 325.5 & & \\ & 100 & -525.5 & 405 & \\ & & 200 & -605 & 499.5 \\ & & & 200 & -549.5 \end{bmatrix} \begin{bmatrix} x_{1,1} \\ x_{1,2} \\ x_{1,3} \\ x_{1,4} \\ x_{1,5} \end{bmatrix} = \begin{bmatrix} 0 \\ 0 \\ -30 \\ 0 \\ 0 \end{bmatrix}$$

由追赶法求解该方程,得到:

$x_{1,5}=0.0333$, $x_{1,4}=0.0915$, $x_{1,3}=0.1938$, $x_{1,2}=0.3475$, $x_{1,1}=0.5664$。

由类似方式解正丁烷和正戊烷的矩阵方程得到 $x_{i,j}$:

组分	$x_{i,j}$				
	1	2	3	4	5
丙烷	0.5664	0.3475	0.1938	0.0915	0.0333
正丁烷	0.1910	0.3820	0.4483	0.4857	0.4090
正戊烷	0.0191	0.1149	0.3253	0.4820	0.7806
$\sum_{i=1}^{3} x_{i,j}$	0.7765	0.8444	0.9674	1.0592	1.2229

将这些数据归一化后,用泡点方程 (3-30) 迭代计算 689.4kPa 压力下的泡点温度并和初值比较:

级数 温度	1	2	3	4	5
$T_j^{(1)}/K$	291.5	315.4	319.3	333.2	347.0
$T_j^{(2)}/K$	292.0	307.6	328.1	340.9	357.6

根据液体和气体纯组分的摩尔焓计算公式,计算出在泡点温度下,各组分的液相、气相的摩尔焓,再按下列公式加和:

$$H_j = \sum_{i=1}^{c} H_{i,j} y_{i,j} ; h_j = \sum_{i=1}^{c} h_{i,j} x_{i,j}$$

式中,H_j 和 h_j 分别是第 j 级气相和液相的平均摩尔焓。

平均摩尔焓计算结果如下:

级数	1	2	3	4	5
$H_j/(J/mol)$	30818	34316	38778	43326	49180
$h_j/(J/mol)$	19847.5	23783.9	19151.7	32745.6	37451.2

气、液相组成的摩尔分数见下表:

级数	液相组成 $x_{i,j}$			气相组成 $y_{i,j}$		
	丙烷	正丁烷	正戊烷	丙烷	正丁烷	正戊烷
1	0.7294	0.0246	0.0246	0.9145	0.0830	0.0024
2	0.4115	0.4524	0.1361	0.7142	0.2437	0.0421
3	0.2003	0.4634	0.3363	0.4967	0.3999	0.1033
4	0.0864	0.4585	0.4551	0.2728	0.5283	0.1989
5	0.0272	0.3345	0.6383	0.1035	0.5018	0.3947

按照式 (3-54) 计算出矩阵系数后,便可构成如下对角线矩阵:

$$\begin{bmatrix} 14994.1 & & \\ -14994.1 & 14174.3 & \\ & -14174.3 & 16434.4 \end{bmatrix} \begin{bmatrix} V_3 \\ V_4 \\ V_5 \end{bmatrix} = \begin{bmatrix} 1973455 \\ -159280 \\ 179695 \end{bmatrix}$$

逐级计算出:$V_3 = 131.62$;$V_4 = 128.0$;$V_5 = 121.33$。

按式 (3-56) 计算出 $\tau = \sum_{j=1}^{N} |T_j^{(2)} - T_j^{(2)}| > 0.01N = 0.05$,故应继续迭代。

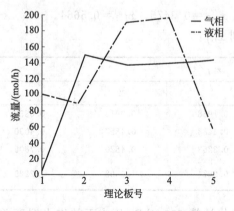

图 3-15 流量随塔板数变化的分布曲线

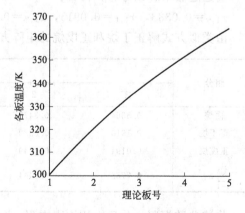

图 3-16 温度随塔板数变化的分布曲线

迭代完成后，计算出冷凝器热负荷为617.6W，再沸器热负荷为687.5W，可得到气液相流量、温度和组成随塔板数变化的分布曲线，如图3-15～图3-17所示。可看出，丙烷作为易挥发组分，大多从塔顶馏出；而正戊烷作为难挥发组分，大多从塔底采出；中间组分正丁烷的变化则不太明确。气液相流量在进料板处有较大的波动，但在精馏段和提馏段仍具有一定的恒定范围。

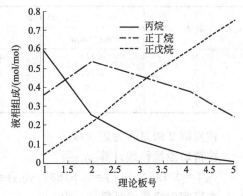

图 3-17 组成随塔板数变化的分布曲线

例 3-7 分离苯（B）、甲苯（T）和异丙苯（C）的精馏塔，操作压力为 101.3kPa。饱和液体进料，其组成（摩尔分数）为 25%苯，35%甲苯和 40%异丙苯。进料量 100kmol/h。塔顶采用全凝器，饱和液体回流，回流比 $L/D=2.0$。假设恒摩尔流。相对挥发度为常数 $\alpha_{BT}=2.5$，$\alpha_{TT}=1.0$，$\alpha_{CT}=0.21$。规定馏出液中甲苯的回收率为 95%，釜液中异丙烷的回收率为 96%。试求：

① 按适宜进料位置进料，确定总平衡级数；
② 若在第 5 级进料（自上而下），确定总平衡级数。

解：① 全塔物料衡算和计算起点的确定

按清晰分割：$Fz_B = Dx_{B,D} = 2.5$

$Dx_{T,D} = 0.95(Fz_T) = 33.25$

$Dx_{C,D} = (1-0.96)(Fz_C) = 1.6$

物料衡算表：

组分	馏出液		釜液	
	$Dx_{i,D}$	$x_{i,D}$	$Wx_{i,W}$	$x_{i,W}$
B	25	0.418	0	0
C	33.25	0.555	1.75	0.044
T	1.6	0.027	38.4	0.956
Σ	59.85	1.0	40.15	1.0

② 操作线方程

精馏段　$y_{i,j+1} = \dfrac{L}{V}x_{i,j} + \dfrac{D}{V}x_{i,D}$

式中　$L/V = \dfrac{L}{L+D} = \dfrac{2}{2+1} = \dfrac{2}{3}$；$D/V = \dfrac{1}{3}$

提馏段　$y_{i,j+1} = \dfrac{L'}{V'}x_{i,j} - \dfrac{W}{V'}x_{i,W}$

式中　$L' = 2D + F = 219.7$

$V' = V = L + D = 3D = 179.55$

$L'/V' = 1.224$；$W/V' = 0.224$

③ 逐级计算

组分	第 1 级		第 2 级	
	$y_{i,1}=x_{i,D}$	$x_{i,1}$	$y_{i,2}$	$x_{i,2}$
B	0.418	0.193	0.268	0.084
T	0.555	0.655	0.622	0.497
C	0.027	0.151	0.110	0.419
Σ	1.0	0.999	1.0	1.0

核实第 2 级是否为进料级：

按精馏段操作线计算 $y_{i,3}$ 得

$y_{B,3}=0.1953$；$y_{T,3}=0.5163$；$y_{C,3}=0.2883$

按提馏段操作线计算 $y_{i,3}$ 得

$y_{B,3}=0.1028$；$y_{T,3}=0.5985$；$y_{C,3}=0.2987$

则 $\left[\dfrac{y_{T,3}}{y_{C,3}}\right]_R=1.7908<\left[\dfrac{y_{T,3}}{y_{C,3}}\right]_S=2.0037$

所以第 2 级不是进料级。

所以：$y_{B,3}=0.1953$；$y_T=0.5163$；$y_C=0.2883$。

核实第 3 级是否为进料级：

按精馏段操作线计算 $y_{i,4}$ 得

$y_{B,4}=0.166$；$y_{T,4}=0.360$；$y_{C,4}=0.474$

按提馏段操作线计算 $y_{i,4}$ 得：

$y_{B,4}=0.049$；$y_{T,4}=0.311$；$y_{C,4}=0.640$

则 $\left[\dfrac{y_{T,4}}{y_{C,4}}\right]_R=0.759<\left[\dfrac{y_{T,4}}{y_{C,4}}\right]_S=0.486$

故第 3 级为进料板，以下按提馏段操作线逐级计算：

组分	第 4 级		第 5 级	
	$y_{i,4}$	$x_{i,4}$	$y_{i,5}$	$x_{i,5}$
B	0.049	0.0058	0.007	0.0006
T	0.311	0.0920	0.103	0.0237
C	0.640	0.9021	0.890	0.9756
Σ	1.0	0.9999	1.0	0.9999

因 $x_{C,5}>x_{C,W}$ 和 $x_{T,5}<x_{T,W}$，所以第 5 级（包括再沸器）为最后一级。

④ 估计值的校核

W 值应调整为：

$$\dfrac{1.75}{W}+\dfrac{38.4}{W}+0.0006=1.0$$

解得：

$$W=40.174$$
$$D=59.826$$
$$x_{T,D}=\dfrac{33.25}{59.826}=0.5558$$
$$x_{C,D}=\dfrac{1.6}{59.826}=0.0267$$

$x_{B,D}=0.4175$；$\dfrac{|(x_{B,D})_{估计}-(x_{B,D})_{计算}|}{(x_{B,D})_{计算}}=\dfrac{|0.418-0.4175|}{0.4175}=0.0012<0.01$

满足准确度，不再重复逐级计算。

3.5 气液传质设备的效率

对操作型问题，按给定的平衡级数计算产品组成；对设计型问题，按给定的分离要求确定平衡级数。本节内容所涉及的是传质设备问题，重点讨论影响气液或液液传质设备处理能力和效率的因素，确定效率的经验方法和机理模型，以及气液和液液传质设备的选型问题。

3.5.1 气液传质设备处理能力的影响因素

气液传质设备的种类繁多，但基本上可分为两大类：板式塔和填料塔。无论哪一类设备，其传质性能的好坏、负荷的大小及操作是否稳定，在很大程度上决定于塔的设计。关于这一问题，在《化工原理》课程中已有详尽论述。本节仅就影响设备处理能力的主要因素作简要定性分析。

液泛 任何逆流流动的分离设备的处理能力都受到液泛的限制。在气液接触的板式塔中，液泛气速随 L/V 的减小和板间距的增加而增大。对于气液接触填料塔，规整填料塔的处理能力比具有相同形式和空隙率的乱堆填料塔要大。这是由于规整填料的流道具有更大连贯性的结果。此外，随着 L/V 的减小、液体黏度（膜的厚度）的减小、填料空隙率的增大和其比表面积的减小，液泛气速是增加的。液泛气速愈大，说明处理能力愈强。

雾沫夹带 雾沫夹带是气液两相的物理分离不完全的现象。由于它对级效率有不利的影响以及增加了级间流量，在分离设备中雾沫夹带常常表现为处理能力的极限。在板式塔中，雾沫夹带程度用雾沫夹带量或泛点百分率表示。雾沫夹带随着板间距的减小而增加，随塔负荷的增加急剧上升。在低 L/V 或低压下，雾沫夹带是限制处理能力的更主要的因素。

压力降 与处理能力密切相关的另一因素是接触设备中的压力降。对真空操作的设备，压力降将存在某个上限，往往成为限制处理能力的主要原因。此外，在板式塔中，板与板之间的压力降是构成降液管内液位高度的重要组成部分，因此压力降大就可能引起液泛。

停留时间 对给定尺寸的设备，限制其处理能力的另一个因素是获得适宜效率所需的流体的停留时间。接触相在设备内停留时间愈长，则级效率愈高，但处理能力愈低。若处理能力过高，物流通过一个级的流速增加，则效率通常降低，表现在产品纯度达不到要求。

由于对处理能力的限制常指一个分离设备中所允许的流速上限，因此对影响适宜操作区域的一些其他因素不予讨论。

3.5.2 气液传质设备的效率及其影响因素

(1) 效率的表示方法

前面所讨论的都是有关平衡级（或理论板）的设计和计算，但实际板和理论板之间存在着诸多的差异：①理论板上相互接触的气、液两相均完全混合，板上液相浓度均一，这与塔径较小的实际板上的混合情况比较接近。但当塔径较大时，板上混合不完全，上一板溢流液入口处液相浓度比溢流堰处液相浓度要高；进入同一板的气相各点浓度不相同，并且沿着在板上液层中的进程而逐渐增高。②理论板定义为离开某板的气、液两相达到平衡，即 $y_j = y_j^* = K_j x_j$，它意味着在该板上的传质量为 $V(y_j^* - y_{j-1})$。但实际板上的传质速率受塔板结构、气液两相流动情况、两相的有关物性和平衡关系的影响，离开板上每一点的气相不可能达到与其接触的液相成平衡的浓度，因为达到平衡时传质推动力为零，两相需要无限长的接触时间。③实际板上气、液两相存在不均匀流动，造成不均匀的停留时间。④实际板存在有雾沫夹带、漏液和液相夹带气泡的现象。由于上述原因，需要引入效率的概念。效率有多种不同的表示方法，在此只将广泛使用的几种简述如下。

① 全塔效率　全塔效率定义为完成给定分离任务所需要的理论塔板数与实际塔板数之比，即

$$E_T = \frac{N_{理}}{N_{实}} \tag{3-57}$$

全塔效率很容易测定和使用，但若将全塔效率与板上基本的传质、传热过程相关联，则相当困难。

② 默弗里（Murphree）板效率　假定板间气相完全混合，气相以活塞流垂直通过液层。板上液体完全混合，其组成等于离开该板降液管中的液体组成。那么，定义实际板上的浓度变化与平衡时应达到的浓度变化之比为默弗里板效率。若以组分 i 的气相浓度表示（见图 3-18），则

$$E_{i,\text{MV}} = \frac{y_{i,j} - y_{i,j+1}}{y_{i,j}^* - y_{i,j+1}} \tag{3-58}$$

式中　$E_{i,\text{MV}}$——以气相浓度表示的组分 i 的默弗里板效率；

$y_{i,j}$，$y_{i,j+1}$——离开第 j 板及第 $j+1$ 板的气相中组分 i 的摩尔分数；

$y_{i,j}^*$——与 $x_{i,j}$ 成平衡的气相摩尔分数。

默弗里板效率也可用组分 i 的液相浓度表示：

$$E_{i,\text{ML}} = \frac{x_{i,j} - x_{i,j-1}}{x_{i,j}^* - x_{i,j-1}} \tag{3-59}$$

式中　$E_{i,\text{ML}}$——以液相浓度表示的组分 i 的默弗里板效率；

$x_{i,j-1}$，$x_{i,j}$——离开第 $j-1$ 板及第 j 板的液相中组分 i 的摩尔分数；

$x_{i,j}^*$——与 $y_{i,j}$ 成平衡的液相摩尔分数。

一般说来，$E_{i,\text{ML}} \neq E_{i,\text{MV}}$。对二组分溶液，用易挥发组分或难挥发组分表示的 $E_{i,\text{MV}}$（或 $E_{i,\text{ML}}$）为同一数值，但对多组分溶液，不同组分的板效率是不相同的。

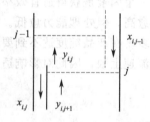

图 3-18　板序号规定

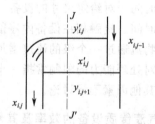

图 3-19　点效率模型

③ 点效率　塔板上的气液两相是错流接触的，实际上在液体的流动方向上，各点液体的浓度可能是变化的。因为液体沿塔板流动的途径比板上的液层高度大得多，所以在液流方向上比在气流方向上更难达到完全混合。若假定液体在垂直方向上是完全混合的，如图 3-19 所示，在塔的某一垂直轴线 JJ' 上，进入液相的蒸气浓度为 $y_{i,j+1}$，离开液面时的蒸气浓度为 $y'_{i,j}$，在 JJ' 处液相浓度为 $x'_{i,j}$，与其成平衡的气相浓度为 $y_{i,j}^*$，则

$$E_{i,\text{OG}} = \frac{y'_{i,j} - y_{i,j+1}}{y_{i,j}^* - y_{i,j+1}} \tag{3-60}$$

式中　$E_{i,\text{OG}}$——i 组分在该 J 点处的点效率。

④ 填料塔的等板高度（HETP）　尽管填料塔内气液两相连续接触，也常常采用理论板

及等板高度的概念进行分析和设计。一块理论板表示由一段填料上升的蒸气与自该段填料下降的液体互成平衡,等板高度为相当于一块理论板所需的填料高度,即

$$HETP = \frac{填料高度}{理论板数} \tag{3-61}$$

(2) 影响效率的因素

影响气液传质设备板效率的因素是错综复杂的,板上发生的两相传质情况、气液两相分别在板上和板间混合情况、气液两相在板上流动的均匀程度、气相中雾沫夹带量和溢流液中泡沫夹带等均对板效率有影响,而它们又与塔板结构、操作状况和物系的物性有关。

3.5.3 气液传质设备效率的估算方法

板式塔的塔效率可用经验法确定。《化工原理》课程中介绍的奥康奈尔(O'Connell)法是最常用的方法,它们是由一些实测数据关联得到的。当处理的物系包括在经验关联所用的实测物系或与其性质相近时,该法能提供比较接近实际的塔效率估计值。

填料塔等板高度的大小不仅取决于设备结构、填料的类型与尺寸,而且还与物系性质和操作气速有关。一般通过实验测定或取工业设备的经验数据。

实测的 $HETP$ 值是最准确的。通常在全回流条件下进行测定。Ellis 和 Brooks 发现,在 L/V 低于 1 的情况下,$HETP$ 有所增加,但直至 $L/V \approx 1/2$,$HETP$ 一般增加很小,故测定结果能直接用于设计。

$HETP$ 随填料尺寸的增大而增高,因物系不同而变化。具有相同尺寸的大多数填料具有相近的 $HETP$。若给定物系和填料尺寸,$HETP$ 在较宽的气速范围内大致是恒定的。而在很低气速的区域,$HETP$ 通常增加,其原因为填料未完全润湿。

若无可用数据,Ludwig 建议乱堆填料的平均 $HETP$ 值为 $0.45 \sim 0.6$。Eckert 提出对于 25mm、38mm 和 50mm 的鲍尔环,$HETP$ 分别为 0.3m、0.45m 和 0.6m。目前广泛流行的规整填料,如金属丝网波纹填料(Sulzer 填料),CY 型的 $HETP$ 为 $0.125 \sim 0.166$m,BX 型 $HETP$ 为 $0.2 \sim 0.25$cm。麦勒派克(Mellapak)填料的 $HETP$ 为 $0.25 \sim 0.33$cm。

习　题

1. 一液体混合物的组分(摩尔分数)为:苯 0.50;甲苯 0.25;对二甲苯 0.25。用平衡常数法计算该物系在 100kPa 时的平衡温度和气相组成。假设为完全理想物系。

2. 一烃类混合物含有甲烷 5%、乙烷 10%、丙烷 30% 及异丁烷 55%(摩尔分数),试求混合物在 25℃ 时的泡点压力和露点压力。

3. 在 101.3kPa 下,对组成为 45%(摩尔分数,下同)正己烷、25% 正庚烷及 30% 正辛烷的混合物计算。求泡点和露点温度。

4. 假定有一绝热平衡闪蒸过程,所有变量表示在附图中。求:
(1) 总变更量数 N_v;
(2) 有关变更量的独立方程数 N_c;
(3) 设计变更量数 N_i;
(4) 固定和可调设计变更量数 N_x,N_a;
(5) 对典型的绝热闪蒸过程,你将推荐规定哪些变量?

5. 满足下列要求而设计的再沸汽提塔见附图,求:
(1) 设计变更量数是多少?

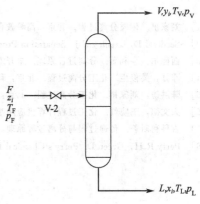

习题 4 附图

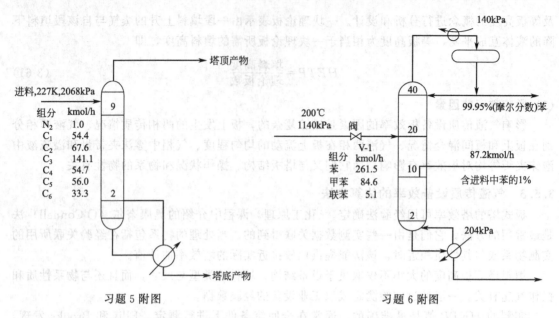

习题 5 附图　　　　　　　　　习题 6 附图

(2) 如果有，请指出哪些附加变量需要规定？

6. 采用单个精馏塔分离一个三组分混合物为三个产品（见附图），试问图中所注设计变量能否使问题有唯一解？如果不，你认为还应规定哪个（些）设计变量？

7. 在一精馏塔中分离苯（B）、甲苯（T）、二甲苯（X）和异丙苯（C）四元混合物。进料量 200mol/h，进料组成 $z_B=0.2$，$z_T=0.1$，$z_X=0.4$(mol)。塔顶采用全凝器，饱和液体回流。相对挥发度数据为：$\alpha_{BT}=2.25$，$\alpha_{TT}=1.0$，$\alpha_{XT}=0.33$，$\alpha_{CT}=0.21$。规定异丙苯在釜液中的回收率为 99.8%，甲苯在馏出液中的回收率为 99.5%。求最少理论板数和全回流操作下的组分分配。

8. 某精馏塔共有三个平衡级，一个全凝器和一个再沸器。用于分离由 60%（摩尔分数，下同）的甲醇、20%乙醇和 20%正丙醇所组成的饱和液体混合物。在中间一级上进料，进料量为 1000kmol/h。此塔的操作压力为 101.3kPa。馏出液量为 600kmol/h。回流量为 2000kmol/h。饱和液体回流。假设恒摩尔流。用泡点法计算一个迭代循环，直到得出一组新的 T_j 值。

安托万方程：

甲醇　$\ln p_1^s=23.4803-3626.5/(T-34.29)$

乙醇　$\ln p_2^s=23.8047-3803.98/(T-41.68)$

正丙醇　$\ln p_3^s=22.4367-3166.38/(T-80.15)$　　　$(T:K;\ p^s:Pa)$

参 考 文 献

[1] 刘家祺. 传质分离过程. 北京：高等教育出版社，2005.
[2] Seader J D, Henley E J. Separation Process Principles. New York：John Weley & Sons, 1998.
[3] 西德尔，亨利著. 分离过程原理. 朱开宏，吴俊生译. 上海：华东理工大学出版社，2007.
[4] 邓修，吴俊生. 化工分离过程. 北京：科学出版社，2000.
[5] 陈洪钫，刘家祺. 化工分离过程. 北京：化学工业出版社，1995.
[6] 天文德，王晓红. 化工过程计算机应用基础. 北京：化学工业出版社，2007.
[7] 吉科利斯著. 传递过程与分离过程原理：下册. 齐鸣斋译. 上海：华东理工大学出版社，2007.
[8] Perry R H, Green D. Perry's Chemical Engineering Handbook. 7th ed. New York：McGraw-Hill, 1977.

第 4 章 特殊精馏技术

在化工生产中常常会遇到欲分离组分之间的相对挥发度接近于 1 或形成共沸物的系统。应用一般的精馏方法分离这种系统，或在经济上是不合理的，或在技术上是不可能的。此时，需要采用特殊精馏技术。特殊精馏包括萃取精馏、共沸精馏、加盐精馏，还有反应与传递促进的反应精馏等。本章对共沸精馏、萃取精馏、加盐精馏及反应精馏作介绍。

4.1 共沸精馏

共沸精馏是在一些难用普通精馏方法分离的体系中加入一新的组分（称为共沸剂），共沸剂与待分离关键组分形成共沸物（该共沸物可以是二元的，也可以是多元的；可以是易挥发的塔顶产品，也可以是难挥发的塔底产品；但最好是前者），而使原体系中的组分得到分离。

共沸精馏与萃取精馏一样，都是多组分（至少是三组分）非理想溶液的精馏。

4.1.1 共沸物的特性和共沸组成的计算

共沸物的形成对于采用精馏方法分离液体混合物的条件有很大的影响。因此，共沸现象一直是很多研究工作的对象。二元共沸物的性质已由科诺瓦洛夫定律作了一般性的叙述。根据该定律，在混合物的蒸气压组成曲线上的极值点，气、液平衡相的组成相等。这一定律不仅适用于二元系，而且也适用于多元系，且温度的极大（或极小）值总是相当于压力的极小（或极大）值。但多元系不同于二元系，平衡气、液相组成相等并不一定相当于温度或压力的极值点，这是因为在多元系中，相组成与蒸气的分压及总压之间的关系要比二元系时复杂很多。

(1) 二元系

① 二元系均相共沸物　共沸物的形成是由于系统与理想溶液有偏差的结果。可假定气相为理想气体，则二元均相共沸物的特征为：

$$\alpha_{12} = \frac{\gamma_1 p_1^s}{\gamma_2 p_2^s} = 1 \tag{4-1}$$

根据二元系组分的活度系数与组成的关系可知，纯组分的蒸气压相差越小，则越可能在较小的正（负）偏差时形成共沸物，而且共沸组成也越接近等摩尔分数。随着纯组分蒸气压差的增大，最低共沸物向含低沸点组分多的浓度区移动，而最高共沸物则向含高沸点组分多的浓度区转移。系统的非理想性程度越大，则蒸气压-组成曲线就越偏离直线，极值点也就越明显。图 4-1 和图 4-2 分别表示了较小正偏差和较大正偏差时形成最低共沸物的 $\ln\gamma$-x 图和 p-x 图。

目前已有专著汇集了已知的共沸组成和共沸温度。但在开发新过程或要了解共沸组成随压力（或温度）而变化等情况时，也可以利用热力学关系加以计算。

因为在共沸组成时相对挥发度为 1，所以式(4-1)可改写为：

$$\frac{\gamma_1}{\gamma_2} = \frac{p_2^s}{p_1^s} \tag{4-2}$$

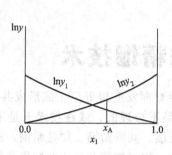 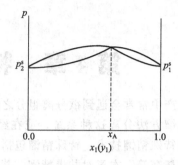

图 4-1　具有较小正偏差的共沸物系

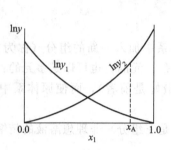 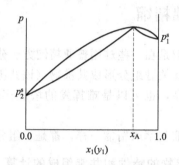

图 4-2　具有较大正偏差的共沸物系

上式便是计算二元均相共沸组成的基本公式。若已知 $p_1^s = f_1(T)$，$p_2^s = f_2(T)$，以及 γ_1 和 γ_2 与组成和温度的关系，则式(4-2)关联了共沸温度和共沸组成的关系。对 T、p 和 x 三个参数，无论是已知 T 求 p 和 x 或已知 p 求 T 和 x，还需另一个关系式：

$$p = \gamma_1 x_1 p_1^s + \gamma_2 x_2 p_2^s \tag{4-3}$$

用试差法可确定在给定的条件下是否形成共沸物及共沸组成等具体数值。

在设计一个共沸精馏过程时，考虑共沸组成随压力变化的一般规律是很重要的。因为压力是一个很容易改变的操作参数，在某些情况下通过改变压力可实现共沸物系的分离。

Roozeboom 首先提出了压力影响的一般规律，二元正偏差共沸物组成向蒸气压增加剧烈的组分移动。应用 Clausius 方程可分析出：当压力增加时，最低共沸物的组成向摩尔潜热大的组分移动；最高共沸物的组成向摩尔潜热小的组分移动。

② 二元非均相共沸物　当系统与拉乌尔定律的正偏差很大时，则可能形成两个液相。二元系在三相共存时，只有一个自由度。因此在等温（或等压）时，系统是无自由度的，也就是说，压力（或温度）一经确定，则平衡的气相和两个液相的组成就是一定的。这种物系中最有实用意义的是在恒温下，两液相共存区的溶液蒸气压大于纯组分的蒸气压力，且蒸气组成介于两个液相组成之间，这时系统形成非均相共沸物。

若气相为理想气体，则：

$$p = p_1 + p_2 > p_1^s > p_2^s \tag{4-4}$$

式中　p——两液相共存区的溶液蒸气压；

p_1，p_2——共存区饱和蒸气中组分1及组分2的分压。

由式(4-2)可得出不等式：

$$p_1^s - p_1 < p_2 \tag{4-5}$$

在两液相共存区，$p_1 = p_1^s \gamma_1^I x_1^I$，$p_2 = p_2^s \gamma_2^{II} x_2^{II}$

式中　Ⅰ——组分 1 为主的液相；
　　　Ⅱ——组分 2 为主的液相。
将其代入式(4-5)，可得出：

$$\frac{p_1^s(1-\gamma_1^{\mathrm{I}} x_1^{\mathrm{I}})}{p_2^s \gamma_2^{\mathrm{II}} x_2^{\mathrm{II}}}<1 \tag{4-6}$$

若相互溶解度很小，则 $x_1^{\mathrm{I}} \approx 1$，$x_2^{\mathrm{II}} \approx 1$，即 $\gamma_1^{\mathrm{I}} \approx \gamma_2^{\mathrm{II}} \approx 1$。
上式简化为：

$$E=\frac{p_1^s x_2^{\mathrm{I}}}{p_2^s x_2^{\mathrm{II}}}<1 \tag{4-7}$$

故可用 E 作为定性估算能否形成共沸物的指标。由式(4-7)可看出，组分蒸气压相差越小，相互溶解度越小，则形成共沸物的可能性越大。

由于在二元非均相共沸点，一个气相和两个液相互成平衡，故共沸组成的计算必须同时考虑气液平衡和液液平衡：

$$\gamma_1^{\mathrm{I}} x_1^{\mathrm{I}} = \gamma_1^{\mathrm{II}} x_1^{\mathrm{II}} \tag{4-8}$$

$$\gamma_2^{\mathrm{I}}(1-x_1^{\mathrm{I}}) = \gamma_2^{\mathrm{II}}(1-x_1^{\mathrm{II}}) \tag{4-9}$$

$$p = p_1^s \gamma_1^{\mathrm{I}} x_1^{\mathrm{I}} + p_2^s \gamma_2^{\mathrm{I}}(1-x_1^{\mathrm{I}}) \tag{4-10}$$

若给定 p，则联立求解上述三方程可得 T、x_1^{I}、x_1^{II}。如已知 NRTL 或 UNIQUAC 参数，首先假设温度，由式(4-8)和式(4-9)试差求得互成平衡时的两液相组成，再用式(4-10)核算假设的温度是否正确。

二元非均相共沸物都是正偏差共沸物。从二元系的临界混溶温度很容易预测在某温度下所形成的共沸物是均相还是非均相。

(2) 三元相图

三元系的相图常以立体图形表示。底面的正三角形表示组成，三个顶点分别表示纯组分。纵轴表示压力（恒温系统）或温度（恒压系统），分别用压力面或温度面表示物系的气液平衡性质。另一种三元相图是用底面的平行面切割上述压力面或温度面并投影到底面上，形成等压线（恒温系统）或等温线（恒压系统）。

三元系的气液平衡关系，可用正三角形相图直观地表示，正因为直观，相图在分析共沸精馏中广泛采用。

图 4-3 为甲乙酮、甲苯、正庚烷在 1 个大气压下的平衡相图，正庚烷和甲乙酮形成最低共沸物，沸点为 77℃。图中实线表示等温泡点线，虚线表示等温露点线。同温下泡点线与露点线上两平衡点的连线称为平衡连接线，也称系线。图中仅画出 88℃和 104℃下的两组气液平衡系线。

图 4-4 为具有三对二元最低共沸物的相图，图 4-5 为具有三对二元最低共沸物及一个三元最低共沸物的相图，两图中仅画出等温泡点，在以正三角形为底、温度为纵坐标的立体相

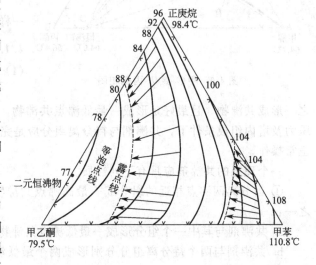

图 4-3　甲乙酮-甲苯-正庚烷系统的气液平衡相图

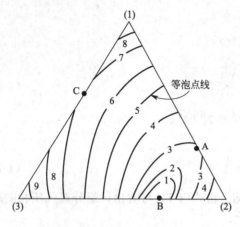

图 4-4 具有三对二元最低共沸物的相图

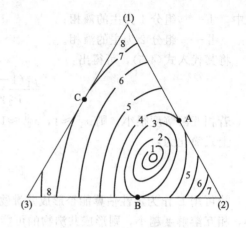

图 4-5 具有三对二元最低共沸物和一对三元最低共沸物的相图

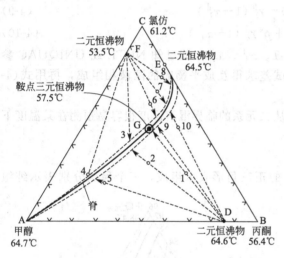

图 4-6 甲醇-氯仿-丙酮相图

图中，一定压力下的泡点曲面和露点曲面在共沸点相切，泡点曲面可能是形状简单的凹图，它与等温面交线的水平投影就如图 4-4 和图 4-5 所示那样。但有时泡点曲面上会出现脊，有时会出现沟。当有两对二元共沸物有最低共沸点，而另一对二元共沸物有最高共沸点时，泡点曲面就可能出现脊。图 4-6 所示的甲醇-氯仿-丙酮系统就是这样，它们的三元最低共沸物出现在脊的最低部位，但并非是整个曲面的最低点，而恰巧是鞍点。

三元均相共沸组成的计算可按二元时一样进行，由共沸条件 $\alpha_{12}=\alpha_{13}=\alpha_{23}$ 得出。

4.1.2 共沸精馏共沸剂的选择

(1) 对共沸剂的要求

共沸精馏共沸剂至少应与待分离组分之一形成共沸物，且最好是形成一最低沸点共沸物，可以有较低的操作温度；在操作温度、压力及塔内组成条件下，共沸剂与待分离组分应是完全互溶的，不致因液相分层而破坏塔的正常操作。

一个理想的共沸剂应具有下列性质。

① 当分离两沸点相近的组分或一最高沸点共沸物时，所选择的共沸剂应具有下列性质之一：

a. 共沸剂与其中一个组分形成一最低沸点共沸物。

b. 共沸剂与两个待分离组分分别形成两个最低沸点共沸物，其中一共沸物比另一共沸物有足够低的沸点。

c. 共沸剂与原料组分形成一三元最低沸点共沸物，其沸点比原来的二元共沸物沸点低得多。且三元共沸物中两个待分离组分之比与原料中待分离组分之比有较大差别。

② 当分离最低沸点共沸物时，所选择的共沸剂应具有下列性质之一：

a. 共沸剂与其中之一形成最低沸点共沸物，且沸点比原料共沸物的沸点低得多。

b. 共沸剂与原料组分形成一三元最低沸点共沸物，其沸点比原料共沸物的沸点低得多，且三元共沸物中两个待分离组分之比与原料中待分离组分之比有较大差别。

多元体系分离时，对共沸剂的要求基本相同。在石油化工原料的生产中，分离沸点相近的烃时，共沸剂必须与不同类型的烃形成不同沸点的共沸物，或只与其中某类型的烃形成共沸物。如甲基乙基酮加入 100～110℃ 的烃类混合物中，与直链烷烃、环烷烃、烯烃形成最低沸点共沸物，而与甲苯不形成共沸物，甲苯就从混合物中用共沸精馏方法分离出来。

为了保证上面提到的温度差足够大，共沸剂的沸点一般应比原料沸点低 10～40℃。

共沸精馏共沸剂的作用是与组分形成新的共沸物，以达到将该组分用精馏方法带出的目的，因而能否形成共沸物是最关键的要求。对共沸剂其他的要求是：所形成的新共沸物中共沸剂的比例愈小愈好，使一份共沸剂能带出更多的待分离组分，不仅提高了共沸剂的效率，减少了循环量，也降低了蒸发所需的热量及冷凝所需的冷剂用量。

共沸剂应容易回收。这往往是共沸剂是否有工业实际使用价值的重要方面。

共沸剂应有良好的热稳定性，化学稳定性，无腐蚀性、无毒，价格低廉，容易得到等性质。

Ewell 根据溶液形成氢键的强弱将溶液分为五类，作为定性的考虑，来作为初步筛选溶剂时的指导。

根据液体产生氢键的可能性与强弱将液体分为五类。

第Ⅰ类：能形成立体网状结构强氢键的液体。例如水、乙二醇、甘油、氨基醇、羟胺、羟酸、多酚、酰胺等。硝基甲烷、乙腈虽也能形成立体网状氢键结构，但由于较—OH、NH 基团为弱，故列入第Ⅱ类。

第Ⅱ类：分子具有活性氢原子及给予体原子（如氧、氮、氟等）的液体。例如：酸、醇、酚、伯胺、仲胺、肟、有α氢的硝基化合物、有α氢的腈类、氨、氟化氢、肼、氰化氧等。

第Ⅲ类：分子中有给予体原子，但无活性氢的液体。例如：醚、酮、醛、酯、叔胺（包括吡啶类）及无α氢的硝基化合物和腈类等。

第Ⅳ类：分子中含有活泼氢，但无给予体原子的液体。这些液体分子在同一碳原子上具有两个或三个氯原子，或一个氯原子在碳原子上而一个或一个以上的氯原子在相邻的碳原子上。例如：氯仿、二氯甲烷、1,1-二氯乙烷、1,2-二氯乙烷、1,2,3-三氯丙烷、1,1,2-三氯乙烷。

第Ⅴ类：所有未包括在上面的其他液体（液体无形成氢键的可能性）。如烃类、二硫化碳、硫化物、硫醇，不属于第Ⅳ类的卤代烃，非金属元素碘、磷、硫等。

各类液体混合后对拉乌尔定律的偏差列于表 4-1，可用作判断是否形成共沸物的初步依据。

总的来看，最低共沸物要比最高共沸物多得多，除下列体系外都是具有最低沸点的共沸物。

a. 水+强酸：如水+盐酸、溴化氢、碘化氢或硝酸。

b. 水+缔合液体：如水+甲酸、水+肼或乙二胺。

c. 第Ⅳ类液体+第Ⅳ类液体：如丙酮+氯仿、环己酮+溴仿、乙酸丁酯+1,2,2-三氯丙烷。

d. 有机酸+胺：如乙酸+三乙基胺、丙酸+吡啶。

e. 酚+胺：酚+苯胺、邻甲酚+二甲基苯胺。

表 4-1　各类液体混合后对拉乌尔定律的偏差

类别	偏差情况	氢键变化情况	举 例
Ⅰ+Ⅴ	总是正偏差;常有限溶解	仅氢键断开	乙二醇-萘体系
Ⅱ+Ⅴ	总是正偏差	仅氢键断开	乙醇-苯体系
Ⅲ+Ⅴ	总是负偏差	仅氢键形成	氯仿-丙醇体系
Ⅰ+Ⅳ	总是正偏差;常有限溶解	氢键断开和形成,但Ⅰ类Ⅱ类液体的离解作用是主要效应	氢化丙烯-水体系
Ⅱ+Ⅳ	总是正偏差		甲醇-四氯化碳体系
Ⅰ+Ⅰ		氢键断开和形成	乙醇-水体系
Ⅰ+Ⅱ	通常为正偏差,但有些体系负偏差,得到最高沸点共沸物		1,4-二噁烷-水体系
Ⅰ+Ⅲ			
Ⅱ+Ⅱ			
Ⅱ+Ⅲ			
Ⅲ+Ⅲ	似理想体系,总是正偏差或理想情况,如有共沸形成也是最低沸点共沸物	不涉及氢键	丙酮-正己烷体系
Ⅲ+Ⅴ			苯-环己烷体系
Ⅳ+Ⅳ			
Ⅳ+Ⅴ			
Ⅴ+Ⅴ			

注：举例中除氯仿-丙醇体系为最高沸点共沸物外,其余均为最低沸点共沸物。

　　f. 有机酸＋含给予体氧的液体：甲酸＋二乙基酮、丁酸＋环己酮。
　　g. 酚＋含给予体氧的液体：如酚＋甲基己基酮、邻甲酚＋草酸乙酯。
　　h. 酚＋醇：如酚＋正辛醇、邻甲酚＋乙二醇
　　当然,仅用氢键的概念来说明各类液体混合时的偏差情况是不充分的。例如芳烃和直链烷烃均属第Ⅴ类,它们混合时不涉及氢键的生成和断裂,但却呈现正偏差。同样直链烷烃和烯烃混合时也产生轻微正偏差的溶液。

(2) 共沸剂选择举例

　　如吡啶和水形成一最低沸点共沸物,共沸温度为 92℃,吡啶组成为 54%（质量分数）。用共沸精馏方法脱水,理想的共沸剂应具有的性质是能与水形成一共沸物。且沸点远低于 92℃;与吡啶不形成共沸物,也不形成三元共沸物;共沸剂的效率要高,每份共沸剂能带出较多的水。为了便于回收,常温时共沸剂在水中的溶解度要低,但在操作条件下与吡啶、水有良好的互溶度。如能满足这些条件,再以其他技术经济条件来全面衡量,最后确定最适宜的共沸剂。

　　根据这些要求,有机物按氢键强弱分类的第Ⅰ、Ⅱ类物质是不适宜的,因为它们与水的溶解度很大,并有与吡啶形成共沸物的可能性,只有第Ⅲ、Ⅳ、Ⅴ类物质可考虑用作共沸剂。再进一步研究,吡啶属于第Ⅲ类,按表 4-1,可与同类物质形成似理想体系,只有当沸点非常接近时才可能形成最低沸点共沸物。第Ⅴ类物质也有类似的情况。第Ⅳ类物质虽能与吡啶形成最高沸点共沸物,但对操作无影响。表 4-1 指出,第Ⅲ、Ⅳ、Ⅴ类物质可与水形成最低沸点共沸物,因而从这三类物质中进行选择是合适的。将其结果列于表 4-2。对于间歇操作,几乎所有性质与表中近似的物质都可作为理想的共沸剂。

　　共沸精馏也用于分离沸点相近的原料组分,如醋酸-水二元体系,用普通的精馏方法是难分离的。若加入共沸剂,使与水形成最低沸点共沸物而与醋酸不形成共沸物,则水就可以较方便地除去。从表 4-1 分析,第Ⅲ类物质是较理想的,和水可得到一最低沸点共沸物,而和醋酸可能形成似理想体系,选择乙酸丁酯作共沸剂,如图 4-7,当在原料（B）中加入足量的乙酸丁酯,经分离可得到纯醋酸及酯-水的最低沸点共沸物（共沸温度 90.6℃）。两者沸

第4章　特殊精馏技术

表 4-2　吡啶脱水共沸剂

分类	共沸剂	沸点/℃	共沸温度/℃	除去1份水所需共沸剂份数	溶解度/(份/100份 H_2O)
Ⅲ	甲酸异丁酯	98.2	80.4	11.8	1.0
	丙酸乙酯	99	81.2	9.0	2.4
	丁酸甲酯	102	82.7	7.7	1.5
	异丁酸乙酯	111.7	85.2	5.6	微溶
	二异丁醚	122.2	88.6	3.4	微溶
	甲酸戊酯	132	91.6	2.5	微溶
Ⅳ	氯化乙烯	83	72	11.0	0.9
	1,2-二氯丙烷	968	78	7.4	0.3
Ⅴ	苯	80.2	69.3	10.2	0.1
	甲苯	110.7	84.1	6.4	不溶解

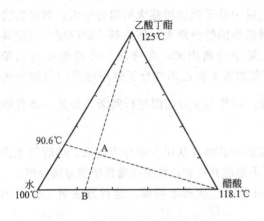

图 4-7　水-醋酸体系以乙酸丁酯为共沸剂的相图

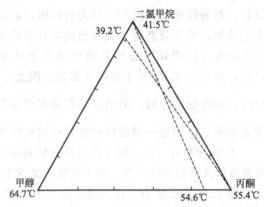

图 4-8　丙酮-甲醇体系以二氯甲烷为共沸剂的相图

点相差较大（醋酸沸点 118.1℃）。

用物质按氢键分类的方法估计形成共沸物的可能性，可以大致上预计共沸剂应属于哪一类，进一步再用估算确定究竟哪些物质将形成共沸物，有了这些基本概念以后，将使实验筛选工作大为减少。但无论如何，实验工作应作为最终的依据，因为只有实验才有可能发现某些例外情况。

如丙酮-甲醇混合液是一最低沸点共沸物，共沸物含丙酮86%（摩尔分数），共沸温度54.6℃，选择二氯甲烷作共沸剂，如图4-8，因二氯甲烷能与甲醇形成最低沸点共沸物，但不与丙酮形成共沸物，这是实验的结果。如按表4-1判断，将会得出二氯甲烷与丙酮形成最高共沸物的错误结论。但如将此实验结果推广，认为三氯乙烷也可得到与二氯甲烷同样的效果也是不正确的。因为事实上，三氯乙烷与丙酮能形成一最高沸点共沸物，与表4-1的判别是一致的。

上面所讲的选择溶剂的方法，无论是从物质按氢键强弱分类估计共沸形成的可能性，或从定量方法计算是否存在共沸点，以及用实验数据来分析，都是以共沸剂与待分离组分能否形成共沸物来考虑的，这样得出的结论应用在工业上有时也还是不可靠的，因为将一个三元体系分成三个二元体系来考虑，自然有其方便之处，但是不全面的。

(3) 共沸剂的回收方法

共沸剂是否易于回收，对所选择的共沸剂是否有工业应用价值是很重要的，关系到生产成本及建设费用，例如以水为共沸剂，本身的回收价值并不大，但如被共沸的组分是有价值的物质，仍然有将水与被共沸组分分离的必要。而且人们希望其分离方法是简便的。

由于共沸精馏共沸剂与原料组分形成共沸物，因此共沸剂的回收自然不能应用一般精馏方法，为了分离共沸剂，通常可根据情况选用下面的一些方法。

① 冷却后相分离　很多共沸物在温度降低后将出现两个液相，即非均相共沸物。一个含有较多的共沸剂，返回共沸精馏塔；一个含有较多的原料组分，在另一精馏塔中精馏分离。

② 加入另一组分或盐使相分离　如得到的共沸物不出现两相，有时加入另一组分（此组分也可以是此共沸物组分之一）或一可溶盐，使液相得以分层。如在甲基乙基酮-水共沸物中加入少量轻烃类物质即分离成富水层及贫水层，或加入氯化钠或氯化钙也可以使液相分层。

③ 在改变压力条件下精馏　不同压力下共沸物的组成、温度均会有所改变，定性的规律是：对最低沸点共沸物，压力升高时，共沸组成中分子汽化潜热大的组分增大；对最高沸点共沸物，压力升高时，共沸组成中分子汽化潜热小的组分增大。压力到一定程度可以使共沸点消失，如用异丁醇作共沸剂将乙苯从苯乙烯中分离出来，在常压下共沸组成为乙苯17%，在486.4kPa时不存在共沸点。因此可以在加压下将乙苯与异丁醇用通常的精馏方法分离。在改变压力后，共沸点是否会有明显变化，可作$\lg p$对$\frac{1}{T}$图进行判断，如是一条直线则改变不大，如是一条曲线则将会有明显改变。

④ 溶剂萃取　如甲醇可作为共沸剂和非芳烃形成共沸物从甲苯中分离出来，然后用水作溶剂萃取共沸物中的甲醇。由于甲醇-水在常压下不形成共沸物，故可用通常精馏方法分离。

⑤ 二次共沸精馏　将共沸物加入另一组分进行第二次共沸精馏。这种方法第二次得到的共沸物必须是容易分离回收的。

⑥ 化学方法　当共沸物不多，或处理量很少，如实验室条件下，可用化学方法分离。

应该指出：只要技术经济上合理，任何一种方法包括此处未提及的方法都应是可用的。由于溶剂的回收或除去使共沸精馏的全部装置大为复杂，因此在共沸剂选择时，特别要对回收的难易认真考虑，有时一种效率很高的共沸剂，由于回收困难，损耗量大，而在工业上没有多大的实际意义。

4.1.3　分离共沸物的双压精馏过程

共沸组成随系统压力的变化而改变，改变系统的压力可以使均相共沸物成为非均相共沸物，甚至可以使共沸物消失。

一般来说，当压力变化明显影响共沸组成时，则采用两个不同压力操作的双塔流程，可实现二元混合物的完全分离。见图4-9、图4-10。

塔1通常在常压下操作，而塔2在较高（低）压力下操作。为理解该过程操作，具体讨论甲乙酮（MEK）-水（H_2O）的分离过程。在大气压力下，该物质形成二元正偏差共沸物，共沸组成为含甲乙酮65%，而在0.7MPa的压力下，共沸组成变化为含甲乙酮50%。如果原料中含甲乙酮小于65%，则在塔1进料，塔釜为纯水，塔顶馏出液为含甲乙酮65%的共沸物，进入高压塔，塔顶出含甲乙酮50%的馏出液循

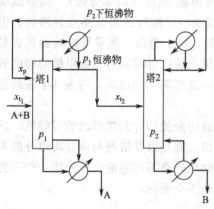

图4-9　双压精馏流程

环到塔1，塔釜得到纯甲乙酮。应该注意，水在塔1中是难挥发组成，甲乙酮在塔2中是难挥发组成。分离过程见图4-9。

双塔流程可用于分离甲乙酮-水、四氢呋喃-水、甲醇-甲乙酮和甲醇-丙酮等体系。

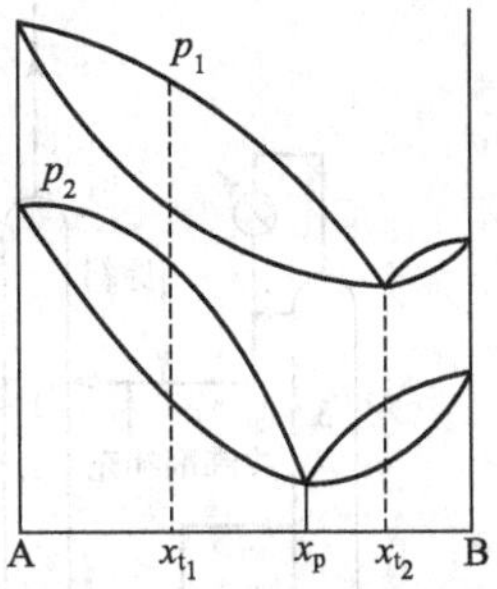

4.1.4 共沸精馏流程

在此简单地介绍一些共沸精馏的原则流程，从流程中可以看出，共沸精馏塔本身并无特殊，但共沸剂的回收处理却占有相当的比重。

(1) 二元非均相共沸物分离

这是共沸精馏的一种特殊情况，不加共沸剂，利用温度降低后共沸物出现相分离的现象。如苯的脱水、丁醇的脱水。图4-11是正丁醇-水体系的相图。

图4-10 具有最低共沸物的二组分系统在不同压力下的 T-x-y 图

当原料 x_1 精馏后，可从塔顶得到一共沸物 x_A，塔底得到纯正丁醇，共沸物经冷凝冷却后得到两个液相，一为富水相 x_W，一为富醇相 x_B，前者进入水塔，后者进入醇塔，从两塔顶部出来的都是共沸物 x_A（或接近 x_A）的蒸气。如新鲜原料浓度低于 x_B，应先进入分层器分层，如高于 x_B（如 x_f），则可直接送入醇塔，其原则流程如图4-12所示。

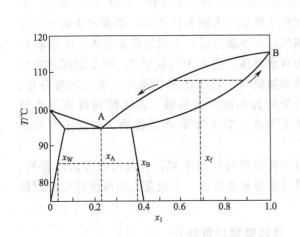

图4-11 丁醇-水体系的 T-x-y 相图

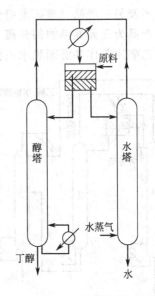

图4-12 丁醇-水共沸精馏流程

(2) 分离有共沸剂的非均相共沸物

如图4-13所示，共沸物的蒸气由共沸精馏塔1出来进入冷凝器，冷凝液在分层器中分为两层，富有共沸剂的一层返回塔1循环使用，富有被共沸组分的一层去共沸剂分离塔2分离，得到一被共沸组分产品及一共沸物，此共沸物与塔1的共沸物一起冷凝分层。塔1的塔釜产物去共沸剂回收塔3，得到难挥发组分及共沸剂。如加入的共沸剂量适当，也可不用塔3。

(3) 分离均相共沸物

如图4-14所示为塔顶产品是均相共沸物时的流程图。从共沸精馏塔1顶部出来的均相共沸物部分作为回流，其余去分离共沸剂，图中所示为常用的溶剂萃取法，共沸物经萃取塔

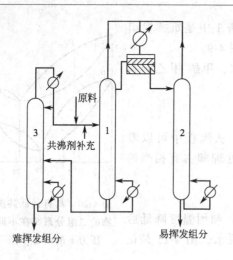
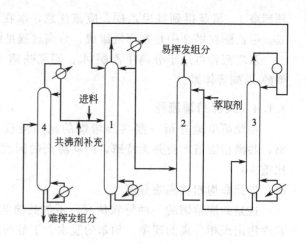

图 4-13　有共沸剂的非均相共沸精馏流程
1—共沸精馏塔；2—共沸剂分离塔；
3—共沸剂回收塔

图 4-14　均相共沸物分离流程图
1—共沸精馏塔；2—萃取塔；3—萃取剂
分离塔；4—共沸剂分离塔

2加萃取剂分离，从塔2得到被共沸组分及一共沸剂与萃取剂的混合物，此混合物再进入萃取剂分离塔3，分别得到萃取剂及共沸剂，均可循环使用。塔1底部产物去共沸剂分离塔4，得到共沸剂及另一产品（难挥发组分）。

(4) 塔顶产品为三元共沸物的分离

含水乙醇用苯作共沸剂脱水的流程是典型的三元共沸物分离流程。如图 4-15 所示，共沸精馏塔1塔底出来的为纯乙醇，塔顶出来的为三元共沸蒸气，经冷凝分层，上层为富苯液体，流回塔1，下层为富水液体，送入苯回收塔2。塔2顶部出来的三元共沸物蒸气与塔1出来的蒸气一起去冷凝分层，塔底出来的为乙醇的水溶液，去乙醇回收塔3中精馏，塔釜为水，塔顶为醇-水共沸物，去塔1与原料混合。

由于共沸物的性质不同，以及回收方法的差异，流程可以是多种多样的，不应受上面所介绍的流程的限制。

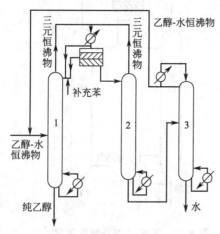

图 4-15　乙醇脱水流程图
1—共沸精馏塔；2—苯回收塔；
3—乙醇回收塔

4.1.5　共沸精馏计算简介

共沸精馏和萃取精馏的计算，原则上和一般多元精馏计算一样，但由于偏离理想溶液程度大，对每一塔板的相平衡计算时，应有不同的活度系数或不同的相对挥发度。各板气、液相物料流量也有不同，须用焓衡算校正，因此一些通常的简化方法（如平均相对挥发度、恒摩尔流等假设）就会造成很大偏差。计算过程中对有些参数（如回流比）要先作假设，经过几次调整才能得到满意的结果，有时可先假设为恒摩尔流，作粗略的计算，得到某些参数的近似范围后再进一步严格计算。而共沸精馏其操作条件比萃取精馏严格，因而计算也更为复杂。有关这方面的工程计算内容可参看有关书刊。

下面仅就分离二元非均相共沸体系的计算作一简单介绍。

此类体系即本节 4.1.4 所述的体系和流程，如图 4-12 所示，在分层器中分层后的液相分别为 L 及 P（组成分别为 x_1 及 x_P）。物料 P 应送入另一塔中分离。两个塔的计算可分别用图解法。现以图 4-16 中的塔举例计算如下。

塔顶蒸气量为 V，组成为 y_V，冷凝分层后的组成为 x_P 及 x_f。原料量为 F，设与回流同一温度，组成也是 x_f。塔可作为一提馏塔处理，如回流比为 R，则操作线方程为：

$$Lx_m = Vy_{m+1} + Wx_W \tag{4-11}$$

回流比 $R = \dfrac{L}{V}$

$W = L - V$，即 $\dfrac{W}{V} = R - 1$

可得到操作线方程式：

$$y = Rx - (R-1)x_W \tag{4-12}$$

此操作线通过点 $(x=x_W, y=x_W)$，其斜率为 R。

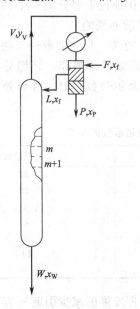
图 4-16　二元非均相共沸精馏塔物料衡算图

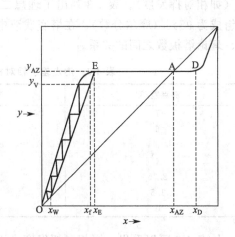
图 4-17　二元非均相共沸精馏塔求理论塔板图

图 4-17 中，共沸物蒸气冷凝后分别为 E 及 D 两层，相应的组成为 x_E 及 x_D。左侧 AEO 线段为图 4-16 中塔的平衡线，在此区域内按 (4-12) 作操作线，可用图解法作梯级求得理论塔板数。在实际操作时，塔顶蒸气组成 $y_V < y_{AZ}$，故操作线在图 4-17 中应经 y_V，并从 y_V 开始作梯级。

4.2　萃取精馏

4.2.1　萃取精馏基本概念

萃取精馏是一种在用通常精馏方法不易分离的混合溶液中加入一种溶剂——萃取精馏溶剂或简称为溶剂，使难分离组分间的相对挥发度增大，从而达到分离要求的特殊精馏方法。

溶剂一般为高沸点液体，应与待分离组分不形成共沸物，且容易回收。

萃取精馏主要应用于以下三种情况：

(1) 组分沸点相近的混合溶液的分离

如庚烷（沸点 98.5℃）与甲基环己烷（沸点 100.8℃）在常压下相对挥发度为 1.07，用通常精馏方法分离是困难的。当加入 70%（质量分数）苯胺作溶剂进行萃取精馏时，相对挥发度增大至 1.3，理论塔板数可减少 75%。

(2) 非理想混合溶液的分离

由于溶液的非理想性，随着组成的改变，相对挥发度也有较大的变化，因而在某一组成范围内，可能相对挥发度接近于 1，而使分离困难。

如甲基环己烷（沸点 100.8℃）与甲苯（沸点 110.8℃）的混合溶液，当甲基环己烷浓度增大时，相对挥发度随之降低，当甲基环己烷浓度为 90%（摩尔分数）时，相对挥发度只有 1.07，使分离发生困难，但可以苯胺为溶剂用萃取精馏方法分离。

(3) 有共沸点的混合溶液的分离

共沸溶液是非理想溶液的一种特殊形式，前面已讲过，用通常的精馏方法只能得到一个纯组分和一个共沸物。在共沸组成时，相对挥发度为 1，在理论上要分离一个共沸溶液，得到两个纯组分所需理论塔板数应是无穷多，实际上是不可能办到的。

精馏分离所需理论塔板数虽与操作条件（如回流比）有关，但主要取决于物料的自身条件（如相对挥发度）。表 4-3 列出了理想二元溶液在全回流条件下操作，轻组分在塔顶产品中组成为 95%（摩尔分数）、在塔底残液中组成为 5%（摩尔分数）时，沸点差、相对挥发度、理论塔板数之间的关系。

表 4-3 沸点差、相对挥发度、所需理论塔板数的关系

沸点差/℃	相对挥发度	所需理论板数
7	1.3	22
6	1.25	26
5	1.20	32
4	1.15	41
2.75	1.10	60
1.5	1.05	110
0	1.00	∞

从表 4-3 可以看出，当相对挥发度小于 1.2 后，相对挥发度的减少引起所需理论塔板数急剧增加。故相对挥发度小于一定值以后，给分离带来的困难将成倍增加。

为了便于说明萃取精馏溶剂的作用，以液相为非理想溶液，气相为理想溶液，同时又是理想气体的二元体系为例进行讨论。应用式(4-13)，组分 i 对组分 j 的相对挥发度 α_{ij} 是

$$\alpha_{ij} = \frac{\gamma_i p_i^s}{\gamma_j p_j^s} \tag{4-13}$$

式中，饱和蒸气压虽随温度而变化，但其比值 p_i^s/p_j^s 在通常范围内，可视为变化不大，故可认为相对挥发度的大小主要取决于活度系数，而活度系数是与溶液组分及组成有关的。当加入溶剂后，原料溶液的组分及组成均发生了变化，分子间相互作用改变，因而也使活度系数的比值发生变化，如组分 i 的活度系数增大，而组分 j 的活度系数减小或增大不多，结果是两原料组分活度系数的比值 (γ_i/γ_j) 增大，相对挥发度 α_{ij} 也增大，也就有利于精馏分离操作。这就是萃取精馏的基本原理。

图 4-18 表示等摩尔的二元体系中加入不同浓度的溶剂后相对挥发度及活度系数的变化情况。在溶剂浓度增加时，γ_i 增加快，γ_j 增加缓慢，结果使 α_{ij} 增大。

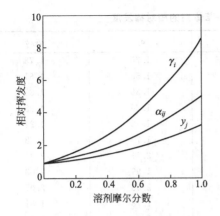 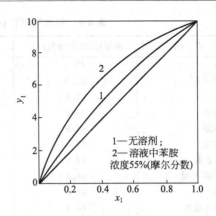

图 4-18　在组分 i 和组分 j 等摩尔时溶剂浓度与活度系数的关系　　　图 4-19　甲基环己烷（1）-甲苯（2）的气液相平衡组成关系图

图 4-19 表示以苯胺为溶剂，加入甲基环己烷（1）-甲苯（2）体系后的气液平衡图，可以看出，当液相中苯胺浓度为 55%（摩尔分数）时，气液平衡组成关系曲线有明显变化，相对挥发度有较大提高，对精馏操作是有利的。

4.2.2　萃取精馏溶剂选择

萃取精馏的关键是选择适宜的溶剂，以改变原来待分离组分间的相对挥发度。实际生产中，还必须考虑其他多种要求。一般，一个在工业上有使用价值的溶剂应具备下列条件。

① 溶剂有良好的选择性，能使待分离组分的活度系数增大，提高其相对挥发度，而且溶剂的用量较少时就有较好的效果。

② 对待分离组分是一种良好的溶剂，在精馏操作条件下，不致因相分离而失去相对挥发度增大的优点，或造成操作上的困难。

③ 溶剂要有较高的沸点，与待分离组分不至形成共沸物，以便用精馏方法回收溶剂、循环使用，如溶剂沸点高于原料沸点 50℃，共沸形成的可能性将不存在。

④ 无论是在萃取精馏或回收过程中，溶剂应该是热稳定的，且无腐蚀性，与组分不发生化学反应，从生产安全考虑应该是比较安全的。

⑤ 从经济上考虑，溶剂应该价格低廉并容易获得。

实际上这些条件很难得到全部满足，这时就应该从多方面比较，权衡利弊，作出选择。

本节中所要讨论的溶剂选择问题，主要是从提高待分离组分相对挥发度的角度考虑的。从上述溶剂选择的要求来看，最关键、最根本的也是溶剂的选择问题，希望所用的溶剂最少，而待分离组分的相对挥发度提高得很多，一般应该使待分离组分的相对挥发度增至 2 以上，才可以认为是一种较理想的溶剂。

表 4-4 是溶剂存在时，环己烷-苯体系的相对挥发度。

评价溶剂效果的标准是以溶剂的选择度（或称选择性）来表示的。选择度是指体系在溶剂加入后与未加入溶剂时关键组分相对挥发度之比。即

$$S_{ij} = \frac{(\alpha_{ij})_S}{(\alpha_{ij})_B} = \frac{(\gamma_i p_i^s / \gamma_j p_j^s)_S}{(\gamma_i p_i^s / \gamma_j p_j^s)_B} \tag{4-14}$$

式中　S_{ij}——溶剂的选择度；

　　　$(\alpha_{ij})_S$——在一定量溶剂存在时，组分 i 对组分 j 的相对挥发度；

　　　$(\alpha_{ij})_B$——在无溶剂存在时，组分 i 对组分 j 的相对挥发度。

选择度的大小不仅因溶剂不同而异，也与溶剂浓度有关。一种良好的溶剂应是在用量不

表 4-4　不同溶剂存在时，环己烷-苯体系的相对挥发度

溶　剂	溶剂量(摩尔分数)/%	温度/℃	α_S	α_S/α
醋酸	69.0	84	1.75	1.78
甲酸	67.3	53	1.58	1.61
乙醇	67.3	65	1.36	1.38
正丙醇	70.5	79	1.26	1.28
异丙醇	67.9	70	1.22	1.24
二噁烷	67.4	86	1.75	1.78
二氯乙醚	67.5	105	2.31	2.36
二甘醇-乙醚	66.8	87	1.99	2.03
丙酮	66.3	55	2.03	2.07
甲基乙基酮	65.1	72	1.78	1.81
双丙酮	67.3	89	1.82	1.85
吡啶	66.9	93	1.83	1.86
苯胺	66.8	93	2.11	2.16
硝基甲烷	67.8	74	3.00	3.06
硝基苯	68.2	102	2.25	2.30
乙腈	67.3	65	2.85	2.92
糠醛	67.1	79	3.10	3.16
苯酚	66.8	92	2.01	2.05

大的情况下有较高的选择度。

(1) 溶剂选择的定性判断

某液体溶剂是否适宜于作萃取精馏溶剂，可先根据待分离组分及溶剂本身的性质作定性判断。

溶剂加入改变了分子间的作用力，即改变了待分离组分的活度系数。这里所讲的作用力指范德华力，主要取决于分子极化率的不同和分子体积的大小；化学作用力，包括氢键和形成络合物的作用等。一般情况下物理作用要比化学作用大。因此一些定性判断原则也大多是从溶液组分及溶剂的极性、互溶度等方面考虑的。

① 根据有机物的极性选择溶剂　一般有机化合物极性按下列次序增强：碳氢化合物、醚、醛、酮、酯、醇、乙二醇、水。如原料溶液为含有不同极性的两个组分，如丙酮和甲醇，用极性强的水作萃取精馏溶剂，根据极性物质易溶于极性物质的原则，醇与水有较大的聚集力，从而增强了酮对醇的相对挥发度。当组分属于不同类型的化合物时，水总是首先被考虑作为溶剂，除非水与组分的互溶度很差或水的沸点比之组分并非足够的高。

当不宜用水作溶剂时，可选择乙二醇或重烃为溶剂。乙二醇有与水相似的效果。重烃则可促使极性大的物质的挥发度增大，其效果正好与水相反。

如丙酮-乙醚、乙酸乙酯-乙醇、丙酮-甲醇三个体系都是均相共沸体系，用一般精馏方法难以完全分离，但当以水、乙二醇或重烃作溶剂时，可使相对挥发度大为改进。

对于组成类似的体系，根据同系物互溶度大的原则，可选择高沸点的同系物作为溶剂，促使另一非同系物组分挥发度增大。如丁醇可作为乙酸乙酯-乙醇的有效溶剂以增加酯的挥发度，而两个醇（乙醇及丁醇）作为塔釜产品可用一般精馏方法进一步分离。选择同系物作溶剂时，最好选择沸点较高组分的同系物，可使相对挥发度的改变更为明显；用作溶剂的同系物的沸点应高，则生成共沸物的可能性小。是否生成共沸物，可参看 4.1 节的方法加以判断。

② 对于沸点相近的烃类原料的溶剂选择　如丁烷-丁烯、乙苯-苯乙烯、戊烯/2-甲基-丁

二烯等体系，每个体系组分间至少有一个双键之差，所以，当加入极性溶剂如丙酮、呋喃、二甲基甲酰胺、乙腈等时，能增加双键较少组分的挥发度。由组分中双键数的差别程度，可定性地判别加入溶剂后相对挥发度的改进情况。如丁烷-丁烯加入溶剂后，相对挥发度的改善程度要比乙苯-乙烯加入溶剂后的改善程度显著。因为前者双键之比为 0∶1，而后者为 3∶4。因而可以预计，如分离异构物（如二甲苯的异构物），用萃取精馏方法是无甚效果的。

③ 有人把溶剂的定性选择归纳为如下几条原则。

a. 具有高极性的二元溶液：选择一极性溶剂或非极性溶剂，此溶剂对原溶液中的高沸点组分有高的溶解度。

b. 非极性的二元溶液：选择一对原溶液中的高沸点组分有高溶解度的极性溶剂。

c. 易挥发组分为极性、另一组分为非极性的二元溶液：可选择一非极性或极性溶剂，后者能使相对挥发度倒过来。

d. 易挥发组分为非极性、另一组分为极性的二元溶液：可选择一极性溶剂。

e. 中等极性的二元溶液：选择溶剂原则同 a。

如水、乙腈、乙二醇、苯胺、苯酚、糠醛等都是常用的萃取精馏溶剂，为了提高效果，也可以几种溶剂混合使用。

(2) 溶剂选择度的定量估算

根据选择度的定义式及式(4-14)，当认为蒸气压的比值随温度的变化不大，且难分离的两个组分其相对挥发度 $(\alpha_{ij})_B \approx 1$，则式(4-14)可简化成：

$$S_{ij} = \left(\frac{\gamma_i}{\gamma_j}\right)_S \tag{4-15}$$

即溶剂的选择度是溶剂存在时待分离两组分的活度系数之比。当溶剂浓度最大（$x_S \to 1$）时，为无限稀释条件下的选择度，它代表一种溶剂的最大选择度。

$$(S_{ij}^\infty)_{x_S \to 1} = \left(\frac{\gamma_i^\infty}{\gamma_j^\infty}\right)_{x_S \to 1} \tag{4-16}$$

式中 $(\gamma_i^\infty)_{x_S \to 1}$——溶剂浓度最大（无限稀释条件下）时，组分 i 的活度系数（不存在组分 j）；

$(\gamma_j^\infty)_{x_S \to 1}$——溶剂浓度最大（无限稀释条件下）时，组分 j 的活度系数（不存在组分 i）；

$(S_{ij}^\infty)_{x_S \to 1}$——也就是组分 i-溶剂及组分 j-溶剂两个二元体系的无限稀释条件下的活度系数之比，因而为进行溶剂选择时的估算和测试工作带来很大方便。

(3) 溶剂选择的实验方法

溶剂选择度的定性判断为选择溶剂指出了方向；定量估算则对可供选择的溶剂作进一步的比较，初步筛选出较好的溶剂；但最终还必须经过实验来确定。这主要是因为这些估算方法不够完善，也不可能包括所有实验条件下的众多复杂情况。

① 用沸点计测定温度-组成关系　根据式(4-16)可知，如能分别测定包含溶剂在内的两个二元体系在无限稀释条件下组分 i 及组分 j 的活度系数，就可以求得 $(S_{ij}^\infty)_{x_S \to 1}$。

Eillis 和 Jonah 提出了已知温度、液相组成时，推算无限稀释条件下活度系数的方法。设有一二元体系（组分 1 及组分 2），无限稀释条件下的活度系数可按式(4-17)计算：

$$\gamma_1^\infty = \frac{p}{(p_1^*)_{T_2}} \left\{ 1 - \left(\frac{\Delta H_2^V}{RT_2^2}\right) \left[T_1 - T_2 - \left(\frac{\Delta T}{x_1 x_2}\right)_{x_1=0}\right] \right\} \tag{4-17}$$

$$\Delta T = T_1 x_1 + T_2 x_2 - T \tag{4-18}$$

式中　p——体系总压；

$(p_1^*)_{T_2}$——温度为 T_2 时，组分 1 的饱和蒸气压；

ΔH_2^V——总压下、沸点时，组分 2 的汽化热；

T——体系气液平衡时的温度，K；

T_1——总压下组分 1 的沸点，K；

T_2——总压下组分 2 的沸点，K。

$\left(\dfrac{\Delta T}{x_1 x_2}\right)_{x_1=0}$ 可以用 $\left(\dfrac{\Delta T}{x_1 x_2}\right)$ 对 x_1 作图并外推至 $x_1=0$ 求得。

当求 γ_2^∞ 时可将式(4-17)中的下标 1 和 2 互换。

式(4-17)适用于恒压条件下，气相为理想气体的体系，这与一般萃取精馏操作条件是一致的。

此方法因其公式推导过程较为合理，温度-组成关系数据较容易测定，其余数据也易于从文献中查找，故比较方便可靠。

气液相的平衡温度应用沸点计测定，气相组成不用分析，为实验提供了方便。为了外推时能得到准确的结果，在 $x_1>0.9$ 或 $x_1<0.1$（摩尔分数）时，应有较多实验点。

② 用色谱法测定 γ^∞ 或 α_{ij} 　气相色谱法测定无限稀释条件下的活度系数的设备和普通分析用色谱相仿。溶剂作为色谱柱固定液，为了避免固定液的流失，在柱前加一饱和器，内装溶剂，让载气先饱和后再进入色谱柱。待测组分作为样品，进样应尽可能少，才可以认为是无限稀释的。实验测得比保留体积后，可计算无限稀释条件下的活度系数。测定为溶剂的选择提供了很大的便利。

③ 用平衡蒸馏仪测定　用平衡蒸馏仪直接测定气液相平衡组成是最可靠的实验方法，也是最早使用的方法。

将待分离组分以等摩尔配好，加入溶剂，在平衡蒸馏仪中蒸馏，使达到平衡，然后取样分析以同样量的不同溶剂进行试验，可以比较溶剂的选择度（有限浓度下的选择度）。

④ 用实验精馏柱测定　实验装置如图 4-20 所示。萃取精馏溶剂沸点高，不易挥发，故循环使用的富溶剂液体从塔顶部加入。实验装置在全回流下操作，待稳定后收集板 2、板 11 的液相样品，分析其组成，同时记录循环液流量并分析其组成。利用这些数据作物料衡算，可求出有关的气相组成。

用芬斯克方程计算出理论塔板数，与实际塔板数比较可以求得塔效率，或者可以算出在实际操作条件下的

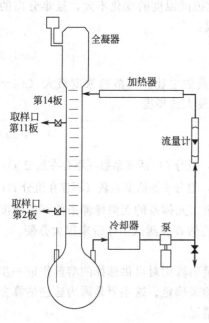

图 4-20　萃取精馏测定有效相对挥发度的装置

相对挥发度，在工程应用中，此法测得的相对挥发度更符合实际需要。

(4) 影响选择度的一些因素

① 溶剂浓度及待分离组分组成的影响　溶剂浓度对选择度的影响可定性描述如下三种情况：

a. 选择度随溶剂浓度增加而直线增大。

b. 选择度随溶剂浓度增加而增大，但比浓度的增加快，若出现不完全互溶情况时，不再增大选择度。

c. 在溶剂浓度增大过程中，选择度有一个极大值。这种情况并不多见。

待分离关键组分相对浓度的变化对选择度也是有影响的。如组分 i 和溶剂体系的非理想性大于组分 j 和溶剂体系，在溶剂浓度恒定下，减少 x_i，对 γ_i 的影响要比减少 x_j 对 γ_i 的影响大。因而，减少组分 i 的相对浓度，选择度 S_{ij} 有较大的增大。例如，正己烷-苯体系以正丙醇作溶剂，正丙醇-正己烷的非理想性大于正丙醇-苯体系，正己烷-苯体系将因正己烷的相对浓度减少而使正丙醇的选择度增大。

② 温度对选择度的影响　从活度系数与温度的关系可以得到：

$$\frac{d(\ln S_{ij}^\infty)}{d\left(\frac{1}{T}\right)}=\frac{d\left(\ln \frac{\gamma_i^\infty}{\gamma_j^\infty}\right)}{d\left(\frac{1}{T}\right)}=\frac{L_i^\infty-L_j^\infty}{R} \tag{4-19}$$

式中　L_i^∞ 及 L_j^∞——分别为组成 i 及 j 在无限稀释时的偏摩尔溶解热。

对于烯烃类体系，在中等温度（0~100℃）范围内，$L_i^\infty-L_j^\infty$ 可认为是一个常数，因此 $\ln S_{ij}^\infty$ 对 $1/T$ 可视为一直线关系，通常增加温度其选择度将减小。

③ 混合溶剂的影响　混合溶剂可以改善溶剂效能，如 C_4 烃分离时，在溶剂糠醛或乙腈中加入少量水，可以改善选择度，此时的选择度界于两单独溶剂间。有时第二溶剂的加入可以提高溶解度，如糠醛-水混合溶剂，虽然水可能有较高的选择度，但是水与 C_4 烃的溶解度很低，不可能用作萃取剂，有了糠醛可以提高互溶程度，水有较高的选择度的优点可以得到发挥。

4.2.3　萃取精馏流程及举例

萃取精馏的原则流程如图 4-21 所示。

溶剂从塔上部加入，经各板流到塔底。由于溶剂的沸点高，所以基本上溶剂全部通过塔中各块板，起到应有的作用。溶剂入口以上为回收段，目的是去除塔顶产品中可能夹带的溶剂，对于某些沸点很高的溶剂也可不用回收段。萃取精馏塔底的残液送入溶剂回收塔，溶剂回收后循环使用，并根据需要补充新溶剂，在溶剂回收塔中同时可得到其他产品。

用萃取精馏的方法分离 C_4 馏分中的丁二烯，在工业上是成功的。可选用的溶剂很多，如糠醛、乙腈、二甲基甲酰胺、N-甲基吡咯烷酮等。加入溶剂后改变了原料 C_4 各组分的相对挥发度，根据沸点相近的烃类分离时选择溶剂的原则，极性溶剂将使双键较少组分的挥发度增加。有上述溶剂存在时，烷烃、烯烃对丁二烯的相对挥发度都比无溶剂时增大（见表 4-5）。在溶剂中加入少量水的混合溶剂，可使各组分的相对挥发度差值增大。图 4-22 为乙腈加水混合溶剂中水量改变对相对挥发度的影响，加水提高了溶剂的选择度，且保证塔内温度较低，从而防止了不饱和烃的聚合。但如水过多，会降低烃在溶剂中的溶解度，需要增加溶剂与烃的比例，也增加了能量消耗，反而不利。

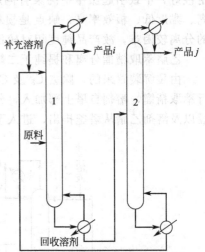

图 4-21　萃取精馏流程示意图
1—萃取精馏塔；2—溶剂回收塔

溶剂的选择除选择度外尚需考虑其他因素，现就 C_4 分离的几种溶剂做一综合分析。

糠醛：容易得到，且价格较低，无腐蚀性，黏度低，能在精馏过程中除去甲基乙炔，溶

表 4-5　C_4 烃类在某些溶剂存在下的相对挥发度数值（120℃）

组　分	无溶剂	糠醛	乙腈	二甲基甲酰胺	N-甲基吡咯烷酮
异丁烯	1.08	1.97	2.20	2.00	2.45
1-丁烯	1.03	1.97	2.16	1.95	2.41
丁二烯	1.00	1.00	1.00	1.00	1.00
正丁烷	0.86	3.00	3.41	3.04	3.84
反-2-丁烯	0.84	1.42	1.70	1.52	2.02
顺-2-丁烯	0.78	1.29	1.50	1.41	1.96

剂循环量少，无需压缩和冷冻设备，故流程简单；但在操作过程中糠醛本身的聚合度及丁二烯的二聚都是问题，溶剂损耗也大。

二甲基甲酰胺：溶解度较其他溶剂优越，使溶剂循环量相对地减少；但其蒸气压低，因此萃取精馏塔及回收塔的塔釜要维持较高的温度，引起丁二烯及高级炔烃的聚合，造成操作困难，可加入少量阻聚剂来消除聚合物的形成。

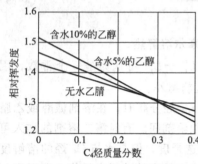

图 4-22　50℃时，乙腈不同含水量时，顺-2-丁烯对丁二烯的相对挥发度（溶液中顺-2-丁烯和丁二烯的质量分数相同）

N-甲基吡咯烷酮：具有对热稳定、抗水解、黏度低、无毒等优点，选择度也好，可从 1,3-丁二烯中分离 1,2-丁二烯，能使丁烯、顺-2-丁烯及炔烃之间得到很好的分离，所以丁二烯的纯度高；但价格昂贵。

乙腈：比糠醛有较高的选择度，但比 N-甲基吡咯烷酮差些。溶剂中含有 5%～10%（体积分数）水时，选择度稍有改善。沸点低，精馏时需要热量少；化学稳定性好，不致引起操作中的聚合问题；容易储藏及回收，腐蚀性小。其主要优点是选择度高、黏度低、板效率高；缺点是损耗大，对丁二烯和 2-丁烯及炔烃特别是丁烯基乙炔之间的分离较困难，故产品纯度相对较低。

乙腈萃取精馏分离和提纯丁二烯工艺流程如图 4-23 所示。

由裂解装置来的，除去 C_3 及 C_5 后的精制 C_4 馏分经预热后进入丁二烯萃取精馏塔 1 进行萃取精馏，溶剂自塔上部加入，分离出来的丁烷、丁烯组分从塔顶排出。丁二烯和少量炔烃以及溶剂乙腈从塔釜排出，进入丁二烯解吸塔 2 解吸，解吸后的溶剂从塔釜排出，热量经

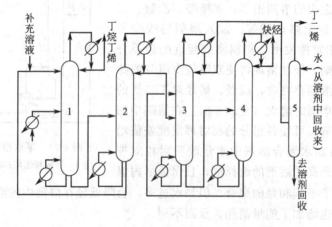

图 4-23　C_4 馏分萃取精馏流程示意图

1—丁二烯萃取精馏塔；2—丁二烯解吸塔；3—炔烃萃取精馏塔；4—炔烃解吸塔；5—丁二烯水洗塔

回收后返回丁二烯萃取精馏塔循环使用，解吸出的气体主要是丁二烯及 C_4 炔烃，从解吸塔顶部排出进入炔烃萃取精馏塔 3。在炔烃萃取精馏塔中丁二烯从塔顶馏出，再送入丁二烯水洗塔 5 除去所带出的乙腈，得到丁二烯产品。塔釜排出的炔烃和溶剂进入炔烃解吸塔 4，将炔烃解吸出来，解吸后的溶剂从塔 4 底部排出循环使用。为了防止丁二烯及炔烃聚合，在溶剂中加入阻聚剂，一般可用亚硝酸钠。

4.2.4 萃取精馏计算简介

萃取精馏是多元体系的精馏过程，其计算方法比二元体系繁复得多。本节将只在二元体系精馏计算的基础上叙述简单的计算方法。计算机的普遍应用，为严格的工程计算提供了方便，其结果也更为准确可靠，有关这方面的知识可参看有关专著。

下面所叙述的简化方法可用于特殊条件或要求并不十分严格的场合，如初步估算。

(1) 理论塔板数的计算

① 图解法 对于萃取精馏塔，由于所用溶剂沸点高，可以假设塔内各层溶剂浓度是一恒定值（精馏段、提馏段因进料状态不同，溶剂浓度也不同）。因此，对待分离的两个关键组分而言，可以认为是由恒浓度溶剂的加入改变了其相对挥发度，可以得到恒浓度溶剂下的气液平衡相图，从而作为二元体系用图解法求解。图 4-24 为图解法的求解图，由于系液相加料，故溶剂在精馏段中的浓度大于提馏段，所以平衡曲线分为两段，且精馏段有较大的相对挥发度。如为露点加料，精馏段与提馏段的浓度不变，此时可以用一条气液平衡曲线表示。

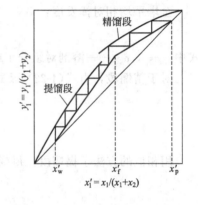

图 4-24 萃取精馏理论塔板图解法

② 简化法 计算步骤如下。

a. 先按下面的半经验方程式求最小回流比 (R_{min})。

当饱和液体加料时（泡点加料）：

$$R_{min} = \frac{1}{(\alpha_{12})_S - 1} \left[\frac{x'_{1,p}}{x'_{1,f}} - \frac{(\alpha_{12})_S (1-x'_{1,p})}{1-x'_{1,f}} \right] \quad (4-20)$$

当饱和蒸气加料时（露点加料）：

$$R_{min} = \frac{1}{(\alpha_{12})_S - 1} \left[\frac{(\alpha_{12})_S x'_{1,p}}{y'_{1,f}} - \frac{1-x'_{1,p}}{1-y'_{1,f}} \right] \quad (4-21)$$

式中 $(\alpha_{12})_S$——当溶剂存在时组分 1 对组分 2 的相对挥发度；

$x'_{1,p}$——组分 1 在塔顶产品中的组成（无溶剂基）；

$x'_{1,f}$，$y'_{1,f}$——组分 1 在原料中的液、气相组成（无溶剂基）。

b. 用芬斯克方程求最少理论板数。

c. 吉利兰图求理论板数 简化法也是将一有溶剂存在的事实上的三元体系作为二元体系来考虑的。当然，有溶剂存在的多元体系的萃取精馏，只要考虑溶剂改变了原料组分的相对挥发度这个因素，就可以用多元精馏的简捷计算法进行简化计算，不再重复叙述了。

(2) 溶剂用量的计算

萃取精馏塔溶剂用量大，一般溶剂比可达 5～9，沸点高，故溶剂很快在塔内达到某一恒定的浓度，由溶剂衡算得（参考图 4-25）：

$$S + (L+P)y_S = (S+L)x_S \quad (4-22)$$

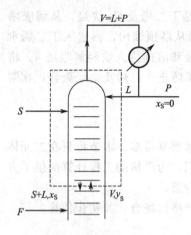

图 4-25 萃取精馏物料衡算图

式中 S——溶剂的流量，kmol/h；
x_S——液相中溶剂的恒定浓度，摩尔分数；
y_S——气相中溶剂浓度，摩尔分数；
L——不包括溶剂的液相流量，kmol/h；
P——馏去液量，kmol/h。

且有：

$$\frac{y_S}{1-y_S} = \beta \frac{x_S}{1-x_S} \qquad (4\text{-}23)$$

式中，β 为溶剂对非溶剂的相对挥发度，可按下式计算：

$$\beta = \frac{x_1 + x_2}{x_1 \alpha_{S_1} + x_2 \alpha_{S_2}} \qquad (4\text{-}24)$$

在塔顶，$x_2 \to 0$，$\beta \approx \alpha_{S_1}$
在塔釜，$x_1 \to 0$，$\beta \approx \alpha_{S_2}$

全塔平均相对挥发度：

$$\beta = \sqrt{\alpha_{S_1} \alpha_{S_2}} \qquad (4\text{-}25)$$

式中 α_{S_1}，α_{S_2}——溶剂对组分 1 或 2 的相对挥发度。

对于精馏段，由式(4-22)及式(4-23)得：

$$x_S = \frac{S}{(1-\beta)L - \dfrac{\beta P}{1-x_S}} \qquad (4\text{-}26)$$

用相似的方法于提馏段，得到：

$$\overline{x_S} = \frac{S}{(1-\beta)\overline{L} - \dfrac{\beta W}{1-\overline{x_S}}} \qquad (4\text{-}27)$$

式中 $\overline{L}$——提馏段的液相流量，kmol/h；
$\overline{x_S}$——提馏段的溶剂恒定浓度，摩尔分数；
W——不包括溶剂的釜液流量，kmol/h。

分母中第二项一般很小，在多数情况下可忽略不计。
当最适合的溶剂浓度选定后，就可以求算溶剂用量。

4.3 加盐精馏

用可溶性盐代替液体作为萃取精馏的分离剂，可比较通常的萃取精馏产生较高的效果，此种精馏方法称加盐精馏或溶盐萃取精馏。

早在 13 世纪，人们已经在发酵乙醇液中加入碳酸钾以提高蒸馏乙醇的浓度。硝酸工业中以硝酸镁为溶盐加入稀硝酸液中精馏可得到浓硝酸，操作费用比用硫酸为萃取精馏溶剂省一半，投资减少 20%～30%，硝酸可提浓到 99% 以上，产率达 99%，都超过了硫酸法。

目前由于对盐效应机理尚不够清楚，加之一些实际问题也未能满意地解决，故工业应用受到很大的局限，没能较普遍地使用。

有关这方面的技术开发工作可分为三个内容：①气液平衡盐效应的研究；②以溶盐为分离剂的萃取精馏过程的研究；③电解质溶液理论的研究。三者是有联系的，对化工工作者主要着重于前两者。

4.3.1 气液平衡的盐效应及溶盐选择

当盐溶于二元以上组分的液体混合物时，此液体混合物的沸点、组分互溶度以及气液平衡组成等均将发生变化。精馏工作者特别关心气液平衡组成的变化。可以设想，由于气液平衡组成的变化，有可能使相对挥发度变大，改变或消除共沸点，从而有利于精馏过程，使精馏分离效率提高。

加入可溶性盐，使液体混合物气液相平衡时的组成改变的现象称为气液平衡的盐效应。

盐对气液平衡产生影响的首要条件是盐必须溶于此液体混合物，否则就不会产生盐效应。由于盐是极性强的电解质，盐在溶液中部分电离而使溶液结构更为复杂。目前，这方面尚无满意的理论，所以要作出准确的对盐效应的预测是有困难的，即使定性判断也不会完全使人满意。

溶盐对气液平衡组成产生影响的因素，大致可归纳为下列几个方面，可作为判别盐效应方向及大小的依据。

(1) 盐在纯组分中溶解度的影响

由于不同组分对盐的溶解度不同，因此对混合液中各组分产生不同程度的影响。对溶解度大的组分影响也大，使其挥发度将有较大的降低，如溶解度大的是难挥发组分，组分间的相对挥发度将提高，如乙醇-水体系中加入氯化钙，由于氯化钙在水中的溶解度大于在乙醇中的溶解度，故乙醇对水的相对挥发度提高。反之，如溶解度大的是易挥发组分，则易挥发组分的挥发度降低，如乙醇-甲苯体系中加入氯化铜，由于氯化铜只溶于乙醇，结果使乙醇对甲苯的相对挥发度降低。

如在同一体系中加入不同的盐，则溶解度大的盐有更大的盐效应。图4-26为丙酮-甲醇体系，加入氯化锂、溴化钠、乙酸钾使其饱和后的气液平衡组成关系图。表4-6列出了三种盐分别在丙酮及甲醇中的溶解度。按一般溶解度对气液平衡盐效应关系的规则预测，应该丙酮对甲醇的相对挥发度增大，而且氯化锂的盐效应最大，乙酸钾次之，溴化钠最小。图4-26所示的实验结果与预测是一致的。

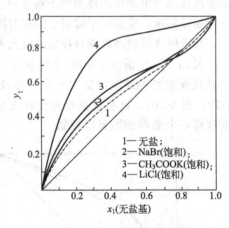

图 4-26　丙酮 (1)-甲醇 (2)-盐体系气液平衡关系图

表 4-6　几种盐在丙酮及甲醇中的溶解度

物质	丙酮	甲醇
氯化锂	0.7	107.9
溴化钠	0.1	16.5
乙酸钾	0.1	99.1

注：溶解度为 g(盐)/100g 纯溶剂。

如在同一体系中，加入同一种盐，可以因加入盐量不同而对气液平衡有大小不同的盐效应，加入盐多其盐效应也大。图4-27为丙烯醇-水体系中加入不同量的氯化钙后的气液平衡相图，图中 N 为盐浓度（mol 盐/mol 溶剂）。当盐浓度达到 $N=0.75$ 以上时，共沸点消失。

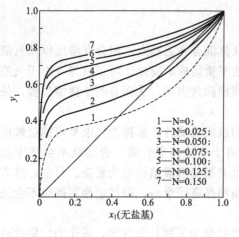
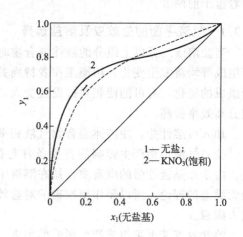

图 4-27　丙烯醇 (1)-水 (2)-氯化钙
体系气液平衡关系图

图 4-28　甲醇 (1)-水 (2)-硝酸钾
气液平衡关系图

应该指出,上面所说的只是一般现象,对大多数体系及盐是合适的,但有例外。有人发现完全或在部分溶剂组成范围内不符合以上情况的体系。如当硝酸钾溶于甲醇-水体系时,根据一般规律判断,应该是甲醇对水的相对挥发度提高,但实际上是甲醇含量较低时相对挥发度增大,而甲醇含量较高时相对挥发度反比无盐时为小,也即存在着一个转变点。如图 4-28。

又如,氯化铜溶于甲醇-水体系时,按一般规律,应该是醇对水的相对挥发度减小,因为氯化铜在醇中的溶解度大于水(见表 4-7),但实际情况却是醇的相对挥发度增大(见图 4-29、图 4-30)。这些现象称为盐效应的不规则现象[10]。这是因为盐效应并不仅受盐的溶解度这样一个简单的因素所控制。

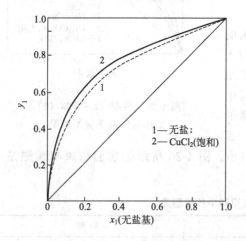

图 4-29　甲醇 (1)-水 (2)-氯化铜气液平衡关系图　　图 4-30　乙醇 (1)-水 (2)-氯化铜气液平衡关系图

表 4-7　氯化铜在甲醇、乙醇及水中的溶解度

溶剂	溶解度/(mol $CuCl_2$/mol 溶剂)						
	0℃	10℃	20℃	30℃	40℃	50℃	60℃
甲醇	0.135	0.136	0.139	0.143	0.147	0.153	0.158
乙醇	0.144	0.158	0.171	0.184	0.199	0.219	0.242
水	0.092	0.095	0.097	0.103	0.109	0.109	0.117

(2) 盐在溶液中的电离度、离子电荷、离子半径大小的影响

当盐溶于混合液体时，液相构成了电解质浓溶液，其电离程度也决定于混合液体的组成比例。盐的离子产生电场，由于组分也有不同的极性及介电常数，在离子电场作用下，极性较强，介电常数较大的组分分子就会聚集在离子周围；极性较弱，介电常数较小的组分分子就会被排挤而易于挥发。由此可以预测，离子电荷大，离子半径小时，离子静电场强度大，会有较大的盐效应。例如，从离子半径看，$Li^+ < K^+$，$Br^- < CH_3COO^-$，故 LiBr 的盐效应大于 CH_3COOK，图 4-26 也部分地说明了这种关系。金属离子的价数高，则盐效应也大，如盐效应 $Al^{3+} > Ca^{2+} > Na^+$。

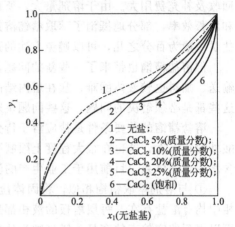

图 4-31　甲醇-乙酸乙酯-氯化钙气液平衡关系图

(3) 盐生成溶剂化合物的影响

某些盐加入混合溶液中能和溶液中的某一组分生成某种不稳定的化合物，称为溶剂化物。如甲醇与氯化钙生成 $CaCl_2 \cdot 6CH_3OH$，溶剂化物的生成，降低了该溶剂组分的挥发度，改变了体系的相对挥发度。如图 4-31 是甲醇-乙酸乙酯体系中加入氯化钙，结果使甲醇对乙酸乙酯的相对挥发度降低。

(4) 溶液组成的影响

按照分子聚集理论，以乙醇-水体系为例，在富水区极性较强的水分子聚集是主要的效应，在此区域内乙醇有较高的挥发度，因低浓度的乙醇分子分散在有较强自相聚集的水分子以外而被阻止互相聚集。但在富醇区，则醇分子与醇分子或与水分子聚集，未聚集的自由水分子则比聚集物易于挥发，因而从富水区到富醇区有一个转变点，这就是共沸点。甲醇分子与水分子比较相似，在聚集物中，甲醇分子与水分子可以互相替换，所以没有转变点。

加入盐后，使聚集模型更为复杂。甲醇-水体系中加入盐后，在盐离子周围聚集的分子在富醇区主要是甲醇，在富水区主要是水，所以出现了盐效应的转变点。对于乙醇-水体系，由于水的极性较乙醇大得多，在盐离子周围聚集的总是水分子，所以永远是乙醇对水的相对挥发度增大，不存在转变点。

综上所述，由于影响因素极为复杂，对于某一加盐体系，几种影响因素将会同时存在，究竟哪个因素起主要作用，在什么浓度下起主要作用，只能由大量实验数据来归纳。因而要对气液平衡盐效应作出完全准确的预测，目前还是不可能的。但可归纳一些影响因素。当液相中有盐存在时：①将增加盐溶解度较小溶剂组分在平衡气相中的组成，相应地将减少盐溶解度较大溶剂组分的组成；②盐离子周围将主要聚集极性较大的溶剂分子，因而极性较大分子组分的挥发度将有较大的减小；③盐在溶液中有较大的电离度，离子价数高、离子半径小时会有较大的盐效应；④增加盐的浓度，盐效应增大。这些规则可以作为判断盐效应大小及选择溶盐的依据，在一般情况下是正确的，但有例外，最终必须以实验为依据。

4.3.2　溶盐精馏

虽然气液平衡盐效应的现象是人们早已知道的，但到目前为止，理论上的认识尚很不完善，对工业流程的探讨也很不够。尽管如此，溶盐精馏的一些优点仍是明显的。当二元体系中加入盐后，此溶液即为三元体系，在精馏过程中气相仍为不含盐的二元组分体系，因而用盐代替溶剂作为分离剂时，由于盐的不挥发性，馏出液中不会夹带第三组分，盐只在塔底残液中排出,与溶剂萃取精馏相比,可以得到不被溶剂污染的产品;一般溶剂萃取精馏时溶剂用量很大,通常溶剂比可达5以上,大量溶剂循环使用,既消耗能量也损耗了溶剂,即溶剂回收及补充费用大。由于溶剂量大,所以精馏塔内液相负荷很高,因而降低了塔的生产能力和塔板效率,部分地抵消了萃取精馏溶剂提高相对挥发度带来的好处,而盐效应精馏加入的盐量一般为百分之几,可以避免上述的这些缺点。

但溶盐精馏也带来了一些新的问题,如盐的回收困难,也要消耗大量能量;固体物料的输送、加料也较液体困难;盐在塔内结晶堵塞塔盘及管道;特别是有些盐对金属材料腐蚀。这些都是必须解决的问题,这些问题也影响了溶盐精馏在工业上的应用。

溶盐精馏的首要条件是盐应溶于待分离混合物,而盐在有机液体中的溶解度除低级醇、酸外往往不大,这也在很大程度上限制了溶盐精馏的发展,目前的研究开发工作也大多限于含水、含醇体系。目前用于工业生产的流程有下列几种。

① 与溶剂萃取精馏相似,将固体盐从塔顶加入,或溶于回流液中加入,使整个塔内液相中均有溶盐存在,每层塔板的液相都是含盐的三元体系,都能起到溶盐精馏的效果,塔顶可以得到纯度较高的产品,塔底则为盐溶液,盐的回收应用蒸发或干燥除去大量液体组分来完成。流程示意图见图4-32。

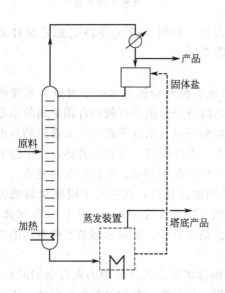
图4-32 溶盐精馏流程示意图之一

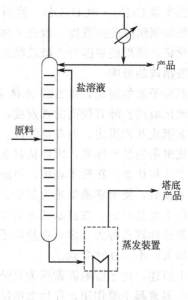
图4-33 溶盐精馏流程示意图之二

② 将塔底盐溶液部分除去液体组分后,再和回流液混合进入塔内,这样可使盐的输送方便,但由于盐溶液系塔底组分,致使塔顶产品纯度下降。此流程可以减少溶液的蒸发量,节省能量消耗,在对产品要求不高时可以应用,或以此作为跨越共沸点的初步精馏。流程示意图见图4-33。

③ 将盐溶于共沸液(或稍低于共沸组分的原料),用简单蒸馏方法跨越共沸点,所得气相再用普通精馏方法分离。这种方法只适用于盐效应很大的体系。

4.3.3 加盐精馏

加盐萃取精馏比溶盐精馏还要复杂,因为除了欲分离的组分外,还有液体溶剂和溶盐,因而最少是四元物系,目前主要还是用实验方法来测定含盐物系的气液平衡。

加盐萃取精馏的流程与普通萃取精馏流程完全相同。使用溶解有盐的液体溶剂,既发挥了盐增强萃取精馏的作用，又克服了固体盐的回收和输送问题，目前已在工业上得到了应用。工业应用实例有二：

(1) 醇-水物系的分离

在乙醇、丙醇、丁醇等与水的混合液中，大多数存在着共沸物，采用加盐萃取精馏可实现预期的分离效果。

以乙醇-水共沸物体系作为研究对象，选用乙二醇作溶剂，在溶剂中加入氯化钙或乙酸钾等盐类，形成混合萃取剂制取无水乙醇，并进行了工业试验。日产量达 6~7t 无水乙醇装置，以乙二醇加乙酸钾为混合萃取剂，与国外乙二醇萃取精馏方法比较，加盐后溶剂比减少为原来的 1/4~1/5，节省了操作费用，减少了设备投资。这种形式的加盐精馏流程示意图见图 4-34。

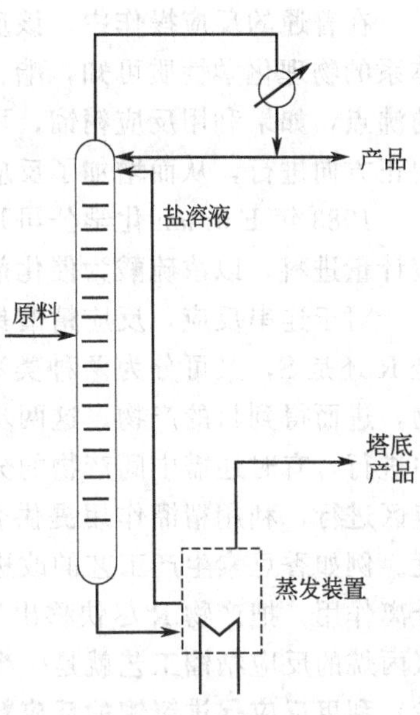

目前工业上应用加盐萃取精馏分离乙醇-水抽取无水乙醇的规模为 5000 t/a，叔丁醇-水体系的分离已有 3500 t/a 的中试装置。

(2) 酯-水物系的分离

酯-水物系也是形成共沸物的系统。传统的分离方法是共沸精馏。近年来利用加盐萃取精馏提纯乙酸乙酯的研究已取得进展。

图 4-34 加盐精馏流程示意图

4.4 反应精馏

化工生产中，经常要遇到先进行化学反应而后将反应产物进行精馏分离的操作过程。在反应器中为了使床层温度趋于等温并使反应向产物方向转移，就必须借助换热方式将反应热从床层中移动。而精馏过程则又必须供给塔底物料一定的热量。

为了更好地利用反应热，传统的做法是将其用于精馏的再沸器中，使反应系统和精馏系统的能量得以部分平衡，以节约加热工程热负荷并同时减小冷却工程的冷负荷。然而对于可逆反应，如果能利用精馏技术及时移去反应区的产物，就能使反应向产物方向移动，使反应放热与精馏的需热局部平衡，从而可达到产品分离及节能诸方面的效益。

反应精馏是进行反应的同时用精馏方法分离出产品的过程，当有催化剂存在时的反应精馏叫作催化精馏。

反应精馏进行的基本条件是化学反应的可逆性和物系有较大的相对挥发度，而且反应的温度压力条件应与精馏过程相近。

在反应精馏中，按照反应与精馏的关系可分为两种类型，一种是利用精馏促反应，另一种是利用反应促进精馏分离。

4.4.1 反应精馏类型

(1) 利用精馏促进反应的反应精馏

反应精馏适用于可逆反应，当反应产物的相对挥发度大于或小于反应物时，由于精馏作用，产物离开反应区，从而破坏了原有的化学平衡，使反应向生成产物的方向移动，提高了转化率。应用反应精馏技术，可在一定程度上变可逆反应为不可逆，而且可得到很纯的产物。醇与酸进行酯化反应就是一个典型的例子。如乙醇和乙酸的酯化反应：

$$CH_3COOH + C_2H_5OH \underset{H_2SO_4}{\rightleftharpoons} CH_3COOC_2H_5 + H_2O$$

在普通的反应操作中，该反应是可逆的，乙酸乙酯的收率受反应平衡的限制；由该反应体系的物理化学性质可知，酯、水和醇之间存在三元最低共沸物，其沸点均低于乙醇和乙酸的沸点，如果利用反应精馏，可使该三元共沸物不断从反应区移去（除酯），使反应可持续向正方向进行，从而增加了反应的转化率。

1983 年 Estman 化学公司开发了生产醋酸甲酯反应精馏工艺。原料醋酸和甲醇按化学反应计量进料，以浓硫酸为催化剂，在塔中进行均相酯化反应精馏过程。

对于连串反应，反应精馏具有独特的优点。连串反应可表示为 A→R→S。按目的产物是 R 还是 S，又可分为两种类型：①S 为目的产物。很多生产，原料首先反应生成中间产物，进而得到目的产物，这两步反应条件一般不同，按传统生产工艺，需分别在两个反应器中进行，有时还需中间产物的分离。反应精馏的应用，能使两步反应在同一塔设备的两个反应区进行，利用精馏作用提供合适的浓度和温度分布，缩短反应时间，提高收率和产品纯度。例如香豆素生产工艺的改进即如此。②R 为目的产物。对于这类反应，利用反应精馏的分离作用，把产物 R 尽快移出反应区，避免副反应进行是非常有效的。氯丙醇皂化生成环氧丙烷的反应精馏工艺就是一个典型的反应。

(2) 利用反应促进精馏的反应精馏

在很多化工过程中，需要分离沸点接近的混合物，例如 C_8 芳烃、二氯苯混合物，硝化甲苯等异构体。利用异构体与反应添加剂之间反应能力的差异，通过反应精馏而实现分离是异构体分离技术之一。

反应精馏分离异构体的过程是在双塔中完成的。加入第三组分到 1 塔中，使之选择性地与异构体之一优先发生可逆反应生成难挥发的化合物，不反应的异构体从塔顶馏出。反应添加剂和反应产物从塔釜出料进 2 塔，在该塔中反应产物发生逆反应，通过精馏，塔顶采出异构体，塔釜出料为反应添加剂，再循环至 1 塔。实现该类反应精馏过程的基本条件是，首先反应是快速和可逆的，反应产物仅仅存在于塔内，不污染分离后的产品，其次添加剂必须选择性地与异构体之一反应，同时，添加剂、异构体和反应产物的沸点之间的关系符合精馏要求。

在反应精馏中，以反应促精馏分离的典型例子是利用活性金属异丙苯钠，从间二甲苯中分离对二甲苯的反应精馏过程。

首先是含活性金属的异丙苯钠（IPNa）与对二甲苯（PX）反应：

$$IPNa+PX \rightleftharpoons IP+PXNa$$

同时，异丙苯钠可与间二甲苯（MX）反应：

$$IPNa+MX \rightleftharpoons IP+MXNa$$

然后生成的 PXNa 与间二甲苯反应：

$$PXNa+MX \rightleftharpoons PX+MXNa$$

由于反应平衡常数不同，因此可在不同的设备中进行以上反应，从而达到分离间位、对位二甲苯的目的。

上述反应精馏过程的实质是利用二甲苯异构体可选择性进行快速金属化反应，同时由于有机金属化合物的蒸气压较低，加入活泼的金属钠化合物，可使二甲苯的异构体的相对挥发度大大增加，从而提高分离效果。

(3) 催化精馏

催化精馏实质上是指非均相催化反应精馏，即将催化剂填充于精馏塔中，它既起加速反应的催化作用，又作为填料起分离作用。催化精馏具有均相反应精馏的全部优点，既适合于可逆反应，也适合于连串反应。

首先成功应用于工业上的催化精馏工艺是甲基叔丁基醚（MTBE）的合成，该工艺是美国 CR&L 公司开发成功的。

以甲醇和混合 C_4 中的异丁烯为原料，强酸性阳离子交换树脂为催化剂，合成 MTBE 的反应是一个放热的可逆反应。同时发生的副反应是异丁烯的二聚和水解。传统工艺采用液相催化反应器，反应产物用精馏分离。由于 MTBE 和甲醇及异丁烯和甲醇均形成最低共沸物，分离流程比较复杂。采用催化精馏合成 MTBE 的工艺流程如图 4-35 所示。来自催化裂化的混合 C_4 馏分先经过水去掉阳离子，与甲醇一起进入预反应器，在此完成大部分反应，接近于化学平衡的反应物料进入催化精馏塔，在塔的中部填有催化剂捆扎包，构成反应段，使剩余的异丁

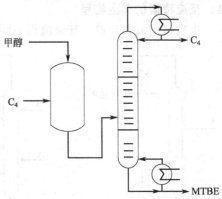

图 4-35 催化精馏合成 MTBE 的工艺流程

烯完全反应。提馏段的作用是从反应物中分离 MTBE，并使反应物返回反应段，塔釜产物为 MTBE。精馏段的作用是从反应物料中分出 C_4 中的惰性组分和过量的甲醇，并使反应物回流到反应段继续转化。当进料中甲醇与异丁烯的摩尔比大于 1 时，异丁烯几乎全部转化，塔釜得到纯度大于 95％的 MTBE。由于催化精馏塔内反应放出的热量全部用于产物分离上，具有显著的节能效果。该催化精馏工艺不仅投资少，而且水、电、汽的消耗仅为非精馏工艺的 60％。故几乎所有新建的 MTBE 装置都采用催化精馏工艺。

除 MTBE 外，尚有 EBTE 和 TAME 等醚化工艺，选择加氢工艺，例如丁二烯加氢、异戊二烯选择加氢、己二烯选择加氢和苯的烷基化等过程也采用了催化精馏。国内除引进和自行开发了 MTBE 催化精馏工艺外，也研究开发了催化蒸馏合成乙二醇乙醚、醋酸甲酯水解催化精馏新工艺等。

对于受平衡制约的反应，采用催化精馏能够大大超过固定床的平衡转化率，例如 MTBE 的生产，固定床的异丁烯转化率为 96％～97％，而催化精馏则超过 99.9％。对于叔戊基甲醚（TAME）生产效果更明显，异戊烯转化率由固定床的 70％提高到 90％以上。

催化精馏对比固定床反应器的另一优点是，由于精馏作用移出物系中较重的污染物，使催化剂保持清洁，延长了催化剂的寿命。对于加氢反应，低聚物的产生污染了催化剂表面，因而降低了催化剂的活性，精馏作用使催化剂表面更新，保持了催化剂的活性。催化剂是实现催化精馏过程的核心，只要开发出合适的催化剂，许多化工过程都可以采用催化精馏技术。到目前为止，已用于特定催化精馏的催化剂有分子筛和离子交换树脂等。

催化精馏塔和一般反应精馏塔一样，由精馏段、提馏段和反应段组成，其中精馏段和提馏段与一般精馏段无异，可以用填料和塔板。反应段催化剂的装填是催化反应精馏技术的关键。为满足反应和精馏的基本要求，催化剂在塔内的装填方式必须满足下列条件：①使反应段的催化剂床层有足够的自由空间，提供气液相的流动通道，以进行液相反应和气液传质。这些有效的空间应达到一般填料所具有的分离效果，以及设计允许的塔板压力降。②具有足够的表面积进行催化反应。③允许催化剂颗粒的膨胀和收缩，而不损伤催化剂。④结构简单，便于更换。

对于已提出的各种催化剂结构，可以分为两种类型，即拟固定床式和拟填料式。这两大类型的填料方式中均有成功的应用实例。

4.4.2 反应精馏过程

(1) 反应精馏的典型流程

反应精馏流程与单一精馏流程不同，前者要兼顾反应的特性及反应物、产物构成物系的气液平衡性质，故有不同的反应精馏流程。

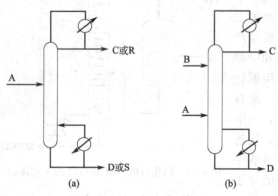

图 4-36　反应精馏塔流程

图 4-36(a) 流程适用于：①反应为 $A \rightleftharpoons C$，属可逆反应，其中产物 C 比反应物 A 易挥发。这是反应精馏最为常见的情况。进料位置应尽量放在靠近塔的下部，产物从馏出液中出塔，这样可使 C 在釜液中含量达到最低；若反应物 A 比产物 C 易挥发，则应尽量安排在塔的上部甚至塔顶进料，塔釜出产品 C。②反应为 $A \rightleftharpoons C + D$，产物 C 为易挥发组分，产物 D 是难挥发组分。这样可实现产物与反应物的分离及产物之间的分离。③反应是连串反应 $A \rightarrow R \rightarrow S$，R 为目的产物时，若 R 比 A 易挥发，S 为难挥发组分。由于 R 很快从塔顶馏出，减少因连串反应进一步消耗 R。

图 4-36(b) 所示的流程适于 $A + B \rightleftharpoons C + D$，且各组分的相对挥发度序列为 $\alpha_C > \alpha_A > \alpha_B > \alpha_D$。该流程使反应物在接近塔的两端加入，反应区域加大，反应停留时间长，因此反应收率高。酯化反应多采用此流程。

对于装填催化剂的催化反应精馏，催化剂应置于塔内反应物浓度最大的区域，以利于反应。催化剂装填位置如图 4-37 所示。

在异戊烯醚脱醚反应精馏塔中[流程如图 4-37(a)]，希望异戊烯尽快离开反应区，使之在反应区维持较低的浓度，以不断破坏反应平衡，由于产物中的异丙烯沸点最低，且与醚及醇分离困难，需较长的精馏段。反之沸点很高的醇则很容易与其他物质分离，需要较短的提馏段甚至取消提馏段。所以催化层置于加料口的下部，且可靠近再沸器。

制异丙苯的反应精馏与上述情况正好相反，催化剂装于塔的上部[如图 4-37(b) 流程]，这是因为苯的烷基化中异丙苯是物系中的最重组分，难与丙烯和苯分离，故需要较长

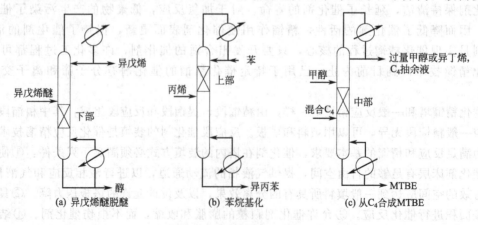

图 4-37　催化精馏塔流程

的提馏段。

图 4-37(c) 是由 C_4 组分和甲醇合成甲基叔丁苯醚（MTBE）的反应精馏塔，产物 MTBE 沸点最高，可从塔底移去，反应中过量的甲醇会在反应条件下生成二甲醚，也必须移去过剩的甲醇。因此催化剂层装在塔的中部，保证有足够的精馏段和提馏段来分离过量的甲醇和产物 MTBE，又可使反应物甲醇与 C_4 组分在催化剂层中有足够的停留时间进行反应。

(2) 反应精馏的工艺条件

和单一精馏相似，加料位置、回流比、精馏段和提馏段内的理论板数以及能影响化学反应速率的因素，如催化剂、停留时间等都会影响反应精馏的效果。

① 加料位置 加料位置决定了精馏段、反应段和提馏段的关系，对塔内浓度分布有强烈的影响。为保证各反应物与催化剂充分接触和有足够的反应停留时间，通常挥发度大的反应物及催化剂在靠近塔的下部进料，反之在塔的上部。

进料位置的确定除考虑对精馏段的需要外，还要保证有足够长度的反应段，以达到充分反应和分离产物的双重目的。一般来说，增长反应段有利于提高转化率和收率。

② 回流比 以乙酸和乙醇酯化反应精馏为例，随着回流比的增加，提高了塔的分离程度。与此相同，各板上的乙酸浓度相应下降，而乙醇浓度则相应上升，此二者对酯化反应有相反的影响，必然会导致有一个转化率的最高点，它对应着适宜的回流比。

③ 停留时间 由于反应精馏塔内有化学反应，故停留时间对反应精馏收率有很大影响，而影响停留时间的因素有塔板数、进料位置、回流比和塔板结构等。

塔板数和进料位置直接影响反应段长度，从而影响反应停留时间，回流比变化不但从板上液相组成变化上影响反应，同时也改变了液体在反应段的停留时间。增加回流比会减小反应停留时间，影响停留时间的塔结构因素是反应段塔板上的液层高度，为了保证长的停留时间，一般，反应段塔板的堰高大于普通塔板的堰高。

④ 催化剂 为了提高反应速度，很多反应精馏中的反应是在催化剂存在下进行的，用得较多的是均相催化剂。催化剂可与反应物一起或根据反应物的挥发度和反应停留时间的要求，在进料以上或以下加入塔。另一类是催化反应精馏，如上述的催化剂包，将固定的反应器与精馏塔合二为一，装在塔内的催化剂既有加快反应的催化作用，又有为气液两相传质提供表面积的填料作用。

(3) 反应精馏的特点

作为一种新型的分离技术，反应精馏是很有发展前途的。反应精馏过程的主要优点：

① 由于在反应的同时进行精馏过程，使产物可及时地从反应区移去，促进了化学反应向产物方向进行，从而提高了转化率和选择性（尤其在连串反应等复杂反应中转化率的提高更明显）。

② 由于精馏使产品及时离开反应区，从而使反应物的浓度相对增大，从而提高了反应速率，缩短了接触时间，增加了设备的生产能力。

③ 将反应器与精馏塔合为一个设备，节约了设备投资；由于反应热可直接用于精馏，降低了精馏能耗，即使是吸热反应，因反应和精馏在同一塔内进行，集中供热也比分别供热节能，减少了热损失。

④ 对于某些难分离物质，利用反应精馏可获得较纯的产品。

⑤ 避免了一种或几种原料先反应，再分离，然后物质循环进行反应、分离的过程，可简化流程。

尽管如此，反应精馏的应用也有局限性。

① 反应精馏技术仅仅适用于那些反应过程和物系的精馏分离可以在同一温度条件下进行的工艺过程，即在催化剂具有较高活性的温度内，反应物系能够进行精馏分离，当催化剂的活性温度超过物质的临界点时，物质无法液化，不具备精馏分离的必要条件。

② 根据反应物和产物的相对挥发度大小，有四种类型：第一类是所有产物的相对挥发度都大于或小于所有反应物的相对挥发度；第二类是所有反应物的相对挥发度介于产物的相对挥发度之间；第三类是所有产物的相对挥发度介于反应物的相对挥发度之间；第四类是反应物和产物的相对挥发度基本相同。显然，前两类可采用反应精馏技术，而后两类不具备反应精馏的条件。

习 题

1. 已知 1、2 两组分在压力 $p=101.3\text{kPa}$ 下所形成的均相共沸物的组成 $x_1=0.65$（摩尔分数），在共沸温度下纯组分 1 的饱和蒸气压为 67.6kPa，纯组分 2 的饱和蒸气压为 18.3kPa。试求：

(1) 在共沸组成条件下的活度系数。

(2) 该共沸物是最低温度共沸物还是最高温度共沸物？为什么？

2. 某 1、2 两组分构成二元系，活度系数方程为 $\ln\gamma_1=Ax_2^2$，$\ln\gamma_2=Ax_1^2$，端值常数与温度的关系：

$$A=1.7884-4.25\times 10^{-3}T \quad (T：K)$$

蒸气压方程为：$\lg p_1^s = 16.0826 - \dfrac{4050}{T}$

$$\lg p_2^s = 16.3526 - \frac{4050}{T} \quad (T：K \quad p：\text{kPa})$$

假设气相为理想气体，试问 99.75kPa 时系统能否形成恒沸物？

3. 试求总压力为 86.7kPa 时，氯仿(1)-乙醇(2)的共沸组成与共沸温度。已知：

$$\ln\gamma_1 = x_2^2(0.59+1.66x_1)$$
$$\ln\gamma_2 = x_1^2(1.42-1.66x_2)$$
$$\lg p_1^s = 6.02818 - \frac{1163.0}{227+t}$$
$$\lg p_2^s = 8.21337 - \frac{1152.05}{231.48+t}$$

4. 已知 2,4-二甲基戊烷和苯能形成共沸物，它们的蒸气压非常接近，例如在 60℃ 时，纯 2,4-二甲基戊烷的蒸气压为 52.4kPa，而苯为 52.3 kPa。为了改变它们的相对挥发度，考虑加入己二醇为萃取精馏的溶剂，纯己二醇在 60℃ 的蒸气压仅 0.133kPa。试确定在 60℃ 时，至少应维持己二醇的浓度为多少时，才能使 2,4-二甲基戊烷与苯在任何浓度下都不会小于 1。已知：

2,4-二甲基戊烷(1)-苯(2) 系统 $\gamma_1^\infty=1.96$，$\gamma_2^\infty=1.48$；

2,4-二甲基戊烷(1)-己二醇(3) 系统 $\gamma_1^\infty=3.55$，$\gamma_3^\infty=15.1$；

苯(2)-己二醇(3) 系统 $\gamma_2^\infty=2.04$，$\gamma_3^\infty=3.89$。

参 考 文 献

[1] 陈洪钫，刘家祺. 化工分离过程. 北京：化学工业出版社，1995：58-81.

[2] 邓修，吴俊生. 化工分离工程. 北京：科学出版社，2000：189-206.

[3] 刘家祺. 分离过程. 北京：化学工业出版社，2002：112-159.

[4] Wankat P C. Equilibrium-stage separations in chemical engineering. New York：Elsevier, 1988：215-217.

[5] McCabe W L, Smith J C. Unit operations of chemical engineering. 3rd ed. Elsevier, 1988：215-227.

[6] King C J. Separation process. 2nd ed. New York：McGraw Hill, 1980：414-424.

[7] Underwood A J V. J Inst Petrol, 1946, (32)：598.

[8] Rehfinger A, Hoffmann U. Chem Eng Sci, 1990, 45 (6): 1605.
[9] Thomas P, Johann S. Chem Eng Technol, 1999, 22 (2): 95.
[10] Johnson A I, Furter W F. Can J Chem Eng, 1969, 38: 78.
[11] Pitzer K S. J Amer Chem Soc, 1980, 102: 2902.
[12] Kuiner A. Sep Sci and Tech, 1993, 28: 1799.
[13] 段占廷, 雷良恒. 石油化工, 1980, 4: 41.
[14] Dohert M F, Buzad G. Trans I Chem E, 1992, 70: 448.
[15] 肖剑, 刘家祺. 化工进展, 1999, 18 (2): 8.

第 5 章 新型萃取技术

液液萃取具有悠久的历史和广泛的应用。但是，液液萃取过程中两相密度差小、连续相黏度大、返混严重，这些对相际传质十分不利。另外，两相具有一定程度的互溶性，易造成溶剂损失和二次污染，溶剂再生也对过程的经济性和可靠性产生严重的影响。随着科学技术的高速发展，作为一种"成熟"技术的液液萃取，正与超临界流体萃取、双水相萃取、膜分离等相关技术相互渗透，促进了液液萃取及相关技术的发展。

5.1 双水相萃取

双水相系统由两种高聚物或几种高聚物与无机盐水溶液组成，由于高聚物之间或聚合物与盐之间的不相容性，当聚合物或无机盐浓度达到一定值时，就会形成不互溶的两个水相，两相中水分所占比例在 85%～95% 范围，被萃取物在两个水相之间分配。双水相系统中两相密度和折射率差别较小，相界面张力小，两相易分散，活性生物物质或细胞不易失活，可在常温、常压下进行，易于连续操作，具有处理量大等优点，备受工业界的关注。

5.1.1 双水相体系
(1) 双水相体系的形成

当两种高聚物溶液互相混合时，分层还是混合成一相，决定于混合时熵的增加和分子间作用力两个因素。两种物质混合时熵的增加和分子数有关，而与分子的大小无关。但分子间作用力可看作是分子中各基团相互作用力之和。分子越大，作用力也越大。对高聚物分子来说，若以摩尔为单位，则分子间作用与分子间混合的熵相比起主要作用。两种高聚物分子间如有斥力存在，即某种分子希望在它周围的分子是同种分子而非异种分子，则在达到平衡后就有可能分为两相，两种高聚物分别富集于不同的两相中，这种现象称为聚合物的不相容性。两高聚物双水相萃取体系的形成就是依据这一特性。高聚物和一些高价的无机盐也能形成双水相体系，如聚乙二醇（PEG）与磷酸盐、硫酸铵或硫酸镁等，其成相的机理尚不十分清楚，但一般认为是高价无机盐的盐析作用，使高聚物和无机盐富集于两相中。在双水相体系中，两相的水分都占 85%～95%，而且成相的高聚物和无机盐一般都是生物相容的，生物活性物质细胞在这种环境中不仅不会失活，而且还会提高它们的稳定性。因此，双水相萃取体系正越来越多地应用于生物技术领域。

(2) 双水相体系的相图

双水相形成的条件和定量关系可以用相图来表示，图 5-1 是两种高聚物和水形成的双水相体系的相图。图中以聚合物 Q 的浓度（%，质量分数）为纵坐标，以聚合物 P 的浓度（%，质量分数）为横坐标。当体系的总浓度在图中所示的曲线以下时，体系为单一的均相，只有当达到一定浓度时才会形成两相。图中曲线把均匀区域和两相区域分隔开来，称为双节线，在双节线下面的区域是均匀的，在上面的区域为两相区。例如点 M 代表整个系统的组成，该系统实际上由两相组成，M、T、B 三点在一条直线上，T 和 B 代表平衡的两相，上相和下相分别由点 T 和 B 表示，连接 T 及 B 两点的直线 TMB 称为系线。在同一条线上的各点分成的两相，具有相同的组成，但体积比不同。当体系的总浓度在曲线的上方时，体系分为两相。T 相和 B 相质量之比等于系线上 MB 与 MT 的线段长度之比。当体系的总组成由 M 变为 M' 时，两相的组成变为 T' 和 B'，体系组成差变小。当系线长度趋向于零时，两相差别消失，任何溶质在两相中的分配系数均为 1，因此 C 点称为临界点，在此浓度下，体系为单一均相。

以 V_E、V_F 分别代表上相和下相体积，则点之间的距离服从杠杆定律，由于高聚物溶液的密度通常和水的密度相近，两相的密度差很小，所以

$$\frac{V_E}{V_F} = \frac{\overline{MB}}{\overline{MT}} \quad (5-1)$$

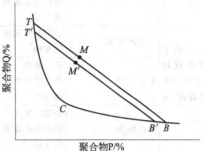

图 5-1 双水相体系相图

双水相体系的相图及其系线和临界点均由实验测得。定量称取高聚物 P 的溶液若干克，盛于试管中。另取已知浓度的高聚物 Q，滴加到盛有高聚物 P 浓溶液的试管中，制得 P 和 Q 的单相混合物溶液。继续滴加至混合物开始浑浊，并开始形成两相，此时记下混合物中 P 和 Q 的含量。接着加蒸馏水 1g，使混合物变清，两相消失。继续加高聚物 Q，使溶液再次变浑形成两相，再记下 P 和 Q 的含量。如此反复操作，求得一系列高聚物 P 和 Q 在形成两相时的含量组成，将 P 的含量对 Q 的含量作图，这样就得到由高聚物 P 和 Q 组成的双水相体系的双节线。两相形成后，分别分析上下两相中高聚物 P 和 Q 的含量，并在相图上分别找到两个点（节点），连接这两个点就得到系线。实验中，经多次反复可获得这样一个高聚物 P 和 Q 的含量，即稍微多加高聚物 P 和 Q，就使溶液从单相变成两相，且两相的组分和体积相等，这一节点就是临界点。

(3) 常用的双水相体系

许多高聚物都能形成双水相体系，如非离子型高聚物聚乙二醇（PEG）、葡聚糖（dextran，又称右旋糖酐）、聚丙二醇、聚乙烯醇、甲氧基聚乙二醇、聚乙烯吡咯烷酮、羟丙基葡聚糖、乙基羟乙基纤维素和甲基纤维素、聚电解质葡聚糖硫酸钠、羧甲基葡聚糖钠、羧甲基纤维素钠和 DEAE 葡聚糖盐酸盐。其中，在生物技术中最常使用的是聚乙二醇和葡聚糖。各种葡聚糖的数均分子量和重均分子量详见表 5-1。各类聚乙二醇的数均分子量见表 5-2。某些高聚物和无机盐也能形成双水相体系，常用的无机盐有磷酸钾、硫酸铵、氯化钠等。用于生物分离的双水相体系列于表 5-3。

表 5-1 葡聚糖的数均分子量和重均分子量

缩写编号	数均分子量 M_n	重均分子量 M_w	缩写编号	数均分子量 M_n	重均分子量 M_w
D5	2300	3400	D37	83000	179000
D17	23000	30000	D48	180000	460000
D19	20000	42000	D68	280000	2200000
D24	40500	—	D70	73000	—

表 5-2 各类聚乙二醇的数均分子量

缩写编号	数均分子量 M_n	缩写编号	数均分子量 M_n
PEG20000	15000～20000	PEG1000	950～1050
PEG6000	6000～7500	PEG600	570～630
PEG4000	3000～3700	PEG400	380～620
PEG1540	1300～1600	PEG300	285～315

表 5-3 几种双水相体系

类型	上相	下相	类型	上相	下相
非离子型高聚物/非离子型高聚物/水	聚丙二醇	甲氧基聚乙二醇 聚乙二醇 聚乙烯醇 聚乙烯吡咯烷酮 羟丙基葡聚糖 葡聚糖	聚电解质/非离子型高聚物/水	羧甲基葡聚糖钠	甲氧基聚乙二醇-NaCl 聚乙二醇-NaCl 聚乙烯醇-NaCl 聚乙烯吡咯烷酮-NaCl 甲基纤维素-NaCl 乙基羟乙基纤维素-NaCl 羟丙基葡聚糖-NaCl
	甲基纤维素	羟丙基葡聚糖 葡聚糖		羧甲基纤维素钠	聚丙二醇-NaCl 甲氧基聚乙二醇-NaCl 聚乙二醇-NaCl 聚乙烯醇-NaCl 聚乙烯吡咯烷酮-NaCl 甲基纤维素-NaCl 乙基羟乙基纤维素-NaCl 羟丙基葡聚糖-NaCl
	聚乙二醇	聚乙烯醇 聚乙烯吡咯烷酮 葡聚糖			
	聚乙烯醇	甲基纤维素 羟丙基葡聚糖 葡聚糖			
	聚乙烯吡咯烷酮	甲基纤维素 葡聚糖		DEAE葡聚糖盐酸	聚丙二醇-NaCl 聚乙二醇-Li_2SO_4 甲基纤维素-NaCl 聚乙烯醇-NaCl
	乙基羟乙基纤维素	葡聚糖			
	羟丙基葡聚糖	葡聚糖			
聚电解质/非离子型高聚物/水	葡聚糖硫酸钠	聚丙二醇 甲氧基聚乙二醇-NaCl 聚乙二醇-NaCl 聚乙烯醇-NaCl 聚乙烯吡咯烷酮-NaCl 甲基纤维素-NaCl 乙基羟乙基纤维素-NaCl 羟丙基葡聚糖-NaCl 葡聚糖-NaCl	聚电解质/聚电解质/水	葡聚糖硫酸钠	羧甲基葡聚糖钠 羧甲基纤维素钠
				羧甲基葡聚糖钠	DEAE葡聚糖盐酸-NaCl
			高聚物/无机盐/水	聚乙二醇	磷酸钾 硫酸铵
				聚丙二醇	磷酸钾
				聚乙烯吡咯烷酮	磷酸钾
				甲氧基聚乙二醇	磷酸钾

(4) 影响双水相体系的因素

聚合物的类型和分子量对双水相体系的形成影响极大。通常高聚物的分子量越大,发生相分离,形成双水相所需的浓度越低。随着高聚物分子量的增加,双节线向原点接近,并且两种高聚物的分子量相差越大,节线越不对称。支链的高聚物比直链的高聚物易于形成双水相体系。

温度对双水相影响也较大。温度越高,发生相分离所需的高聚物浓度越高。在临界点附近,温度对双水相体系的形成更为敏感。

低分子量化合物,如蔗糖和氯化钠,对双水相体系的形成有一定影响,但是,这些化合物一般在比较高的浓度下才会对两相的形成起作用。

① 黏度 双水相体系的黏度不仅影响相分离速度和流动特性,而且也影响物质的传递和颗粒,特别是细胞、细胞碎片和生物大分子在两相的分配。一般而言,由双高聚物组成的体系的黏度比由无机盐和高聚物组成的体系的黏度高。在分子量和浓度相同的条件下,支链高聚物溶液的黏度比直链高聚物溶液的黏度低。高聚物的分子量越大,或高聚物浓度越高,体系黏度也越高。但是,如前所述,高聚物的分子量增大,该高聚物形成双水相的浓度可以降低。因此适当调整成相高聚物的分子量和浓度,可以降低相的黏度。表 5-4 表示体系中高聚物分子量和浓度对两相黏度的影响。可以看出,由葡聚糖和聚乙二醇组成的双水相体系中,富含葡聚糖的下相的黏度比富含聚乙二醇的上相的黏度大得多,并且随体系系线长度的

增加而迅速增加。这是因为下相葡聚糖分子量高达460000（重均分子量）。下相黏度与聚乙二醇分子量关系不大，但浓度增加则黏度增大，且分子量高时浓度的影响更大。

以上讨论的是不含生物大分子的纯高聚物体系，如果体系中有蛋白质分配于两相中，上、下相的黏度会明显增大。

表 5-4 不同体系中各相的相对黏度

体系组成(质量分数)/%			相对黏度(与水比)	
D48	PEG35000	PEG5000	上相	下相
3.9	1.8		5.6	12.8
4.0	2.0		5.7	16.2
5.0	2.5		6.9	26.7
6.0	3.5		9.9	51.1
7.0	4.5		14.6	89.2
5.0		3.5	4.9	15.7
5.2		3.8	3.7	27.9
6.2		4.4	4.0	50.6
7.0		5.0	4.4	95.7

② 密度和密度差　因为双水相体系的含水量高达90%，所以两相的密度几乎接近于$1g/cm^3$，两相的密度差非常小，约$0.01\sim0.05g/cm^3$，所以仅仅依靠重力差，体系相分离的速度很慢，必须借助离心力场才能进行有效的分离。表5-5、表5-6列出了不同高聚物浓度下体系的密度。

表 5-5 高聚物水溶液的密度

D48浓度(质量分数)/%	密度/(kg/m³)	PEG6000浓度(质量分数)/%	密度/(kg/m³)	D48浓度(质量分数)/%	密度/(kg/m³)	PEG6000浓度(质量分数)/%	密度/(kg/m³)
1.0	1.001	2.0	1.001	6.0	1.022	20.0	1.033
2.0	1.005	5.0	1.007	8.0	1.029	25.0	1.043
3.0	1.009	8.0	1.012	10.0	1.039		
4.0	1.013	10.0	1.015	15.0	1.057		
5.0	1.017	15.0	1.024	20.0	1.079		

表 5-6 双水相体系中上、下相溶液的密度

体系组成(质量分数)/%		密度(20℃)/(kg/m³)		密度差/(kg/m³)
葡聚糖	PEG	上相	下相	
8	6	1.0127	1.0779	0.0652
7	4.4	1.0116	1.0594	0.0478
5	4	1.0114	1.0416	0.0302
5	3.5	1.0114	1.0326	0.0212

③ 界面张力　双水相萃取是一种受粒子表面特性影响的分离方法。因此，双水相体系中两相之间的界面张力是一个非常重要的体系物性参数。研究表明，界面张力主要决定于体系的组成和两相间组成的差别。温度降低，界面张力会增加。高聚物的分子量增大，界面张力也会增大。在聚乙二醇/葡聚糖体系中，葡聚糖的分子量从40000增加到500000，界面张力增加59%。但是必须指出，双水相体系的界面张力非常小，约$0.1\sim100\mu N/m$，所以，双水相体系非常容易混合，但相分离则比较困难。

④ 相间电位差　如果盐的阴离子和阳离子在双水相体系中有不同的分配系数，为保持

每一相的电中性，必然会在两相间形成电位差，大小约为毫伏量级。显然盐的分配平衡是相间电位差的最重要因素。不同盐类在聚乙二醇/葡聚糖体系中的分配系数列于表5-7。一些离子的分配系数列于表5-8。

表5-7 各种盐和酸的分配系数

化合物	浓度/(mol/L)	分配系数	化合物	浓度/(mol/L)	分配系数
LiCl	0.1	1.05	Li_2SO_4	0.05	0.95
LiBr	0.1	1.07	Na_2SO_4	0.05	0.88
LiI	0.1	1.11	K_2SO_4	0.05	0.84
NaCl	0.1	0.99	H_3PO_4	0.06	1.10
NaBr	0.1	1.01	NaH_2PO_4		0.96
NaI	0.1	1.05	Na_2HPO_4	各0.03mol/L的混合物	0.74
KCl	0.1	0.98	Na_3PO_4	0.06	0.72
KBr	0.1	1.00	柠檬酸	0.1	1.44
KI	0.1	1.04	柠檬酸钠	0.1	0.81
$H_2C_2O_4$	0.1	1.13	$K_2C_2O_4$	0.1	0.85

注：体系为7%（质量分数）PEG4000/7%D48。

表5-8 一些离子的分配系数

正离子	分配系数	负离子	分配系数	正离子	分配系数	负离子	分配系数
K^+	0.824	I^-	1.42	NH_4^+	0.920	Cl^-	1.12
Na^+	0.839	Br^-	1.21	Li^+	0.996	F^-	0.912

可以看出，对由卤族阴离子和碱金属阳离子组成的盐，分配系数接近于1；碱金属阳离子的分配系数小于1，且 $K^+<Na^+<Li^+$；而卤族阴离子的分配系数大于1，而且 $I^->Br^->Li^->F^-$。对于它们形成的盐，有同样的规律。碱金属的硫酸盐也是如此。

硫酸盐和磷酸盐的分配系数小于1，而对应的酸的分配系数都大于1，柠檬酸和草酸的分配系数也都大于1，磷酸盐的分配系数随对应酸根所带电荷的增加而减小，而且相关较大。

为了控制相间电位差，常向体系中同时加入不同比例的磷酸盐和氯化钠。表5-9为不同类型离子的电位差。表5-10是高聚物浓度和分子量对电位差影响的实验结果。

表5-9 离子类型对电位差的影响

盐	电位差/mV	盐	电位差/mV
0.2mol/L 醋酸钾	0.33±0.05	0.2mol/L 醋酸锂	1.54
0.2mol/L 醋酸钠	0.06	0.2mol/L 柠檬酸钾	2.48

注：体系为4%（质量分数）PEG8000/5%D48。

表5-10 高聚物浓度和分子量对电位差的影响

高聚物浓度/%				系线长度	电位差	电位差/系线
葡聚糖		PEG		（质量分数）/%	/mV	长度/(mV/%)
D19	D48	6000	2000			
7.5		4.5		12.7	3.33	0.26
	6.0	4.0		13.1	2.55	0.19
	7.0	4.4		15.7	3.53	0.22
8.0			4.0	13.4	3.70	0.28
10.0			5.0	18.8	5.6	0.33

注：所有体系含0.11mol/L磷酸钠盐，pH=7.5。

⑤ 相分离时间　通常情况下，双水相体系的相间密度差和界面张力很小，特别是在临界点附近。因此，相分离的速度较慢，一般需要 1h，甚至数小时。在临界点时，高聚物浓度较高，黏度更高，因而，相分离速度也慢。表 5-11 列出了不同体系相分离所需时间，聚乙二醇/盐体系相分离较快。

表 5-11　不同体系相分离所需时间（近似值）

双水相体系	相分离时间/h	双水相体系	相分离时间/h
聚乙二醇/盐	0.1～0.25	聚乙烯醇/葡聚糖	0.5～6
聚乙二醇/葡聚糖	0.1～1	聚乙烯醇/葡聚糖硫酸盐	0.5～6
聚乙二醇/葡聚糖硫酸盐	0.1～1	羟丙基葡聚糖/葡聚糖	0.5～6
甲基纤维素/葡聚糖	1～12	羟丙基葡聚糖/葡聚糖硫酸盐	0.5～6
甲基纤维素/葡聚糖硫酸盐	1～12		

5.1.2　大分子和颗粒在双水相体系中的分配

(1) 分配理论

在双水相体系中，生物大分子和细胞粒子能在两相中进行分配，达到分离的效果，这就是所谓的双水相萃取。这是一种由粒子或大分子的表面特性所决定的生物分离方法。萃取分配主要受体系的界面张力和道南效应的影响。

① 界面张力　在双水相体系中有两种相反的倾向，一种是粒子的布朗动力，它使粒子均匀分布于整个体系。另一种是作用于粒子表面的界面力，它使粒子富集于某一相，以保持其能量最低。

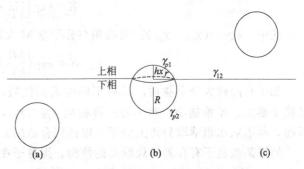

图 5-2　一个球形粒子在双水相体系中的位置

以一半径为 R 的球形粒子为例，在双水相体系中有三种不同的界面和界面张力，如图 5-2 所示。

当粒子处于不同的位置时，其界面自由能可表示为：

在上相

$$G_1^s = 4\pi R^2 \gamma_{p1} \tag{5-2}$$

在下相

$$G_2^s = 4\pi R^2 \gamma_{p2} \tag{5-3}$$

在液液界面上

$$G_h^s = \pi[2Rh(\gamma_{p1}-\gamma_{p2}-\gamma_{12})+h^2\gamma_{12}]+4\pi R^2 \gamma_{p2} \tag{5-4}$$

当达到平衡时，如果大分子或颗粒处于某一相中能量最低，它就比较集中地分配于该相中。这主要取决于双水相体系的三个界面张力。

和溶剂萃取一样，物质在两水相的分配系数可以表示为

$$K = c_1/c_2 \tag{5-5}$$

式中　c_1——上相的浓度；
　　　c_2——下相的浓度。

当相系统固定后，物质的分配系数为一常数。根据相平衡的化学位相等，可得

$$K=\frac{c_1}{c_2}=\exp\left(\frac{-\Delta E}{kT}\right) \tag{5-6}$$

式中 ΔE——粒子从相 2 移至相 1 所做的功；

k——玻耳兹曼常数；

T——热力学温度。

这样，由于表面能的贡献而形成的分配可表示为：

$$K=\frac{c_1}{c_2}=\exp\left[\frac{-4\pi R^2(\gamma_{p1}-\gamma_{p2})}{kT}\right] \tag{5-7}$$

对于非球颗粒则有：

$$K=\exp\left[\frac{-A(\gamma_{p1}-\gamma_{p2})}{kT}\right] \tag{5-8}$$

式中 A——粒子的表面积。

由此可知，在某一相系统中，分配系数主要决定于分子或粒子的表面积与表面性质。如果粒子在两相中具有相同的表面性质，但大小不同，则 $\gamma_{p1}-\gamma_{p2}$ 为常数，式(5-8)变为：

$$K=\exp\left(\frac{A\lambda}{kT}\right) \tag{5-9}$$

式中，$\lambda=-(\gamma_{p1}-\gamma_{p2})$。表面积与分子量 M 大致成正比关系，故有：

$$K=\exp\left(\frac{M\lambda}{kT}\right) \tag{5-10}$$

如果有两种大分子物质，具有不同的表面性质，对于一种物质 $\gamma_{p1}>\gamma_{p2}$，则其 $K<1$，且粒子越大，K 值越小；对于另一种物质 $\gamma_{p1}<\gamma_{p2}$，则其 $K>1$，且粒子越大，K 值越大。因而，利用双水相萃取分离大分子可以达到合适的分离效果。

如果某些粒子有在界面处聚集的倾向，则粒子在界面和某一相间的分配系数可表示为

$$K=\frac{c_i}{c_1}=\exp\left[\frac{\pi R^2(\gamma_{p2}-\gamma_{p1}-\gamma_{12})^2}{\gamma_{12}kT}\right] \tag{5-11}$$

式中 c_i——粒子在界面处的浓度。

可以看出，分子或颗粒越大，在界面上的吸附越多。两液相的界面张力越大，粒子在界面处的吸附越多。

以蛋白质为例，其分子量为 10^5，其粒度大约是 $3\mu m$，若两相的界面张力为 $1\times10^{-3}N/m$，则分配系数约为 1000，即有 99.9% 的蛋白质吸附在界面上。因此，用双水相体系萃取分离蛋白质所要解决的一个问题就是如何减少蛋白质在界面上的吸附。对于细胞或细胞器来说，由于其粒度比蛋白质大很多，所以它们主要被吸附在界面上。

② 相间电位差 双水相体系中两相间的电位差是一个很重要的参数，直接影响带电粒子的分配平衡。如果带电粒子在两相间的分配不相等，就会在相间产生电位，称为道南电位。带电粒子在两相间分配达到平衡时，粒子在两相中的电化学位应当相等。

当一种盐的正负离子对两相有不同的亲和力时，即它们在双水相体系中的分配系数不相等时，就会产生电位差。正、负离子的离子价之和越大，此电位差越小。

(2) 影响分配的因素

在双水相体系中，粒子的表面能和电荷是影响其分配的重要因素。分配系数与表面能和电位差成指数关系，可表示为

$$-\lg K=\alpha\Delta\gamma+\delta\Delta\phi+\beta \tag{5-12}$$

式中 α——表面能；

$\Delta \gamma$——两相表面能之差；

δ——电荷数；

$\Delta \phi$——电位差；

β——一个热力学量，包含标准化学势和活度系数。

表面自由能可以用来量度表面的相对憎水性。改变成相聚合物的种类、平均分子量和分子量的分布及浓度，都会对相的憎水性产生影响。由于粒子的表面积都比较大，所以 $\Delta \gamma$ 的微小变化都会较大地改变蛋白质等生物大分子和细胞等固体颗粒的分配系数。加入系统的无机盐以及 pH 值会影响相间电位差和蛋白质带电荷数，因而也会影响分配系数。正是因为许多生物物质在两相有不同的分配，因而可以通过控制条件实现它们之间的分离。

影响萃取分配的主要因素有许多，例如组成双水相体系的高聚物类型、高聚物平均分子量和分子量分布、高聚物的浓度、成相盐和非成相盐的种类、盐的离子强度、pH 值及温度等。

影响萃取分配的因素如此之多，而且这些因素之间还存在相互作用，因此，目前还不能定量关联分配系数和各种因素之间的关系，适宜的工艺条件主要通过实验方法获得。这些因素直接影响分配物质在两相的特性和电位差，并间接影响物质在两相的分配。通过选择合适的萃取条件，可以提高生物物质的收率和纯度，也可以通过改变条件将生物物质从双水相体系中反萃出来。

① 高聚物的分子量　在高聚物浓度保持不变的前提下，降低高聚物的分子量，被分配的可溶性生物大分子如蛋白质或核酸，或被分配的颗粒如细胞或细胞碎片和细胞器，将更多地分配于该相，即对聚乙二醇/葡聚糖体系而言，葡聚糖的分子量减小，分配系数会减小（表 5-12），聚乙二醇的分子量减小，物质的分配系数会增大（表 5-13）。这是一条普遍规律，可用热力学理论进行解释。

表 5-12　葡聚糖分子量对具有不同分子量的蛋白质分配系数的影响

蛋白质	蛋白质分子量	D19	D24	D37	D48	D68
细胞色素 C	12384	0.18	0.14	0.15	0.17	0.21
卵清蛋白	45000	0.58	0.69	0.74	0.78	0.86
牛血清蛋白	69000	0.18	0.23	0.31	0.34	0.41
乳酸脱氢酶	140000	0.06	0.05	0.09	0.16	0.10
过氧化氢酶	250000	0.11	0.23	0.40	0.79	1.15
藻红蛋白	290000	1.9	2.9		12	42
β-葡糖苷	540000	0.24	0.38	1.38	1.59	1.61
磷酸果糖激酶	800000	<0.01	0.01	0.01	0.02	0.03
核酮糖二磷酸酯羧化酶	800000	0.05		0.06	0.15	0.28	0.50

注：体系 6%PEG6000/8%葡聚糖，0.01mol/L 磷酸钠盐，pH=6.8。

表 5-13　PEG 分子量对具有不同分子量的蛋白质分配系数的影响

蛋白质	蛋白质分子量	D48(9%) PEG4000(7.1%)	D48(8%) PEG6000(6%)	D48(8%) PEG20000(6%)	D48(9%) PEG40000(6%)
细胞色素 C	12384	0.17	0.17	0.13	0.12
卵清蛋白	45000	1.25	0.85	0.50	0.50
牛血清蛋白	69000	0.52	0.34	0.14	0.11
乳酸脱氢酶	140000	0.13	0.08	0.05	0.03
过氧化氢酶	250000	0.82	0.38	0.16	0.10

② 高聚物浓度对界面张力的影响　双水相体系的组成越接近临界点，可溶性生物大分

于如蛋白质的分配系数越接近于 1。在聚乙二醇/葡聚糖体系中，成相高聚物浓度越高，两相体系距离临界点越远，分配系数越偏离 1。对于细胞等颗粒，在临界点附近，细胞大多分配于一相中，而不吸附在界面上。随着高聚物浓度的增加，细胞会越来越多地吸附在界面上。当高聚物浓度增加时，体系组成偏离临界点，系线长度增加，界面张力也随着增大。

③ 盐类　由于盐的正、负离子在两相间的分配系数不同，两相间形成电位差，从而影响带电生物大分子的分配，例如加入 NaCl 对卵蛋白和溶菌酶分配系数的影响较大。pH=6.9 时，溶菌酶带正电，卵蛋白带负电，二者分别分配于上相和下相。当加入 NaCl 时，在浓度低于 50mmol/L 时，上相电位低于下相电位，使溶菌酶的分配系数增大，卵蛋白的分配系数减小，可见，加入适当的盐类，可大大促进带相反电荷的两种蛋白质的分离。

另外，当盐类浓度增加到一定程度时，其影响减弱。盐浓度超过 1～5mol/L（NaCl），由于盐析作用，蛋白质易分配于上相。分配系数几乎随盐浓度成指数增加，且不同的蛋白质增大程度各异。利用这一特性可以使蛋白质相互分离。

在双水相体系萃取分配中，磷酸盐的作用非常特殊。它既可作为成相盐形成聚乙二醇/盐双水相体系，又可作为缓冲剂调节体系的 pH。由于磷酸不同价态的酸根在双水相体系中有不同的分配系数，因而可通过控制不同磷酸盐的比例和浓度来调节相间电位差，从而影响物质的分配。

④ pH 值　pH 值对分配的影响源于两个方面的原因。第一，pH 值会影响蛋白质分子中可解离基团的解离程度，因而改变蛋白质所带的电荷的性质和大小，这是与蛋白质的等电点有关的。第二，pH 值影响磷酸盐的解离程度，从而改变 $H_2PO_4^-$ 和 HPO_4^{2-} 之间的比例，进而影响相间电位差。这样，蛋白质的分配因 pH 值的变化发生改变。pH 值的微小变化会使蛋白质的分配系数改变 2～3 个数量级。加进不同的非成相盐，pH 值的影响是不同的。

⑤ 温度　温度对物质分配的影响可用 Bronstedt 方程来估算。如前所述，温度首先影响相图，在临界点附近尤为明显。但当离临界点较远时，温度影响较小。由于高聚物对生物活性有稳定作用。在大规模生产中多采用常温操作，从而节省冷冻费用。采用较高的操作温度，体系黏度较低，有利于相分离。

⑥ 细胞浓度的影响　细胞浓度是影响萃取的一个重要参数，它会影响蛋白质等可溶性生物活性大分子的分配，研究可知，体系细胞浓度增加，蛋白质会更多地转移到下相。

(3) 亲和双水相萃取

为了提高萃取分配系数和萃取效率，可以将生物亲和技术与双水相萃取法相结合，称为亲和双水相萃取。把一种配基与一种成相高聚物以共价键相结合，这种配基与要提取的目的产物如蛋白质等有很强的亲和力，因而可以使蛋白质等生物大分子的分配系数增大 10～10000 倍。配基可以反复使用，而且传质速度快。

根据配基的不同可以分为三类。

① 基团亲和配基型　在聚乙二醇或葡聚糖上接—NH_2、—COOH、—PO_4^{3-}、—SO_4^{2-} 等基团，这类亲和配基主要利用基团的电荷性质和疏水性。

② 染料亲和配基型　在聚乙二醇或葡聚糖上接染料配基，特别是三嗪类染料，利用三嗪类染料与蛋白质之间的特殊亲和力所制备的聚乙二醇与染料的衍生物，易于合成，价格也不高，对几十种生物物质有亲和作用。

③ 生物亲和配基型　常用的有底物、抑制剂、抗体或受体等生物配基。与生物亲和色谱一样，其分离专一性高，但成本也较高。

亲和双水相萃取的发展非常迅速，仅在聚乙二醇上可接配基就有十多种，分离纯化的物质有几十种。如利用染料-聚乙二醇和葡聚糖组成的体系分离葡萄糖-6-磷酸脱氢酶,分配系数由原来的 0.18～0.73 提高到 193,利用磷酸酯-聚乙二醇/磷酸盐双水相体系萃取 β-干扰素,分配系数由原来的 1 提高到 630。

5.1.3 双水相萃取在生物技术中的应用

由于双水相体系易于放大、传质速度快、节省能耗、工作条件温和、易于实现过程连续化,所以双水相体系在生物技术中的应用越来越广泛。目前,双水相体系主要用于细胞的回收、从发酵液中提取蛋白质产品和酶以及与产物的萃取分离相结合的生物转化等。

(1) 产品的浓缩

将双水相溶液加入稀溶液中,在合适的条件下,目的产物如细胞、病毒或生物大分子物质,会集中分布于体积较小的一相中,使其得到浓缩。必须指出,仔细选择相体系是极其重要的。通常要选择的相体系应远离临界点,且距离其中的一个节点较近。一般对于颗粒的浓缩,体系应距下相节点较近,且分配系数越小越好。加入的双水相溶液是浓溶液。

(2) 蛋白质的提取和纯化

双水相萃取主要用于胞内酶的提取。该方法可以从细胞液中直接提取酶,同时去除细胞碎片。要成功运用双水相萃取,选择的体系应满足如下条件:

① 欲提取的酶和细胞或细胞碎片应分配于不同的相中;

② 酶的分配系数应足够大,使在一定的相比下,一步萃取的收率就很高。

细胞匀浆液的加入量是一个重要的参数。大量细胞或细胞碎片的存在使体系两相的黏度,特别是下相的黏度大大提高,上、下相体积比降低,从而影响蛋白质的收率。根据经验,一般 1kg 萃取体系中加入 200～400g 湿细胞为宜。

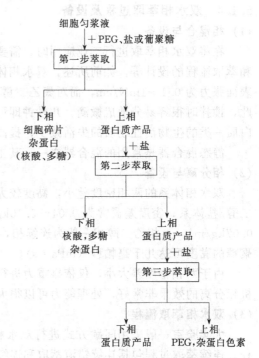

图 5-3 三步双水相萃取提取和纯化酶的典型流程

从细胞匀浆液中提取得到的蛋白质还需要进一步纯化。通常可通过多步双水相萃取来达到纯化的目的。图 5-3 是一个三步双水相萃取提取和纯化酶的典型流程。第一步萃取后,分布于上相的蛋白质可通过加入适量的盐(有时也可同时加入少量的聚乙二醇)进行第二步萃取。通常第二步萃取的目的是除去核酸和多糖,它们的亲水性强,因而易分配于盐相中,而蛋白质留在聚乙二醇中。第三步萃取的目的是使目的蛋白质分配于盐相,使其与聚乙二醇分离,以便进一步纯化蛋白质和回收聚乙二醇并循环使用。

在第三步萃取的下相中得到经过纯化的蛋白质产品,但此时产品中还含有 1%～2% 的聚乙二醇,这取决于第二步的萃取体系的系线长度。同时,上相中含有大量聚乙二醇必须回收,以减少试剂的消耗,降低成本及减小环境污染。通常采用超滤的方法去除产品中的聚乙二醇,并同时进行脱盐,也可以用离子交换方法直接从第三步萃取的下相中回收蛋白质。至于富含聚乙二醇的上相中聚乙二醇的回收,目前比较经济的方法是返回第一步萃取中循环使用,可以不经任何附加的处理。成相盐的回收可通过降低温度到6℃，使盐发生沉淀，回收再利用。

(3) 细胞及亚细胞的回收

双水相体系也已用于细胞和细胞器的回收和鉴定，特别是聚乙二醇/葡聚糖体系，这两种高聚物的稀溶液可用于保护剂，通过加入用作缓冲剂的盐，并保持等渗，可为细胞和亚细胞提供一个稳定的环境。这些体系已被大量用于不同类型的细胞、细胞器及膜泡囊。例如，利用双水相体系可以制备高纯度（约95%）的植物原生质膜泡囊。双水相体系萃取还可以将重组的DNA和非重组的DNA相互分离。

(4) 生物小分子产物的萃取分离

通用双水相体系提取的抗生素有很多，包括β-内酰胺类、大环内酯类和多肽类抗生素。这是近十多年来开发的一个新领域。同时还可用于氨基酸和二肽的提纯分离。

(5) 与产物萃取分离耦合的生物转化

双水相体系用于生物转化与固定化酶或固定化细胞反应器是类似的。不同之处是，通常酶或细胞是固定于固体载体的，反应是非均相的，传质阻力大。用双水相体系则是将酶或细胞固定于液相，反应物也溶于同一相，因而传质快。生成的产物溶于另一相，这样可消除产物抑制，提高反应速率。例如在3%PEG20000/5%粗葡聚糖，50mol/L NaAc，pH=4.8体系中，在纤维素酶和α-葡萄糖苷酶作用下，水解生成葡萄糖的半连续过程中，纤维素颗粒、纤维素酶和α-葡萄糖苷酶分配于下相，生成的葡萄糖分配于上相。用澄清器分别回收上相和下相，用超滤器回收上相中的葡萄糖，然后上相返回混合反应器。纤维素初始浓度7.5%，总体积800mL，流速5mL/h，下相中产物葡萄糖浓度可达60～70g/L。

5.1.4 双水相萃取过程及设备

(1) 相混合与设备

在将双水相萃取进行工业应用时，需要考虑达到平衡所需的时间、相分离的速度及设备和萃取流程的设计等。如前所述，双水相体系的表面张力很低。例如，对聚乙二醇/盐体系，表面张力为0.1～1mN/cm，而对聚乙二醇/葡聚糖体系，则小到0.0001～0.01mN/cm。因此，搅拌时很容易分散成微滴，几秒钟即可达到萃取平衡，且能耗也很少。张力小还能使蛋白质一类的生物活性物质的失活减少，提高收率。

静态混合器是常用的混合器之一，其主要优点是停留时间均匀，无运动部位。

(2) 相分离与设备

双水相体系的两相密度差小，黏度较大，所以实现其相分离是比较困难的。例如对聚乙二醇/盐体系，密度差通常为0.04～0.10kg/m^3，而对聚乙二醇/葡聚糖体系，则为0.02～0.07kg/m^3。上相乙二醇相一般为连续相，黏度为3～15mPa·s，而带细胞碎片的下相，葡聚糖的黏度可达几千毫帕秒（mPa·s）。

由于两相密度差太小，仅依靠重力进行相分离将非常慢。这时可利用离心力，采用离心机相分离的效果非常好，处理能力可以很大，且适合于任何双水相体系。

(3) 双水相萃取流程

大实验室一般采用间歇方式进行双水相萃取的研究，但生产规模的应用多采用连续过程。连续萃取过程包括连续错流萃取和连续逆流萃取两种方式。

图5-4所示为一个连续错流萃取的典型流程，用于延胡索酸酶的纯化。两相的混合与分散采用静态混合器，相分离采用碟片式离心机。

普通化学工业中常采用连续逆流萃取，但对双水相萃取，还处在研究萃取设备的性能及其适用性的阶段。

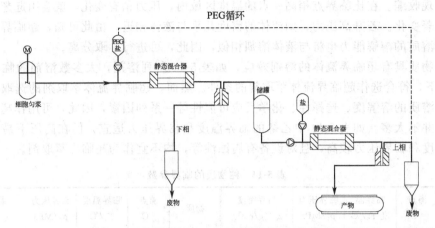

图 5-4　用于延胡索酸酶钝化的连续错流萃取流程

混合澄清槽和离心萃取器也可于双水相萃取。但是，由于混合澄清槽是借助重力进行相分离的，分离能力很低，所以混合澄清槽只适用于高聚物/盐体系，且处理能力也不大。离心萃取器则不同，它是借助离心力进行相分离的，可以用于任何双水相体系，处理能力也很大。

5.2　超临界流体萃取

超临界流体萃取是一种新型萃取分离技术。它利用超临界流体，即处于温度高于临界温度、压力高于临界压力的热力学状态的流体作为萃取剂。从液体或固体中萃取出特定成分，以达到分离目的。

超临界流体萃取的特点是：萃取剂在常压和室温下为气体，萃取后易与萃余相和萃取组分分离；在较低温度下操作，特别适合于天然物质的分离；可调节压力、温度和引入夹带剂等调整超临界流体的溶解能力，并可通过逐渐改变温度和压力把萃取组分引入到希望的产品中。

近年来，对超临界液体萃取的基础和应用研究已达到了很深入的程度。有关超临界流体萃取体系的热力学和其他性质已有较深入的了解。迄今，已有丙烷脱沥青、啤酒花萃取、咖啡脱咖啡因等大规模的超临界流体萃取工业过程，在医药、天然产物、特种化学品加工、环境保护及聚合物加工等方面的应用也正在开发中并逐渐成熟。

5.2.1　超临界流体及其性质

当流体的温度和压力处于它的临界温度和临界压力以上时，称为超临界流体。流体在临界温度以上时，无论压力有多高，流体都不能液化。但流体的密度随压力增高而增加。图 5-5 是 CO_2 的压力与温度和密度关系图。

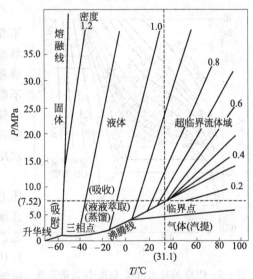

图 5-5　CO_2 的压力-温度-密度关系

由图 5-5 可了解气体、液体区相对应的超临界流体区，特别是图中的等密度线，在临界点附近出现收缩。在比临界点稍高一点的温度区域内，压力稍有变化，就会引起超临界流体密度的显著变化。若升高压力，则流体的密度几乎与液体相近。由此可知，超临界流体对液体或固体溶质的溶解能力也将与液体溶剂相似，因此，可进行萃取分离。

很多物质具有超临界流体的溶剂效应，如表 5-14 所列溶剂，大多数溶剂的临界压力在 4MPa 上下，符合选作超临界流体萃取剂的条件。然而，超临界流体萃取剂的选取，还需综合考虑对溶质的溶解度、选择性、化学反应可能性等一系列因素，因此，可用作超临界萃取剂的物质并不太多。如表 5-14 中乙烯的临界温度和临界压力适宜，但在高压下易爆聚；氨的临界温度和临界压力较高，且对设备有腐蚀性等，均不宜作为超临界萃取剂。

表 5-14 纯物质的临界参数

物质	沸点/℃	临界温度 T_c/℃	临界压力 p_c/MPa	临界密度 ρ_c/(g/cm³)	物质	沸点/℃	临界温度 T_c/℃	临界压力 p_c/MPa	临界密度 ρ_c/(g/cm³)
氩		−122.4	4.86	0.530	氟里昂-13		198.1	4.41	
甲烷	−164.0	−83.0	4.64	0.160	异丙醇	82.5	235.2	4.76	0.273
氮		−63.8	5.50	0.920	甲醇		240.5	8.10	0.272
乙烯	−103.7	10.0	5.12	0.217	正己烷	69.0	234.2	2.97	0.243
氙		16.7	5.89	1.150	乙醇	78.2	243.4	6.30	0.276
三氟甲烷		26.2	4.85	0.620	正丙醇		263.3	5.17	0.275
氟里昂-13		28.9	3.92	0.580	丁醇		275.0	4.30	0.270
二氧化碳	−78.5	31.0	7.38	0.468	环己烷		280.3	4.07	
乙烷	−88.0	32.4	4.88	0.203	苯	80.1	288.1	4.89	0.302
丙烯	−47.7	92.0	4.67	0.288	乙二胺		319.9	6.27	0.290
丙烷	−44.5	97.2	4.24	0.220	甲苯	110.6	320.0	4.13	0.292
氨	−33.4	132.2	11.39	0.236	对二甲苯		343.0	3.52	
正丁烷	−0.5	152.0	3.80	0.228	吡啶		347.0	5.63	0.310
二氧化硫		157.6	7.88	0.525	水	100.0	374.1	22.06	0.326
正戊烷	36.5	196.6	3.37	0.232					

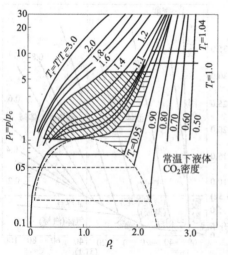

图 5-6 CO₂ 的对比密度-温度-压力的关系

二氧化碳的临界温度在室温附近，临界压力也不算高，密度却较大，对大多数溶质具有较强的溶解能力，而对水的溶解度却很小，有利于在近临界或超临界状态下萃取分离有机水溶液；而且还具有不燃、不爆、不腐蚀、无毒害、化学稳定性好、廉价易得、极易与萃取产物分离等一系列优点，是超临界流体技术中最常用的溶剂。另外，轻质烷烃和水用作超临界萃取剂也具有一定的特色。

图 5-6 表示 CO_2 的对比密度、对比温度与对比压力之间的关系。图中画有阴影部分的斜线和横线区域分别为超临界和近临界流体萃取较合适的操作范围。从图中可以看出，当二氧化碳的对比温度为 1.10 时，若将对比压力从 3.0 降至 1.5，其对比密度将从 1.72 降至 0.85。如保持二氧化碳的对比压力为 2.0 不变，若将对比温度从 1.03 升高至 1.10，其相应的密度从 838kg/m³ 降至 604kg/m³。由于超临界流体的压力降低或温度升高引起明显的密度降低，使溶质从超临界流体中重新析出，这是实现超临界流体萃取的依据。

(1) 超临界流体萃取中的相平衡

① 超临界流体的溶解能力　超临界流体的溶解能力与流体的种类密切相关，如图 5-7 所示，比较菲在 CO_2 中的溶解度虽不及乙烯，但 CO_2 具有不可燃、不腐蚀、无毒的优点，化学稳定性好、廉价易得，故是首选的溶剂。图 5-8 表示菲在 CO_2 中的溶解度与压力关系。当压力小于 7.0MPa 时，菲在 CO_2 中的溶解度非常小。当压力上升到临界压力附近时，则溶解度快速上升，到 25MPa 时，溶解度可达到 70g/L，图中横坐标 20MPa 附近圆点表示按理想气体由蒸气压数据所得到的计算值。显然，实际溶解度远比它大得多。这种溶解度的非理想性，不仅仅出现在菲-CO_2 体系，也出现在许多其他体系中。

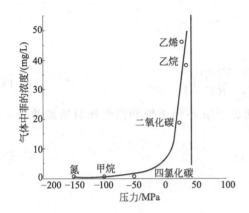
图 5-7　菲在各种气体中的溶解度

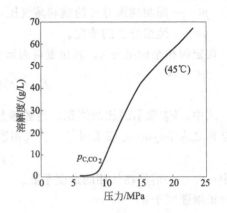
图 5-8　菲在 CO_2 中的溶解度与压力的关系

在超临界流体萃取体系中，溶剂和溶质之间的挥发性、蒸气压和临界温度上有很大差异。溶剂的主要成分是处于超临界状态的流体，其性质可以通过添加其他的夹带剂加以改进。被溶物可以是纯物质或者混合物。在主要溶剂成分的临界温度下，溶质是低挥发性的。

溶质在超临界流体中的溶解度可以比其在气体中的溶解度高出若干数量级。在临界点附近，溶解度和其他性质一样，对温度和压力的变化十分敏感。微小的温度或压力变化都会引起溶解度的很大变化。物质在超临界流体中的溶解度主要受两个方面的影响。一方面，溶剂的溶解能力随超临界流体密度的增大而增强；另一方面，溶质的蒸气压随温度的升高而呈指数关系上升。在临界温度以上的区域，即相对较高的压力下，密度随温度的变化相对缓和，因此，温度升高导致蒸气压的增大成为了主要影响因素。然而，在相对较低的压力下，温度升高时，溶剂密度随温度上升而迅速减小，由密度降低而引起的溶解能力的下降就成为主要影响因素。对于低挥发物质，在超临界流体中的溶解度就会出现高压下溶解度随温度升高而增大，低压下溶解度随温度升高而降低。

如果超临界流体萃取体系中的另一相是液体，那么，超临界溶剂会溶于其中，这就会改变液相的性质，从而影响溶于超临界流体溶剂中的溶质的量。液体密度的变化会引起溶于超临界流体的溶质量的变化。

对于一种特定的溶质，不同的超临界流体具有不同的溶解度。在一定条件下，溶质在超临界流体中的溶解度，随溶剂的临界温度与系统温度之差的减小而增加。溶质在非极性超临界流体中的溶解度随其分子量、极性和极性官能团数的增大而减小。另外化学结构也影响其在超临界液体中的溶解度。

为了改进溶剂性质，有时在超临界流体中加入改性成分，即夹带剂。夹带剂可改变溶剂的临界温度，从而改变工艺温度，使其最适合于混合物进料，还可以显著增强溶剂的溶解能力,若夹带剂的临界温度远低于超临界溶剂的临界温度,则溶剂的溶解能力会减弱,同时适当选择夹带剂,可调节溶剂的选择性,增强溶剂的溶解能力对温度和压力的敏感性。

② 溶解度增强因子 固体在超临界流体中的溶解度与溶质的蒸气压有关,也与溶质溶剂分子间的相互作用有关,其在数值上要比在低压下同种气体中的溶解度大很多,这种现象称为溶解度增强,并用增强因子 E 来表示:

$$E = \frac{y_2 p}{p_2^s} \tag{5-13}$$

式中 p——总压;

p_2^s——固相纯组分 2 的饱和蒸气压;

y_2——纯组分 2 的浓度。

假定固相是纯组分 2,其逸度可表示为

$$f_2^s = p_2^s \phi_2^s \exp\left(\int_{p_2^s}^{p} \frac{V_2^s \mathrm{d}p}{RT}\right) \tag{5-14}$$

式中,V_2^s 表示固相的体积;指数项是考虑到总压 p 不同于饱和蒸气压时所加的校正,通常称之为 Poynting 修正因子。若气相逸度为

$$f_2^V = p\phi_2^V y_2 \tag{5-15}$$

式中 ϕ_2^V——溶质在气相的逸度系数。

则可得增强因子:

$$E = \frac{\phi_2^s \exp\left(\int_{p_2^s}^{p} \frac{V_2^s \mathrm{d}p}{RT}\right)}{\phi_2^V} \tag{5-16}$$

式中 ϕ_2^s——固体溶质在饱和蒸气压下的逸度系数;

V_2^s——在温度 T 下固体的摩尔体积。

假定压力变化时,固体组分 2 的摩尔体积不变,对增强因子 E 中指数项积分得到

$$E = \frac{\phi_2^s}{\phi_2^V} \exp\left[\frac{V_2^s(p-p_2^s)}{RT}\right] \tag{5-17}$$

由于固体蒸气压很低,在饱和压力下固体溶质的逸度系数接近于 1;而在普通压力到 10MPa 范围内,Poynting 修正因子也不会大于 2,因此溶质在气相中的逸度系数是形成高增强因子的主要因素。例如,对乙烯-萘体系,在压力为 10MPa 时,萘的逸度系数≪1,因而增强因子高达 25000。另外,增强因子值随压力增加而增大,还与系统的温度和溶质在超临界流体中的溶解度有关。

Rowlinson 和 Richardson 利用简化的 Vrial 方程:

$$\frac{pV}{RT} = 1 + \frac{B}{V} + \frac{C}{V^2} \tag{5-18}$$

得到增强因子 E 的计算式为

$$\ln E = \frac{V_2^s - 2B_{12}}{V} \tag{5-19}$$

式(5-19)是在假定 ϕ_2^s 为 1,Vrial 方程中的高阶项可忽略的前提下推出的。式中第二维里系数 B_{12} 表示溶质 2 和超临界流体 1 之间的相互作用,溶质和溶剂间相互作用的势能越大,则 B_{12} 就负得越多,显然增强因子变大。

压力对气相中溶质溶解度的影响较复杂,在低压范围内,溶解度随压力增加而减小,随

后又随压力增加而增加；在高压范围内，溶解度随压力增大而略有增加。中压或低压区有最低点，Hinckley 和 Reid 从维里系数二元逸度系数方程整理并略去固相逸度、Poynting 校正因子和第三维里系数，可得到 $\lg y\text{-}p$ 曲线中的最低点位置。溶质和溶剂之间具有比较大的相互吸引力，因此 B_{12} 就有很大的负值，增强因子也就很大。在缺少维里系数时，气体的临界温度也可以作为其势能的近似衡量。因为在温度一定时，具有高临界温度的气体与溶质所组成的体系，其 B_{12} 一般具有较大的负值，因此它比临界温度低的气体，溶解能力可能更大。

在普通压力下，由于温度上升，溶质的饱和蒸气压增大，气相中溶质的浓度增加。当压力增高时，随着温度变化则出现了几个相反的作用因素：一方面随着温度上升溶质的饱和蒸气压随之增加，另一方面随着温度上升，第二维里系数的绝对值逐渐减少，甚至变成正数，从而使增强因子 E 变小。随着温度上升，气相溶剂的密度也下降，后两个因素使溶解度随温度上升而下降，这两个相反因素作用的结果，使溶解度、温度关系中出现了极值点。

超临界流体在固体中的溶解度可以忽略，而液相是介于气体和晶体之间的一种物态，液体溶质在超临界流体中的溶解度计算较难，一般的状态方程对临界温度以上的轻组分及临界温度附近的重组分的计算不适用，必须对有关的方程进行修正。近十几年来有很多修正模型用于液体溶质在超临界流体间相平衡的计算。

还有一些更复杂的状态方程，如基于 RK 方程的 SRK 方程、Carnahan-Starling-Van waals 方程、BWR 方程等，可用来更正确地拟合数据和代表物料的状态，但往往可调参数太多，并需用一系列的实验数据来加以验证。

(2) 超临界流体的传递性质

超临界流体萃取在高压条件下进行，在这样的条件下，压力对黏度、热导率和扩散系数等传递性质有着强烈的影响。

在超临界条件下，恒压时的黏度随温度升高而减小到一个最小值，然后又随温度升高而增大。压力越高，达到黏度最小值时的温度越高，而且该黏度最小值也越大。在温度低于最小黏度温度时，超临界流体的黏度行为与气体类似，黏度随温度升高而增大。超临界流体萃取过程通常选择的温度和压力范围是黏度随温度升高而降低的区域。一般而言，超临界流体的黏度与气体的黏度相似。

在超临界流体萃取体系中，被超临界流体所饱和的液相的黏度随压力增大而降低，这是由于所溶解的超临界流体的量增加引起的；温度越低，黏度随压力的升高而下降得越快；黏度随温度升高而降低。对于溶有溶质的超临界流体，其黏度取决于超临界流体的黏度和低挥发性溶质的浓度。由于在超临界流体萃取过程中，溶质在溶剂中的浓度一般很低，所以溶剂相的黏度近似与超临界溶剂的黏度相同。然而，若溶质浓度较高，溶剂相的黏度也会偏离纯超临界溶剂的黏度。压力升高会使溶解在超临界流体相的低挥发性物质的量增加，而使溶剂相的黏度增大。

在临界点附近，物质的热导率对温度和压力的变化十分敏感。通常，在超临界条件下，若压力恒定，随着温度升高，热导率先减小到一个最小值，然后增大，若温度恒定，热导率随压力升高而增大。

超临界流体和低挥发性组分的混合物中的二元扩散具有 $10^{-7}\,\mathrm{m^2/s}$ 的量级，要比液体中的扩散系数高一个数量级，而比气体中的扩散系数低两个数量级。二元扩散系数在恒温下随密度增加而减少，随分子量的增大而降低。扩散系数也受夹带剂，即第三组分的影响。对于超临界流体萃取体系，二元扩散系数的计算，可以采用 Funazukuri 等提出的公式：

$$Sc/Sc^* = 1 + 245(M_s/M)^{-0.089} F_v^{1.12} \tag{5-20}$$

式中 $Sc[=\eta_2/(\rho_2 D_{12})]$——系统条件下的 Schmidt 数;

M_s——溶剂分子量;

M——溶质分子量;$F_v=x/(x-1)^2$,$x=V_2/[1.384(V_2)_0]$,$(V_2)_0=N\sigma_2 3/2^{0.5}$;

N——阿伏加德罗常数;

σ_2——溶剂的硬球半径;

V_2——超临界组分的摩尔体积;

$Sc^*[=\eta_2^*/(\rho_2^* D_{12}^*)]$——系统温度和大气压下的 Schmidt 数,$D_{12}^*$ 可用 Filler 方法确定。

表 5-15 比较了气体、超临界流体和液体的若干性质,显然,超临界流体的性质介于气体和液体之间。

表 5-15 气体、超临界流体和液体的若干性质对比

类别	条件	$\rho/(kg/m^3)$	$\eta/(mPa \cdot s)$	$D/(m^2/s)$
气体	0.1MPa,20℃	0.6~2.0	0.01~0.03	$(1\sim 4)\times 10^{-5}$
超临界流体	T_c,p_c	200~500	0.01~0.03	7×10^{-7}
超临界流体	$T_c,4p_c$	400~900	0.03~0.09	2×10^{-7}
液体	20℃	600~1600	0.2~3.0	$(0.2\sim 2)\times 10^{-7}$

5.2.2 超临界流体萃取的工艺和设备

(1) 超临界流体/固体萃取工艺

固体物料的超临界流体萃取过程由萃取和溶剂分离等两个工艺步骤组成,其一般的工艺流程如图 5-9 所示。在萃取这一工艺步骤中,超临界流体作为溶剂进入萃取器,在固体颗粒固定床的入口均匀分布,然后流经固体固定床并溶解固体中的待萃取物质。超临界流体通过固定床的流动方向可以由下而上,也可以由上而下。萃取物和溶剂分离的工艺步骤是在分离器中完成的。含有溶质的超临界流体离开萃取器后进入分离器,与溶质

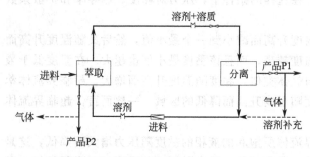

图 5-9 固体和超临界流体萃取流程

分离后的超临界流体溶剂返回进入萃取器,循环使用。

影响固体超临界流体萃取的工艺参数主要有温度、压力、溶剂比及固体形态等。

在超临界流体萃取的工艺条件下,若温度不变,溶剂的溶解能力一般随压力升高而增大,即随压力升高,萃取率增大。在压力相对较低的条件下,温度的升高会引起萃取率的下降;在压力足够高的条件下,温度越高,萃取率越高。温度恒定时,超临界流体的溶剂密度增大,萃取率增大。超临界流体萃取过程中传质速率也是一个重要的影响因素,温度升高会增大传质速率,因此,即使溶剂密度相同,不同温度的萃取率也不同。

一旦温度和压力等工艺条件选定,溶剂比,即溶剂量和被萃取物质的量之比,就是超临界流体萃取过程最重要的工艺参数。讨论溶剂比的影响,必须考虑经济因素。使用高溶剂比,萃取达到一定分离程度所需要的时间短,单位时间的产量和处理量大;但溶剂中溶质的含量低,溶剂的循环量大,溶剂循环设备费用增大。如果单位产品量的溶剂循环成本是生产成本的主要构成,就必须根据最小溶剂用量来确定溶剂比,否则应根据可达到的最大萃取速率来确定溶剂比。

颗粒粒度的减小能增大固体与液体接触的表面积，从而增大固体相的传质流率，使萃取速率增大；然而，固体颗粒过细会阻碍流体在固定床中的流动，减小流体相一侧的传质速率，对萃取产生不利的影响。

(2) 液体的超临界流体逆流萃取工艺

多级逆流超临界流体萃取是指采用超临界流体作为溶剂，多级逆流萃取分离液体混合物的过程，其工艺流程如图 5-10 所示。液体混合物在萃取塔中与作为溶剂的超临界流体逆流接触后，分离成顶部产品和底部产品。塔顶分离器将萃取物与溶剂分离，其中的一部分萃取物作为回流返回塔顶，其余的萃取物就是塔顶产品。溶剂经重新处理（过滤或液化并再蒸发除去痕量物质，调节温度和压力等），然后由循环泵或压缩机将其以超临界状态循环进入塔底。混合物进料则是由进料泵将其引入塔的中间部位。

应该说，二元混合物的分离是最基本的情况，而多组分混合物分离则是经常遇到的。对于两个以上组分分离的情况，一般而言，每多一个组分就需要增加一个萃取分离。对于多组分或复杂混合物分离成几个馏分的情况，也是如此。

同样，影响多级逆流超临界流体萃取过程的工艺参数是温度、压力和溶剂比，其影响行为与固体的超临界流体萃取过程类似。

(3) 溶剂循环

溶剂循环是超临界流体萃取过程的必需步骤，其方式取决于所涉及物质的性质、过程的规模和操作条件。不同循环方式的主要差别在于，溶剂是以超临界态还是以亚临界态循环，相应存在压缩机循环和泵循环两种循环方式。

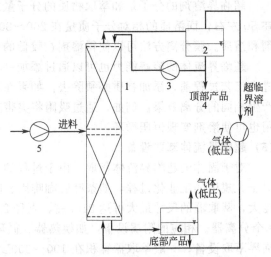

图 5-10 多级逆流超临界流体萃取流程
1—萃取塔；2—顶部分离器；3—回流装置；
4—塔顶产品；5—进料装置；6—底部产品
回收罐；7—溶剂回收装置

在压缩机循环方式中，溶剂在超临界状态下萃取溶质后，通过改变其状态与溶质分离，然后调节温度和压力成为气体状态，由压缩机压缩至萃取的压力条件，经调节温度至萃取温度后，再进入萃取器。压缩机循环的优点在于只需一个换热器，热能消耗低。压缩机循环的缺点是流量控制比泵过程难，电能消耗较高，压缩机的投资较高，在操作压力高于 30MPa 时能耗较大。

在泵循环方式中，超临界溶剂萃取溶质后，通过改变其状态与溶质分离。通过调节温度和压力成为液体状态，然后由泵加压至萃取压力，再调节温度至萃取温度，返回萃取器。泵循环方式的优点在于，与压缩机相比投资低、溶剂流量易控制，在压力高于 30MPa 时能耗比压缩机过程小。泵循环过程的缺点是必须有换热器和冷凝器，在低萃取压力时需额外的热能。

(4) 溶质和溶剂的分离

溶解在超临界流体溶剂的物质可以通过降低溶剂的溶解能力或使用质量分离剂将其分离。

由于溶质在溶剂中的溶解度取决于溶剂的状态条件，所以，可以通过改变溶剂的热力学状态，将溶质与溶剂分离。根据溶质在超临界流体中的溶解度与温度和压力的关系，确定温度和压力等状态变量的变动。一般降低压力或升高温度（或两者同时进行）可以导致溶剂密度的降低，从而使溶解度下降，实现溶质和溶剂的分离。如果在分离器中质量流量不太高，停留时间足够长，那么物质在分离器中就能接近于相平衡状态。对于实验装置中的分离器，停留时间大约在 80~200s 的范围内。

在某些情况下，超临界流体萃取单元的下游用吸收来分离溶质和溶剂更为有利。这时，溶剂几乎可以恒压操作。然而，吸收液体必须溶解萃取溶质且不溶于超临界溶剂中，吸收液也不能影响萃取产品的质量。

吸附也是一种从超临界流体中分离溶质并再生溶剂的有效方法。与吸收一样，吸附方法也可以使超临界溶剂在恒压下循环（忽略压力降）。另一方面，从吸附剂中移走萃取溶质相对较为困难。由于吸附具有较高的选择性，因此，在超临界溶剂中溶质浓度较低时，吸附方法更具优势。

超临界溶剂的分子量和萃取物质的分子量之间相差较大，典型溶剂的相对分子质量大约在 50 左右，而溶质的相对分子质量在 200~800 的范围内。因此，可以用膜分离方法分离溶剂和溶质。膜分离方法可以使得溶剂在较低的压差下循环。

超临界流体的溶解能力也可以通过添加一种低溶解能力物质而降低。但是，在溶质重新进入工艺过程前，添加物质必须除去。如果在过程中使用了夹带剂，那么将夹带剂去除也会产生相同的分离效果。例如，通过吸附将夹带剂除去，使萃取物与溶剂分离。这种方法的使用也可使溶剂实现恒压循环。

(5) 超临界流体萃取设备

对于固体的超临界流体萃取，由于过程的规模相差很大，其设备规模也有很大的差异。对于大规模的工业化过程，如茶叶脱咖啡因、咖啡豆脱咖啡因和啤酒花萃取等，其设备相当庞大，萃取器的尺寸最大可达 21m 高，直径 2.1m，其有效体积达 70m^2，而且一般配置 2~3 个分离器。相应的附属设备，如换热器、循环设备也相当庞大。用于香精、香料提取的超临界萃取设备，一般萃取器容积在 100~300L 左右。再小规模的设备一般用于实验室和中试研究。

多级逆流超临界流体萃取过程尚未实现工业化，有关设备都是实验室规模的。与固体萃取过程设备相比较，多级逆流萃取过程设备的最主要部分是分离塔。分离塔内一般填充某种高效填料，使液体和临界流体能够逆流充分接触，其他部分与固体超临界萃取相类似。

5.2.3 超临界流体的应用

几十年前，若干工业规模的过程应用了接近临界点的溶剂的独特溶解性能。在丙烷脱沥青过程中，近临界的丙烷溶解进料中除沥青以外的润滑油成分，从而脱除沥青。类似于丙烷脱沥青过程，Solexol 过程也应用近临界的丙烷作为溶剂，用于油和鱼油的分离和净化。ROSE（渣油超临界萃取）过程应用近临界丁烷或戊烷作溶剂，进行石油残余物的萃取，脱除不溶性的沥青馏分。

在 20 世纪 70~80 年代，大规模的工业超临界二氧化碳萃取过程投入使用。在德国、法国、英国和美国都有商业规模的咖啡和茶叶脱咖啡因、啤酒花萃取、香料萃取以及烟草尼古丁萃取过程。1985 年，美国 Pfizer 公司建成投产了世界上最大的超临界二氧化碳萃取啤酒花的工厂，其萃取器有效体积达 70m^3。Kraft General Foods 公司的超临界二氧化碳脱咖啡豆中咖啡因的工厂，其生产能力达 23000t/a。在德国，Lipon 牌脱咖啡因茶就是在超临界二氧化碳萃取工厂生产的，产量达 6800t/a。这些工厂在啤酒花、咖啡豆和茶叶的收获季节以外的时间里，也进行香料的萃取。20 世纪 80 年代末，用超临界二氧化碳从烟草中萃取尼古丁的过程也在美国实现了规模化生产。

由于超临界二氧化碳良好的溶解性能,并且无毒无害及低萃取温度,使超临界二氧化碳萃取技术在食品、医药保健品等工业中得到了应用。

除上述已成功应用的工业规模超临界流体萃取过程外,还有许多新的应用过程正在出现。

① 有机物水溶液的分离　用超临界流体作为溶剂萃取废水中的有机污染物或从稀水溶液中萃取有机溶质。在这方面,超临界二氧化碳萃取乙醇-水体系已经有了较深入的研究,其他体系的研究还包括正丙醇-水、醋酸-水等。

② 聚合物及单体加工　超临界流体萃取可用于高反应性、非挥发性单体的净化以及从聚合物中萃取低聚物和未反应的单体,可用于按聚合物分子量大小进行聚合物分级。

③ 天然产物和特殊化学品的加工　超临界二氧化碳可替代常规的有机溶剂,用于从植物等固体物料中提取诸如药物、色素等天然产物,从而消除溶剂残留的危害,提高产品的质量。

超临界二氧化碳萃取也可用于同分异构体的分离,如邻、对位羟基苯甲酸的分离,硝基苯甲酸甲酯异构体的分离等。

习　题

1. 简述超临界流体和超临界萃取的特点。
2. 将超临界流体与萃取质分离可采用哪些方法,各有何优缺点?在选用时应考虑哪些因素?
3. 双水相萃取有哪些优缺点?
4. 影响双水相分配的主要因素有哪些?

参 考 文 献

[1] Verrall M S. Downstream processing of natural products. New York: John Wiley & Sons, 1996.
[2] 刘家祺. 分离过程. 北京: 化学工业出版社, 2002.
[3] 戴猷元. 新型萃取分离技术的发展及应用. 北京: 化学工业出版社, 2007.
[4] Walter H, Brooks D E, Fisher D. Partitioning in aqueous two phase system: theory, methods, uses and applications in biotechnology. Orlando: Academic press, 1985.
[5] 冯万祥, 赵伯龙. 生化技术. 长沙: 湖南科学技术出版社, 1989.
[6] Albertsson A. Partition of cell particles and macromolecules. New York: John Wiley & Sons, 1986.
[7] Pandit A, Wawant S B, Joshi J B, et al. Biotech Techniques, 1989, 3 (12): 125-130.
[8] Hustedt H, Lroner K H, Kula M R. Proc Eur Gogr Biotechnnol. 3rd ed. Sept verlag Chemie, 1984, 1: 597-605.
[9] 陈欢林. 新型分离技术. 北京: 化学工业出版社, 2005.
[10] Reid R C, Prausnitz J M, Poling B E. The properties of gases and liquids. 4th ed. New York: McGrawHill, 1989.
[11] 廖传华, 黄振仁. 超临界 CO_2 流体萃取技术——工艺开发及其应用. 北京: 化学工业出版社, 2004.
[12] Funazukuri T, Ishiwata Y, Wakao N. J Supercritical; fluids, 1991, 4: 91-108.
[13] Stahl E, Qurin K W, Gerard D. Verdichtete gase zur extraction and raffinatior. Berlin: Springer-Verlag, 1987.
[14] Mchugh M A, Krukonis V J. Supercritical fluid extraction: principles and practice. 2nd ed. Sronehaml: Butterworth-Heinemann, 1994.

第6章 吸附与离子交换

吸附、离子交换等通称为吸着操作。在这些操作过程中，流动相中的溶质选择性地传递到不溶性固体吸着剂颗粒上，而这些颗粒悬浮在容器中或填充于塔中。

很早以前，人们就开始利用木炭、酸性白土、硅藻土等物质所具有的强吸附能力进行防潮、脱臭和脱色。但直至不久以前，吸附操作还只是一种辅助手段，主要用于溶剂的回收及气体的精制等。近年来，由于技术的进步，吸附过程的应用得到很大的发展，目前在工业上已经不仅是一种辅助手段，而成为必不可少的单元操作了。吸附操作的优点在于避开了高压、深冷等苛刻工艺，不需要大型的机械设备和昂贵的合金材料。吸附操作的缺点在于：吸附理论尚不够完善成熟；固体吸附剂的吸附容量小，因而要耗用大量的吸附剂，使分离设备体积庞大；应用于大型生产及过程的连续化、自动化带来一定的困难。所以吸附操作长期以来发展比较缓慢。近年来对上述问题已有所突破，如新型性能优良的吸附剂——分子筛的应用，以及模拟移动床的问世，为装置的大型化、自动化创造了条件，对吸附技术的发展起了极大的推进作用。

在离子交换过程中，溶液（通常是水溶液）中的阳离子或阴离子与固体离子交换剂上具有相同电荷的可交换的不同离子进行离子交换反应。离子交换是可逆的，不会引起固体离子交换剂结构的永久变化。只要离子交换剂不被进料中的有机物黏附和弄脏或被其他离子"中毒"，它能够反复使用。用天然的可交换阳离子的硅酸盐从甜菜糖汁中分离钠和钾是19世纪末的事。而合成离子交换树脂的研制，促进了离子交换技术的快速发展。大孔离子交换树脂的出现，为离子交换树脂开辟了新的应用前景。目前离子交换技术已成为从水溶液中分离金属与非金属离子的重要方法。

6.1 吸附现象与吸附剂

6.1.1 吸附现象

当气体或液体与某些固体接触时，气体或液体的分子会积聚在固体表面上，这种现象称之为吸附。它可以被认为是某些固体能将某些物质从气体混合物（或溶液）中凝聚到固体表面上的一种物理化学现象。其中被吸附的物质称为吸附质，固体物质称为吸附剂。已被吸附的物质返回到液体或气体中，称为解吸。

吸附分离是利用混合物中各组分与吸附剂间结合力的强弱差别，即各组分在固相（吸附剂）与流体间分配不同的性质使混合物中难吸附与易吸附的组分分离。适宜的吸附剂对各组分的吸附可以有很高的选择性，故特别适用于用精馏方法难以分离的混合物的分离，以及气体与液体中微量杂质的去除。此外，吸附操作条件比较容易实现。

(1) 吸附过程的分类

根据吸附质和吸附剂之间吸附力的不同，吸附操作分物理吸附与化学吸附两大类。

① 物理吸附 物理吸附过程中无电子转移，无化学键的生成与破坏，没有电子重排等，仅仅是由于范德华力引起的吸附。吸附可以是单分子层也可以是多分子层。一般物理吸附无选择性，通常越是易液化的气体越容易被吸附，而物理吸附的反过程——解吸也容易。其吸

附热的数值与气体的液化热相近,这类吸附与气体在表面的凝聚很相似。此外,此类吸附的吸附速率和解吸速率都很快,且受温度的影响很少,即此类吸附过程不需要活化能。

② 化学吸附 化学吸附是由吸附质与吸附剂分子间化学键的作用所引起的,化学吸附是有选择性的。其结合力比物理吸附大得多,放出的热也大得多,与化学反应热数量级相当,其吸附热的数值大于42kJ/mol。化学吸附过程往往是不可逆的。吸附速率和解吸速率都很小,而且温度的变化对吸附速率和解吸速率影响较大,吸附过程需要一定的活化能。化学吸附在催化反应中起重要作用。本章主要讨论物理吸附。

(2) 吸附分离过程的分类

目前工业生产中吸附过程主要有以下三种。

① 变温吸附 在一定压力下吸附的自由能变化 ΔG 有如下关系:

$$\Delta G = \Delta H - T\Delta S \tag{6-1}$$

式中 ΔH——焓变;

ΔS——熵变。

当吸附达到平衡时,系统的自由能、熵值都降低。故式(6-1)中焓变 ΔH 为负值,表明吸附过程是放热过程。若降低操作温度,可增加吸附量,反之亦然。因此,吸附操作通常是在低温下进行的,然后提高操作温度使被吸附组分解吸。通常用水蒸气直接加热吸附剂使其升温解吸,解吸物与水蒸气冷凝后分离。吸附剂则经间接加热、升温、干燥和冷却等阶段组成变温吸附过程,吸附剂循环使用。

② 变压吸附 也称为无热源吸附。恒温下提高系统的压力,进行吸附操作;降低压力使吸附剂解吸、再生,这种过程称为变压吸附。根据系统操作变化不同,变压吸附循环可以是常压吸附、真空解吸,加压吸附、常压解吸,加压吸附、真空解吸等几种方法。对一定的吸附剂而言,压力变化越大,吸附质脱除得越多。

③ 溶剂置换 在恒温恒压下,用溶剂将已吸附饱和的吸附剂中的吸附质冲洗出来,同时使吸附剂解吸再生。常用的溶剂有水、有机溶剂等各种极性或非极性物质。

6.1.2 吸附剂

(1) 吸附剂的种类

吸附剂种类很多,目前工业上常用的吸附剂可以分为活性炭、硅胶、活性氧化铝、活性白土和分子筛等。

① 活性炭 活性炭是最常用的吸附剂,由煤、石油焦、骨头、果壳、木材等有机物质在低于873K下进行炭化,所得残炭再用水蒸气或热空气进行活化处理后制得。按其形状可分为粉末活性炭和颗粒活性炭。活性炭的结构特点:具有高度发达的微孔结构和很大的非极性表面,是一种疏水性和亲有机物的吸附剂,故又称为非极吸附剂。其吸附性能取决于原始成炭物质及炭化、活化等操作条件。

活性炭的优点:吸附容量大,抗酸耐碱,化学稳定性好,解吸容易,在高温下进行解吸再生时其晶体结构不发生变化,热稳定性高,经多次吸附和解吸操作,仍能保持原有的吸附性能。

活性炭常用于溶剂蒸气的回收,烃类气体的分离,油品和糖液的脱色、溶液脱色、除臭、净制等过程。近年来在三废处理上活性炭也得到了广泛的应用。

② 硅胶 硅胶是一种坚硬无定形链状和网状结构的硅酸聚合物颗粒,其分子式为 $SiO_2 \cdot nH_2O$。硅酸钠液体用酸处理后沉淀所得的胶状物,在约633K下加热后即可制得硬质玻璃状物质。

硅胶是一种亲水性极性吸附剂，具有多孔结构。典型的硅胶吸附剂的孔径为 1~4nm，表面积 $830m^2/g$ 左右。工业上常用的硅胶有球形、无定形、加工成形及粉末状四种，主要用于气体和液体的干燥、催化剂载体及烃类分离等过程。

③ 活性氧化铝 活性氧化铝为无定形的多孔结构物质，一般由氧化铝的水合物（以三水合物为主）加热、脱水和活化制得。孔径 2~5nm，典型的比表面积为 $200~500m^2/g$。它具有良好的机械强度，可在移动床中使用。活性氧化铝对水具有很强的吸附能力，因此主要用于液体和气体的干燥、烃类化合物或石油气的脱硫。

④ 活性白土 天然黏土经酸处理后，称为酸性白土也称活性白土。它的主要成分是硅藻土，其本身就已有活性。活性白土的化学组成（质量分数）为 SiO_2：50%~70%；Al_2O_3：10%~16%；Fe_2O_3：2%~4%；MgO：1%~6%等。活性白土的化学组成随所用原料黏土和活化条件不同而有很大差别，但一般认为吸附能力和化学组成关系不大。活性白土主要用于润滑油及动植物油脂的脱色精制、石油馏分的脱色及溶剂的精制等。

⑤ 分子筛 分子筛吸附剂是具有特定而且一致孔径的多孔吸附剂，它只能允许比微孔孔径小的分子吸附，比其大的分子则不能进入，有分子筛的作用，故称为分子筛。分子筛（合成沸石）一般是可用 $Me_{2/n} \cdot Al_2O_3 \cdot ySiO_2 \cdot wH_2O$ 式表示的含水硅酸盐。其中 Me 表示金属离子，多数为钠、钾、钙，也可以是有机胺或复合离子；n 表示复合离子的价数；y 和 w 分别表示 SiO_2 和 H_2O 的分子数，y 又称为硅铝比，硅铝比为 2 左右的称为 A 型分子筛，3 左右的称为 X 型分子筛，3 以上的称为 Y 型分子筛。

根据原料配比、组成和制造方法不同，可以制成不同孔径（一般从 0.3~0.8nm）和形状的分子筛。分子筛是极性吸附剂，对极性分子，尤其对水具有很大的亲和力。由于分子筛突出的吸附性能，使得在吸附分离中有着广泛的应用，主要用于各种气体和液体的干燥、芳烃或烷烃的分离及用作催化剂及催化剂载体等。

(2) 吸附剂的选择原则

吸附剂的性能对吸附分离操作的技术经济指标起着决定性的作用。吸附剂选择的一般原则为：具有较大的平衡吸附量，一般比表面比较大的吸附剂，其吸附能力强；具有良好的吸附选择性；容易解吸，即平衡吸附量对温度或压力比较敏感；有一定的机械强度和耐磨性，性能稳定，较低的床层压降，价格便宜等。

(3) 吸附剂的再生

当吸附进行到一定时间后，吸附剂的表面就会被吸附物所覆盖，吸附能力急剧下降，此时就需将被吸附物脱附，使吸附剂得到再生。通常工业上采用的再生方法有以下几种。

① 降低压力 吸附过程与气相的压力有关。压力高，吸附进行得快，脱附进行得慢。当压力降低时，脱附现象开始显著。所以操作压力降低后，被吸附的物质就会脱离吸附剂表面返回气相。有时为了脱附彻底，甚至采用抽真空的办法。这种改变压力的再生操作，在变压吸附中广为应用。如吸附分离高纯度氢，先是在 1.37~4.12MPa 压力下吸附，然后在常压下脱附，从而可得到高纯度氢，吸附剂也得到了再生。

② 升高温度 吸附为放热过程。从热力学观点可知，温度降低有利于吸附，温度升高有利于脱附。这是因为分子的动能随温度的升高而增加，使吸附在固体表面上的分子不稳定，不易被吸附剂表面的分子吸引力所控制，也就容易逸入气相中去。工业上利用这一原理，提高吸附剂的温度，使被吸附物脱附。加热的方法有：一是用内盘管间接加热；二是用吸附质的热蒸气返回床层直接加热。两种方法也可联合使用。显然，吸附床层的传热速率也决定了脱附速率。

③ 通气吹扫　将吸附剂所不吸附或基本不吸附的气体通入吸附剂床层，进行吹扫，以降低吸附剂上的吸附质分压，从而达到脱附。当吹扫气的量一定时，脱附物质的量取决于该操作温度和总压下的平衡关系。

④ 置换脱附　向床层中通入另一种流体，当该流体被吸附剂吸附的程度较吸附质弱时，通入的流体就将吸附质置换与吹扫出来，这种流体称为脱附剂。脱附剂与吸附质的被吸附性能越接近，则脱附剂用量越省。如果通入的脱附剂，其被吸附程度比吸附质强时，则纯属置换脱附，否则就兼有吹扫作用。脱附剂被吸附的能力越强，则吸附质脱附就越彻底。这种脱附剂置换脱附的方法特别适用于热敏性物质。当然，采用置换脱附时，还需将脱附剂进行脱附。

在工业上常是根据情况将上述各种方法综合使用，特别是经常把降压、升温和通气吹扫联合使用以达到吸附剂再生的目的。

6.2　吸附平衡与速率

在一定温度和压力下，当流体与固体吸附剂经长时间充分接触后，吸附质在流体相和固体相中的浓度达到平衡状态，称为吸附平衡，吸附平衡关系决定了吸附过程的方向和极限，是吸附过程的基本依据。若流体中吸附质浓度高于平衡浓度，则吸附质将被吸附，若流体中吸附质浓度低于平衡浓度，则吸附质将被解吸。达到吸附平衡时吸附过程停止。单位质量吸附剂的平衡吸附量受到许多因素的影响，如吸附剂的物理结构（尤其是表面结构）和化学组成，吸附质在流体相中的浓度、操作温度等。

6.2.1　吸附等温线

吸附平衡关系可以用不同的方法表示，通常用等温下单位质量吸附剂的吸附容量与流体中吸附质的分压 p（或浓度 c）间的关系表示，称为吸附等温线。

Brunsucr 等将典型的吸附等温线归纳成五类，见图 6-1。Ⅰ类是平缓地接近饱和值的 Langmuir 型等温吸附曲线。这种吸附相当于在吸附剂表面形成单分子层。Ⅱ类是最普通的物理吸附，能形成多分子层。Ⅲ类是比较少见的，它的特点是吸附热与被吸附组分的液化热大致相等。Ⅳ、Ⅴ类可以认为是由于产生毛细管凝结现象所致。

吸附作用是固体表面力作用的结果，但这种表面力的性质至今未被充分了解，为了说明吸附作用，许多学者提出了多种假设或理论，但只能解释有限的吸附现象，可靠的吸附等温线只能依靠实验测定。下面介绍几种常用的经验方程。

(1) Langmuir（朗格缪尔）方程

朗格缪尔吸附模型假定条件为：

① 吸附是单分子层的，即一个吸附位置只吸附一个分子；

② 被吸附分子之间没有相互作用力；

③ 吸附剂表面是均匀的。

上述假定条件下的吸附称为理想吸附。吸附速率与吸附质气体分压和吸附剂表面上吸附位置数成正比。若用 θ 表示吸附剂表面上已被吸附的位置的分率，则吸附速率为 $k(1-\theta)$。脱附速率为 $k'\theta$。吸附平衡时，吸附速率与脱附速率相等。若令 $k_1=k/k'$，如果气体分压 p 时的吸附量 q 和吸附位置被占满时的饱和吸附量 q_m 与吸附分率 θ 之间的关系用 $\theta=q/q_m$ 表示，则

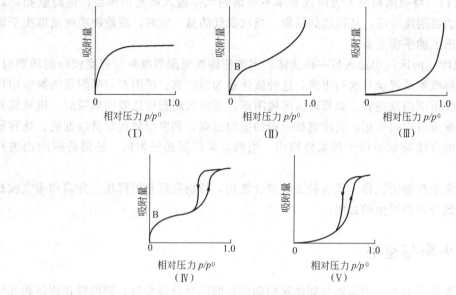

图 6-1 等温吸附曲线

$$q = \frac{k_1 q_m p}{1 + k_1 p} \tag{6-2}$$

式中 q_m——吸附剂的最大吸附量；

q——实际吸附量；

p——吸附质在气体混合物中的分压；

k_1——朗格缪尔常数。

式(6-2)称为朗格缪尔吸附等温线方程。

可以用 Langmuir 方程计算吸附剂的比表面积。式(6-2)还可写成

$$\frac{p}{q} = \frac{p}{q_m} + \frac{1}{k_1 q_m} \tag{6-3}$$

如以 p/q 为纵坐标、p 为横坐标作图，可得一直线，从该一直线斜率 $1/q_m$ 可以求出形成单分子层的吸附量，进而可以计算吸附剂的比表面积。

(2) BET 方程

BET 模型假定条件为：

① 吸附剂表面上可扩展到多分子层吸附；

② 被吸附组分之间无相互作用力，而吸附层之间的分子力为范德华力；

③ 吸附剂表面均匀；

④ 第一层的吸附热为物理吸附热，第二层以上为液化热；

⑤ 总吸附量为各层吸附量的总和，每层都符合 Langmuir 公式。

在以上假设的基础上推导出 BET 二参数方程为

$$q = \frac{q_m k_b \dfrac{p}{p^0}}{\left(1 - \dfrac{p}{p^0}\right)\left[1 + (k_b - 1)\dfrac{p}{p^0}\right]} \tag{6-4}$$

式中 q——达到吸附平衡时的平衡吸附量；

q_m——第一层单分子层的饱和吸附量；

p——吸附质的平衡分压；

p^0——吸附温度下吸附质气体的饱和蒸气压；

k_b——与吸附热有关的常数。

式(6-4)的适用范围为 $p/p^0=0.05\sim0.35$。

(3) Freundlich 方程

Freundlich 方程是一个经验关系式：

$$q=k_f p^{\frac{1}{n}} \tag{6-5}$$

式中 k_f——与吸附剂的种类、特件、温度等有关的常数；

n——与温度有关的常数，且 $n>1$，k_f 和 n 都由实验测定。

将式(6-5)两边取对数，得

$$\lg q=\frac{1}{n}\lg p+\lg k_f \tag{6-6}$$

$\lg q$ 与 $\lg p$ 为一直线关系，该直线截距为 $\lg k_f$，斜率为 $1/n$。若 $1/n$ 在 $0.1\sim0.5$ 之间，吸附容易进行；若该值超过 2，则表示吸附很难进行。在中等压强下，式(6-5)与实验数据符合得很好，但在低压和高压范围则有较大偏差。对液相吸附，式(6-5)常能给出较满意的结果。

6.2.2 单组分气体（或蒸气）的吸附平衡

图 6-2 是各种物质的蒸气在活性炭上的吸附平衡曲线。从图中可以看出，不同的气体在相同条件下吸附程度差异较大，如在 100℃ 和相同气体平衡分压下，苯的平衡吸附量比丙酮平衡吸附量大得多。一般规律是：分子量较大而临界温度较低的气体（或蒸气）较容易被吸附；化学性质的差异，如分子的不饱和程度也影响吸附的难易；对于所谓"永久性气体"，通常其吸附量很小，如图 6-2 中甲烷吸附等温线所示；同种气体在不同吸附剂上的平衡吸附量不同，即使是同类吸附剂，若所用原料组成、配比及制备方法不同，其平衡吸附量也会有较大差别。

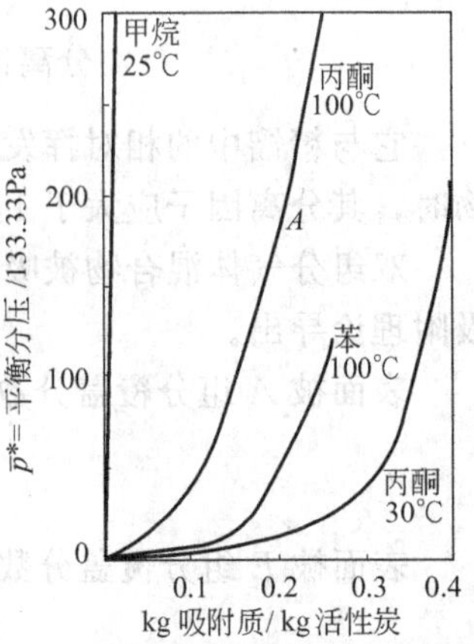

6.2.3 双组分气体（或蒸气）的吸附平衡

在多组分系统的吸附中，虽然不能用单组分的平衡数据直接求得吸附量，但各种单组分的吸附等温线，仍然可以用来指示极限的吸附容量，以及用来作为复杂设计、分析的基础。有的气体混合物，特别是蒸气-气体混合物，其中只有一个组分能显著地被吸收，如丙酮蒸气和甲烷的混合物与活性炭接触时，对丙酮的吸附，基本不受难吸附气体甲烷存在的影响。此时，如果平衡压强取混合物中易吸附组分的蒸气分压，则可以采用纯蒸气的吸附等温线。

图 6-2 气体在活性炭上的吸附平衡曲线

如果气体（蒸气）的二元混合物中的两组分，在吸附剂上的吸附量大致相同，则任一组分从混合物中被吸附的量，将因另一组分的存在而受影响。这时，由于系统包括吸附剂在内有三个组分，所以平衡数据采用三角相图表示较为方便。因温度和平衡压强对吸附影响都很大，故平衡相图都是在恒温、恒压下标绘的。图 6-3 是一个典型的用活性炭吸附双组分气体氮和氧系统的平衡相图。对气体来说，虽然摩尔分数通常是一种比较方便的浓度单位，但因吸附剂的分子量难以确定，所以这类相图都是按质量分数标绘的。

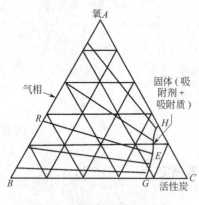

图 6-3 氧-氮-活性炭系统
(123K, 0.101MPa)
三角形平衡相图

AB 边表示氮、氧气体共存，AC 边表示氧和活性炭共存，BC 边表示氮和活性炭共存。H 点和 G 点分别代表单一气相的吸附量（以质量分数表示）。当氮和氧的混合气与吸附剂活性炭充分接触达到平衡时，气相中氮和氧的浓度可以用 R 点表示，由于吸附剂是不挥发的，不会出现在气相中，故平衡时气相组成均落在三角形的 AB 边上。氮和氧的质量分数可分别用 AB 和 BR 两线段表示。HG 曲线代表吸附相组成。HG 线上的 E 点代表与 R 点呈平衡的吸附相中的三个组分（氧、氮和活性炭）的浓度。通过 E 点对 AC 边作垂线，此垂线长度代表 B 的比率；对 BC 边作垂线，其长度代表 A 的比率。E 和 R 作为吸附相和气相达到平衡状态时相应的两个点。E 和 R 相连接的直线 RE 称为"系线"。吸附质（氮和氧）在活性炭上的吸附容量，随气体混合物的浓度不同而改变，即在 AB 线上有不同的 R 点，在 HG 线上有不同的 E 点。即在 AB 线与 HC 线间有许多系线。系线的延伸若不通过代表吸附剂的顶点 C，则吸附相中两气体组分之比与气相中两组分之比不同，表明在该温度和压力条件下，此吸附剂可用来分离气体中的两个组分。将吸附相中两气体组成比（E 点所示），除以平衡气相中两气体组成之比（R 点所示），便得"分离因子"或称"相对吸附度"，以 α_{AB} 表示。

$$\text{分离因子 } \alpha_{AB} = \frac{\text{吸附项中气体组成之比}}{\text{气相中气体组成之比}} = \frac{x_A/x_B}{y_A/y_B} \tag{6-7}$$

它与精馏中的相对挥发度及萃取中的选择性系数相类似。当用吸附剂来分离某气体混合物时，其分离因子应大于 1，且其值越大，表明越容易分离。

双组分气体混合物被吸附时，各组分的吸附等温线方程式，也可根据朗格谬尔单分子层吸附理论导出。

表面被 A 组分覆盖分数：

$$\theta_A = \frac{b_A p_A}{1 + b_A p_A + b_B p_B} \tag{6-8}$$

表面被 B 组分覆盖分数：

$$\theta_B = \frac{b_B p_B}{1 + b_A p_A + b_B p_B} \tag{6-9}$$

式中 b_A, b_B——组分 A, B 在固体上的吸附系数；

p_A, p_B——组分 A, B 的分压。

6.2.4 液相吸附平衡

液相吸附时，除了由于吸附剂的种类不同外，所用溶剂的种类不同，也会使等温吸附线产生差异，所以液相吸附的机理比气相吸附复杂得多。这主要是由于吸附质在溶剂中的溶解度不同，吸附质在不同溶剂中的分子大小不同以及溶剂本身的吸附均对吸附质的吸附有影响。当溶剂本身的吸附不能忽略时，必须以混合吸附的情况处理。

对稀溶液，吸附等温线可以用 Freundlich 方程表示：

$$c^* = K[V(c_0 - c^*)]^m \tag{6-10}$$

式中 V——单位质量吸附剂处理的溶液体积，m^3 溶液/kg 吸附剂；

c_0——溶液中溶质的初始浓度，kg 溶质/m³ 溶液；

c^*——溶液中溶质的平衡浓度，kg 溶质/m³ 溶液；

K, m——均为常数；

$V(c_0 - c^*)$——被称为单位质量吸附剂的表观吸附量。

对浓溶液的吸附可由图 6-4 来讨论。如果溶质始终是被优先吸附，则得 a 曲线，溶质表观吸附量随溶质浓度增加而增加，到一定程度又回到 E 点。因为溶液全是溶质时，吸附剂的加入就不会有浓度变化了，因而表现出无表观吸附量，如果溶剂与溶质两者被吸附的分数差不多，则将出现如 b 线所示的 S 形曲线。从 C 到 D 范围内，溶质比溶剂优先吸附。在 D 点两者同等量地被吸附，表观吸附量降为零。从 D 到 E 范围内，溶剂被吸附程度增大，所以溶质浓度反因吸附剂的加入而增浓，溶质表观吸附量为负值。

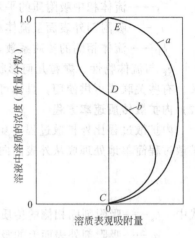

图 6-4　浓溶液中溶质表观吸附量

吸附剂在液相中进行吸附时，实质上是溶剂与被吸附组分对吸附剂的"竞争"。此时，溶质与溶剂都可能被吸附。因此，用活性炭吸附水中的有机物质，当溶剂的吸附作用可忽略不计时，可按单组分吸附来处理。

活性炭从水溶液中吸附有机物质的特性可归纳为：同系列的有机物中，分子量越大，则吸附量越多（Traube 定律），溶解度越小的有机物，即疏水程度越高的有机物，越容易被吸附；一般来说，若被吸附物的分子量大小相同时，芳香族化合物比脂肪族化合物更容易被吸附；有支链的化合物比直链化合物容易被吸附；在有机化合物中，因交换基团的位置不同或者对于同分异构体，活性炭对它们的吸附能力也有差别。

6.2.5　吸附速率

当含有吸附质的流体与吸附剂接触时，吸附质将被吸附剂吸附，吸附质在单位时间内被吸附的量称为吸附速率。吸附速率是吸附过程设计与生产操作的重要参数。

吸附速率与体系性质（吸附剂、吸附质及其混合物的物理化学性质）、操作条件（温度、压力、两相接触状况）以及两相组成等因素有关。对一定的体系，在一定的操作条件下，两相接触、吸附质被吸附剂吸附的过程如下：

① 开始阶段，吸附质在流体相中浓度较高，在吸附剂上的含量较低，远离平衡状态，传质推动力大，故吸附速率高。

② 过程中期，随着过程的进行，流体相中吸附质浓度降低，吸附剂上吸附质含量增高，传质推动力降低，吸附速率逐渐下降。

③ 吸附末期，经过很长时间，吸附质在两相间接近平衡，吸附速率趋近于零。

吸附过程为非定态过程，其吸附速率可以表示为吸附剂上吸附质的含量、流体相中吸附质的浓度、接触状况和时间等的函数。

根据上述机理，对于某一瞬间，按拟稳态处理，吸附速率可分别用外扩散、内扩散或总传质速率方程表示。

(1) 外扩散传质速率方程

吸附质从流体主体扩散到固体吸附剂外表面的传质速率方程为

$$\frac{\partial q}{\partial t}=k_F a_p(c-c_i) \tag{6-11}$$

式中 q——吸附剂上吸附质的含量,kg 吸附质/kg 吸附剂;
t——时间,s;
a_p——吸附剂的比外表面,m^2/kg;
c——流体相中吸附质的平均浓度,kg/m^3;
c_i——吸附剂外表面上流体相中吸附质的浓度,kg/m^3;
k_F——流体相侧的传质系数,m/s。

k_F 与流体物性、颗粒几何形状、两相接触的流动状况,以及温度、压力等操作条件有关。有些关联式可供使用,具体可参阅有关专著。

(2) 内扩散传质速率方程

内扩散过程比外扩散过程要复杂得多。按照内扩散机理进行内扩散计算非常困难,把内扩散过程简单地处理成从外表面向颗粒内的传质过程,则内扩散传质速率方程为

$$\frac{\partial q}{\partial \theta}=k_s a_p(q_i-q) \tag{6-12}$$

式中 k_s——吸附剂固相侧的传质系数,$kg/(s \cdot m^3)$;
q_i——吸附剂外表面上的吸附质含量,kg/kg,此处 q_i 为吸附质在流体相的浓度 c 呈平衡状态;
q——吸附剂上吸附质的平均含量,kg/kg。

k_s 与吸附剂的微孔结构性质、吸附质的物性以及吸附过程持续时间等多种因素有关。k_s 由实验测定。

(3) 总传质速率方程

由于吸附剂外表面处的浓度 c_i 与 q 无法测定,因此通常按拟稳态处理,将吸附速率用总传质方程表示为

$$\frac{\partial q}{\partial \theta}=K_F a_p(c-c^*)=K_s a_p(q^*-q) \tag{6-13}$$

式中 c^*——吸附质含量为 q 的吸附剂呈平衡状态的流体中吸附质的浓度,kg/m^3;
q^*——与吸附质浓度为 c 的流体呈平衡状态的吸附剂占吸附质的含量,kg/kg;
K_F——以 $\Delta c=c-c^*$ 表示推动力的总传质系数,m/s;
K_s——以 $\Delta q=q^*-q$ 表示推动力的总传质系数,$kg/(s \cdot m)$。

对于稳态传质过程,存在:

$$\frac{\partial q}{\partial \theta}=K_F a_p(c-c^*)=K_s a_p(q^*-q)=k_F a_p(c-c_i)=k_s q_p(q_i-q) \tag{6-14}$$

如果在操作浓度范围内吸附平衡为直线,即 $q_i=mc_i$,根据式(6-14)整理可得

$$\frac{1}{K_F}=\frac{1}{k_F}+\frac{1}{mk_s} \tag{6-15a}$$

$$\frac{1}{K_s}=\frac{m}{k_F}+\frac{1}{k_s} \tag{6-15b}$$

式(6-15)表示吸附过程的总传质阻力等于外扩散阻力与内扩散阻力之和。若内扩散很快,过程为外扩散控制,则 $K_F=k_F$。

若外扩散很快,过程为内扩散控制,则 $K_s \approx k_s$。

6.3 固定床吸附过程

6.3.1 固定床吸附器

在固定床吸附器中,吸附剂颗粒均匀地放在多孔支撑板上,流体自上而下或自下而上地通过颗粒层。

当流体通过固定床吸附剂颗粒层时,床层中吸附剂的吸附量随着操作过程的进行而逐渐增加,同时在床层内的不同高度,浓度分布也随时间而变化。当含吸附质的流体从床层的上部流下时,吸附从床层的上端开始,之后渐渐向下延伸,见图 6-5。因此,固定床吸附器是非稳态传质过程。吸附器内床层浓度及流出物浓度在整个吸附操作过程中的变化规律,可结合图 6-5 说明。

(1) 未吸附区

吸附质浓度为 Y_0 的流体由吸附器上部加入,自上而下流经高度为 H 的新鲜吸附剂床层。开始时,最上层新鲜吸附剂与含吸附质浓度较高的流体接触,吸附迅速进行,浓度降低很快,若有足够多的吸附剂,流体中的吸附质浓度可以降为零。吸附操作一段时间后,吸附器内吸附剂上吸附质含量变化情况如图 6-5(a)。颜色的深浅表示固定床内吸附剂上吸附质的浓度分布,床层上部吸附剂上吸附质含量高,由上而下吸附剂上吸附质含量逐渐降低,到一定高度 h_1 以下的吸附剂上吸附质含量均为零,即仍保持初始状态,称该区为未吸附区。此时出口流体中吸附质组成 Y_h 近于零。吸附剂上吸附质的组成分布如图 6-5(f)。

(2) 吸附传质区与吸附传质区高度

继续操作至 θ_2 时,由于吸附剂不断吸附,吸

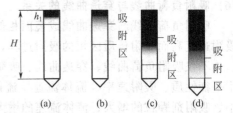

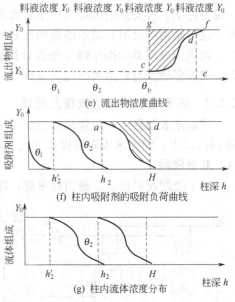

图 6-5 固定床吸附过程的浓度分布

附器上端有一段吸附剂上吸附质的含量已经达到饱和,向下形成一段吸附质含量从大到小的 S 形分布的区域,如图 6-5(f) 中从 h_2' 到 h_2 的 θ_2 线所示。这一区域为吸附传质区,其所占床层高度称为吸附传质区高度,此区以下仍为吸附传质未吸附区。

(3) 饱和区

在饱和区内,两相处于平衡状态,吸附过程停止;从高度 h_2' 处开始,两相又处于不平衡状态,吸附质继续被吸附剂吸附,随吸附质在流体中的浓度逐渐降低,至 h_2 处接近于零,此后,过程不再进行,如图 6-5(g) 中的 θ_2 所示。

(4) 穿透点与穿透曲线

从吸附器流出的流体中,吸附质浓度突然升高到一定的最高允许值 Y_b,说明吸附过程达到所谓的"穿透点"。若再继续通入流体,吸附传质区将逐渐缩小,而出口流体中吸附质的浓度将迅速上升,直至吸附传质区几乎全部消失,吸附剂全部饱和,如图 6-5(d) 所示,这时出口流体中吸附质浓度接近起始浓度 Y_0。图 6-5(e) 中流出物浓度曲线上从 c 到 d 段称

为"穿透曲线"。实际上吸附操作只能进行到穿透点为止,从过程开始到穿透点所需时间称为穿透时间。

(5) 总吸附量与剩余吸附容量

图 6-5(f) 中矩形 ah_2Hd 的面积表示床层为吸附传质区其内的吸附剂的总吸附量,其中阴影面积表示到穿透点时吸附器剩余的吸附容量,图 6-5(e) 中矩形 $\theta_b efg$ 的面积表示吸附传质区高的床层内吸附剂的总吸附容量,其中阴影面积表示到穿透点时吸附器剩余的吸附容量。

(6) 吸附负荷曲线与穿透曲线的关系

吸附负荷曲线与穿透曲线成镜面相似,即从穿透曲线的形状可以推知吸附负荷曲线。对吸附速度高而吸附传质区短的吸附过程,其吸附负荷曲线与穿透曲线均陡些。

不仅吸附负荷曲线、穿透曲线、吸附传质区高度和穿透时间互相密切相关,而且都与吸附平衡性质、吸附速率、流体流速、流体浓度以及床高等因素有关。穿透时间随床高的减小、吸附剂颗粒的增大、流体流速的增大以及流体中吸附质浓度的增大而提前出现。所以在一定条件下,吸附剂的床层高度不宜太小。因为床高太小,穿透时间短,吸附操作循环周期短,使吸附剂的吸附容量不能得到充分的利用。

固定床吸附器的操作特性是设计固定床吸附器的基本依据,通常在设计固定床吸附器时,需要穿透点与穿透曲线的实验数据,因此实验条件应尽可能与实际操作情况相同。

6.3.2 固定床吸附器的流程及操作

固定床吸附器中一般使用颗粒状吸附剂,根据具体的工艺要求,床层高度可从几十厘米到 10m 以上。固定床吸附器操作方式有两种。

(1) 双器流程

对于吸附速率快、穿透曲线很陡,即吸附传质区较短的情况,采用双器流程操作方案。因为吸附剂需要再生,并且循环使用,所以为了使吸附操作能连续进行,固定床吸附器至少需要两个轮换循环使用,如图 6-6 所示的 A 和 B 两个吸附器。吸附器 A 进行吸附操作时,吸附器 B 进行再生。当吸附器 A 达到穿透点时,吸附器 B 再生完毕,两吸附器交替使用。

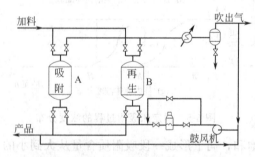

图 6-6 双器流程

(2) 串联流程

对体系的穿透曲线比较平坦、吸附传质区较长的情况,若采用双器流程操作方案,流体只在一个吸附器内进行吸附操作,达到穿透点时很大部分吸附剂都没达到饱和,吸附剂的利用率很低,此时宜采用两个或多个吸附器串联操作。如图 6-7 是两个吸附器串联使用的流程图,共有三个吸附器。加料先进入吸附器 A,然后经吸附器 B 进行吸附,吸附器 C 则进行再生。这样可以使吸附传质区从吸附器 A 延伸到 B,这个操作过程一直可以进行到吸附器 B 达到穿透点为止,此时,吸附器 A 转入再生,C 则转入吸附,此时加料先进入吸附器 B,再经吸附器 C,即把刚再生好的吸附器放在后面。

固定床吸附器的优点是结构简单、造价低,吸附剂损耗少。

固定床吸附器的缺点是操作麻烦,操作过程中两个吸附器需不断地周期性切换;单位吸附剂生产能力低,因备用设备虽然装有吸附剂,但处于非生产状态;固定床吸附剂床层传热性能较差,床层传热不均匀。

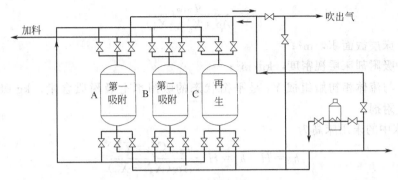

图 6-7　串联流程

6.3.3　固定床吸附器的设计计算

固定床吸附器设计计算的主要内容是根据给定体系、分离要求和操作条件，计算穿透时间为某一定值（吸附器循环操作周期）时所需床层高度，或一定床高所需的穿透时间。因此，必须知道吸附传质区高度和吸附穿透曲线。吸附穿透曲线与传质、相平衡和流速等因素有关。用传质系数计算误差较大，因此吸附器设计计算主要以小型实验结果为依据。

随着吸附过程的进行，吸附传质区不断向前平移，但吸附负荷曲线的形状几乎不再发生变化。因此吸附器的不同床高，其穿透曲线的形状相同。当操作到达穿透点时，从床入口到吸附传质区的起始点 h_2 处的一段床层中吸附剂全部饱和。在吸附传质区（从 h_2 到 H）中，吸附剂上的吸附质含量从几乎饱和到几乎不含吸附质，其中吸附质的总吸附量可等于床层高为 Δh 的床层的饱和吸附量。所以整个床层高 H 中相当于床高为 $h_2 + \Delta h = h_s$ 的床层已饱和，而有 $H - h_s$ 的床高还没有吸附，这段高度称为未用床层高 h_u。对于一定吸附负荷曲线，h_u 为一定值。由实验结果进行放大设计的原则是未用床高 h_u 不因总床高不同而不同，所以，只要求出未用床高 h_u，就可以设计固定床吸附器，即 $H = h_u + h_s$。

确定未用床高 h_u 有两种方法。

(1) 根据完整的穿透曲线求 h_u

如图 6-8 所示，当达到穿透点时，相当于吸附传质区前沿到达床的出口。t_T 时相当于吸附传质区移出床层，即床层中的吸附剂全部饱和。图中阴影面积 E 对应于达到穿透点时床层中吸附质的总吸附量；阴影面积 F 对应于穿透点时床层尚能吸附的吸附量。因此，达到穿透点时的未用床高为

$$h_u = \frac{E}{E+F} H \tag{6-16}$$

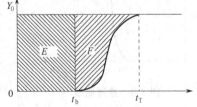

图 6-8　由穿透曲线求 h_u

(2) 根据穿透点与吸附剂的饱和吸附量求 h_u

因为达到穿透点时被吸附的吸附质总量为

$$q_{m,w} = q_{m,G}(Y_0 - Y_0^*) t_b \tag{6-17}$$

式中　$q_{m,G}$——流体质量流量，kg 惰性流体/s；
　　　t_b——穿透时间，s；
　　　Y_0——流体中吸附质的初始组成，kg 吸附质/kg 惰性流体；
　　　Y_0^*——与初始吸附剂呈平衡状态的流体相中的平衡组成，kg 吸附质/kg 惰性流体。

吸附 $q_{m,w}$ (kg) 的吸附质相当于有 h_s 高的吸附剂层已饱和，故

$$h_s = \frac{q_{m,w}}{A\rho_s(X_0^* - X_0)} \tag{6-18}$$

式中　A——床层截面积，m^2；
　　　ρ_s——吸附剂床层视密度，kg/m^3；
　　　X_0^*——与流体相初始组成 Y_0 呈平衡状态的吸附剂上吸附质含量，kg 吸附质/kg 吸附剂。

所以，床中的未用床高为

$$h_u = H - h_s = H - \frac{q_{m,w}(Y_0 - Y_0^*)}{A\rho_s(X_0^* - X_0)} \tag{6-19}$$

例 6-1　用吸附剂吸附含水量为 1440×10^{-6}（摩尔分数）氮气中的水，要求使水含量低于 1×10^{-6}（摩尔分数）。操作温度 28.3℃，压力 594kPa。要求穿透时间 15h，求穿透层高度。小型实验数据见表 6-1。

表 6-1　小型实验数据

操作时间/h	0	$9=t_b$	9.2	9.4	9.6	9.8	10.0	10.2	10.4	10.6
出口氮气含水量/$\times 10^{-6}$	<1	1	4	9	33	80	142	238	365	498
操作时间/h	10.8	11.0	11.25	11.5	11.75	12.0	12.25	$12.8 = \theta_T$	13.0	15.0
出口氮气含水量/$\times 10^{-6}$	650	808	980	1115	1235	1330	1410	1440	1440	1440

解：由实验结果可知　　　$Y_0^* \approx 0$

将水的摩尔分数换算成质量比

$$Y = \frac{水的摩尔分数}{1 - 水的摩尔分数} \times \frac{M_{H_2O}}{M_{N_2}} \approx 水的摩尔分数 \times \frac{18}{28}$$

将表中水的摩尔分数换算成 Y，做穿透曲线，以摩尔分数为纵坐标、吸附时间为横坐标作图（图 6-9），图解积分得

$$E = 129.6,\quad F = 29.31$$

由式(6-16)求得未用床层高：

$$h_u = \frac{E}{E+F}H = \frac{29.31}{129.6+29.31} \times 0.268\text{m} = 0.0494\text{m}$$

所以　　　$h_s = 0.268\text{m} - 0.0494\text{m} = 0.2186\text{m}$

要求穿透时间为 15h，则

$$h_s' = \frac{0.2186\text{m}}{9\text{h}} \times 15\text{h} = 0.3643\text{m}$$

所以床层高度为　　$H = 0.3643\text{m} + 0.0494\text{m} = 0.414\text{m}$

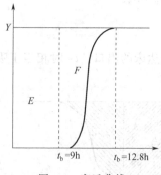

图 6-9　穿透曲线

6.4　变压吸附过程

变压吸附（PSA）气体分离与提纯技术成为一种生产工艺和独立的单元操作过程，是在 20 世纪 60 年代迅速发展起来的。这一方面是由于随着世界能源的短缺，各国和各行业越来越重视低品位资源的开发与利用，以及各国对环境污染的治理要求也越来越高，使得吸附分离技术在钢铁工业、气体工业、电子工业、石油和化学工业中日益受到重视；另一方面，20 世纪 60 年代以来，吸附剂也有了重大发展，如性能优良的分子筛吸附剂的研制成功，活性炭、活性氧化铝和硅胶吸附剂性能的不断改进，以及 ZSM 特种吸附剂和活性炭纤维的发明，

都为连续操作的大型吸附分离工艺奠定了技术基础。

由于变压吸附气体分离技术是依靠压力的变化来实现吸附与再生的，因而再生速度快、能耗低，属节能型气体分离技术。并且，该工艺过程简单、操作稳定，对于含多种杂质的混合气可将杂质一次脱除得到高纯度产品。因而近 30 年来发展非常迅速，已广泛应用于含氢气体中氢气的提纯，混合气体中 CO、CO_2、O_2、N_2、氩气和烃类的制取，各种气体的无热干燥等。而其中变压吸附制取纯氢技术的发展尤其令人瞩目。

6.4.1 变压吸附操作原理

变压吸附的基本原理可用图 6-10 的吸附等温曲线表示，在不同温度下，吸附等温线的斜率不同，随着温度的升高，吸附等温线的斜率减少。当吸附组分的分压维持一定时，温度升高，吸附容量沿垂线 AC 变化，A 点和 C 点吸附量之差 $\Delta q = q_A - q_C$ 为组分的脱附量。如此利用体系温度的变化进行吸附和脱附的过程称为变温吸附（TSA）。如果在吸附和脱附过程中床层的温度维持恒定，利用吸附组分的分压，吸附剂的吸附容量相应改变，过程沿吸附等温线 T_1 进行，则在 AB 线两端吸附量之差 $\Delta q = q_A - q_B$ 为每经加压吸附和减压脱附循环的组分分离量。如此利用压力变化进行的分离操作称为变压吸附。如果要使吸附和脱附过程吸附剂的吸附容量的差值增加，可以同时采用减压和加热方法进行脱附再生，沿 AD 线两端的吸附容量差值 $\Delta q = q_A - q_D$，则为联合脱附再生。在实际的变压吸附分离操作中，组分的吸附热都较大，吸附过程是放热反应，随着组分的脱附，变压吸附的

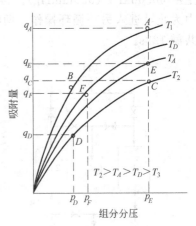

图 6-10 典型吸附量和组分分压之间的关系

工作点从 E 移向 F 点，吸附时从 F 点返回 E 点，沿着 EF 线进行，每经加压吸附和减压脱附循环的组分分离量 $\Delta q = q_E - q_F$ 为实际变压吸附的差值。因此，要使吸附和脱附过程吸附剂的吸附量差值加大，对所选用的吸附剂除对各组分的选择性要大以外，其吸附等温线的斜率变化也要显著，并尽可能使其压力的变化加大，以增加其吸附量的变化值。为此，可采用升高压力或抽真空的方法操作。一般优惠型吸附等温线的低压端，曲线较为峻峭，所以在真空下脱附，或用不吸附组分气体吹扫床层脱附，都可以较大程度地提高变压吸附过程的吸附量。

6.4.2 变压吸附循环流程

最简单的变压吸附和变真空吸附（VSA）是在两个并联的固定床中实现的，如图 6-11 所示。双塔变压吸附是常用的工艺，广泛应用于气体的净制（干燥，脱 CO_2、CO 和 CH_4 等），富氧与富氮的制备。塔内的吸附剂可以是一种或多种，可以是分层装设，也可以混合装填。如美国联合碳化公司（U.C.C.）将合成沸石与活性炭混合填充，把水、CO_2、CO 和 CH_4 等杂质降至 1×10^{-6} 以下。

(1) 双塔流程

双塔变压吸附循环如图 6-12 所示，称为 Skarstrom 循环。每个床在两个等时间间隔的半循环中交替操作：①充压后吸附；②放压后吹扫。实际上分四步进行。

原料气用于充压，流出产品气体的一部分用于吹扫。在图 6-12 中 1 床进行吸附，离开 1 床的部分气体返至 2 床吹扫用，吹扫方向与吸附方向相反。从图 6-12 可看出，吸附和吹扫

阶段所用的时间小于整个循环时间的 50%。在 PSA 的很多工业应用中，这两步耗用的时间占整个循环中较大的百分数，因为充压和放压进行很快，所以 PSA 和 VSA 的循环周期是短的，一般是数秒至数分钟。因此，小的床层能达到相当高的生产能力。

对 H_2-N_2 气体系统用 5A 合成沸石精制取得氢气，经 510℃ 活化的 5A 沸石吸附 N_2 的能力较强，而选择地吸附，纯净的氢气一部分进入缓冲罐成为产品，一部分从吸附塔 A 流出纯净氢气经放压、抽空再生，对塔 B 逆向充压。在系统压力 $p=1.8MPa$ 下，床层逐渐为 N_2 饱和，设经 61s，当产品内尚未出现氮气前，停止吸附，将死空间内和原料气组成相同的气体，从进口端逆向放压，解吸出已吸附的氮气，然后进一步抽空至解吸的真空度 66.66kPa（500mmHg）。再生完毕后，再逆向充压直至床层的压力重新达到操作压力为止，进入另一循环操作。两吸附塔互相交替进行，从吸附、放压、抽空至充压完毕，共需 122s。

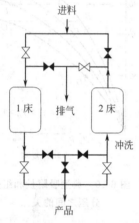

图 6-11 双塔变压吸附工艺流程

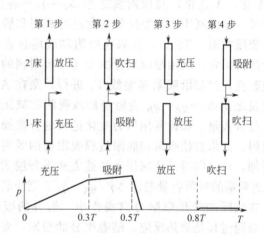

图 6-12 PSA 的循环步骤

(2) 四塔流程

一般工业化的装置多为四塔流程（图 6-13），这四个床层是并联在一起的，每个床层都要经历七个阶段（说明图见图 6-14）。

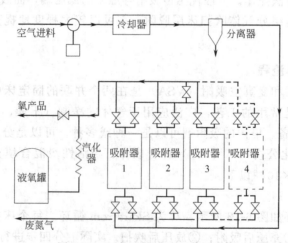

图 6-13 四床 PSA 分离空气流程图

第一步吸附：在指定的压力使原料气吸附，传质波前沿未到达床层出口时，停止吸附，

位号										
1	ADS			EQ1 ↑	CD ↓	EQ2 ↑	CD ↓	PUR ↓	EQ2 ↑	EQ1 ↑	R ↓
2	CD ↓	PUR ↓	EQ2 ↑	EQ1 ↓	R ↓	ADS			EQ1 ↑	CD ↑	EQ2 ↑
3	EQ1 ↑	CD ↑	EQ2 ↑	CD ↓	PUR ↓	EQ2 ↓	EQ1 ↓	R ↓	ADS		
4	EQ1 ↓	R ↓	ADS			EQ1 ↑	CD ↓	EQ2 ↑	CD ↓	PUR ↓	EQ2 ↑

图 6-14 四床 PSA 单元循环操作图
EQ—均压；CD—并流或逆流降压；R—升压；↑—并流；↓—逆流；ADS—吸附；PUR—清洗

使前沿和床层出口之间保留一段床层，所得产品气体，一部分作为床层Ⅳ的二段充压气体，使之达到产品的压力，一部分作为产品放出。

第二步均压：床层（塔）Ⅰ和再生完毕处于低压状态的床层Ⅱ以出口端相连均压，对床层Ⅱ是一段均压，均压后床层压力约为原始压力的一半，此时床层Ⅰ的传质波前沿向前推进，但仍未到达出口。均压气体的纯度和产品气体的一样。

第三步顺向放压：床层Ⅰ的气体节流到最低压力，用以清洗已经逆向放压到最低的床层Ⅲ，顺向放压的压力控制到传质波前沿刚到达床层Ⅰ的出口，而尚未穿透时为止。

第四步逆向放压：开启床层Ⅰ进口端的阀门，使残余气体的压力降至最低的压力（一般为 0.1MPa），使吸附的杂质排出一部分。

第五步清洗：利用床层Ⅳ顺向放压的气体清洗床层Ⅰ，清洗后，床层Ⅰ的吸附剂基本再生完毕。

第六步一段充压：利用床层Ⅱ的均压气体使床层Ⅰ一段充压。

第七步二段充压：用床层Ⅲ产品气体的一部分使床层Ⅰ充压到产品的压力，以准备下一循环吸附。

以上各阶段的目的是利用吸附和脱附再生各阶段的部分气体，以回收能量，使气体产品的流量和纯度稳定。

四塔变压吸附通过均压和顺向放压两步回收了死空间内的大部分产品气体，回收率增加至 75%～80% 以上，同时用于充压的产品气体量减少，气体产品的压力减少波动。

除去四塔变压吸附外，还有五塔变压吸附的流程，但是塔数增加，回收率增大的比率减少，设备投资费相应增加。在不需要流量稳定的情况下，也可以用三塔流程代替四塔流程。三塔流程的优点之一，是用原料气和产品气体在吸附床层的进口和出口同时以相同的方向充压，因而压缩了传质波的长度，使气体产品的纯度和回收率接近于四塔流程，并减少了设备的投资费用。

对于液态烷烃混合物（如正和异构烷烃），利用吸附剂具有较高的耐热温度（如合成沸石可耐热至 500～600℃），可把原料液在加热炉加热至 200℃ 左右，使之汽化，再变压吸附工艺分离，取得高纯度产品。

PSA 和 VSA 分离受吸附平衡或吸附动力学的控制。这两种类型的控制在工业上都是重要的。例如，以沸石为吸附剂分离空气，吸附平衡是控制因素，氮比氧和氢吸附性能更强，从含氩 1% 的空气中能生产纯度大约 96% 的氧气。当使用碳分子筛作为吸附剂时，氧和氮的吸附等温线几乎相同，但是氧比氮的有效扩散系数大得多，因此可生产出纯度>99% 的氮气产品。

6.4.3 变压吸附过程计算和工艺条件

变压吸附分离的原理是基于在恒温下（一般为室温），气体的压力升降相平衡的吸附剂吸附容量相应变化，过程消耗的能量是气体的压缩，和变温吸附消耗热量是一样的。变压吸附的操作费用取决于消耗的压缩功和排放气体量（包括冲洗的在内），排放气量不仅和产品的回收率有关，也和压缩功消耗多少有关，回收率愈高，单位产品的能耗愈低。

多塔变压吸附系统的优点：①原料气（如以炼厂气回收氢为例）具有压力时，就不需要再压缩，节省了压缩机和消耗动力等的设备费和生产费用，一般对原料气的压力只要求有 2 MPa，其他气体视操作条件而定。②原料气中不纯物含量有变化时，可以通过改变切换时间、调节程序周期来适应，具有一定的弹性。③吸附过程氢没有透过床层，吸附热没有流出系统外，因而塔减压时不致冷却，解吸在等温条件下进行。④吸附过程不透过床层的优点是均匀用的氢气可保持相当高的纯度，同时再生用清洗气保持了一定的纯度，即使易解吸的甲烷等流出使纯度有所降低，也还可用作再生气。⑤采用了复合床进行合理设计，故可尽量减小吸附塔的尺寸。双塔式变压吸附因始终是逆向压出和逆向清洗产品纯氢的方式，所以回收率相当低。

(1) 物料衡算

① 吸附剂用量 设原料气 F(kg/mol)，纯氢量 H(kg/mol)，氢中可吸附组分的摩尔分数 y_{if}(%)，则氢的回收率 R_H 为

$$R_H = \frac{H}{F(1-y_{if})} \tag{6-20}$$

如 Δq_0 为某组分在高压和低压时吸附量之差，则需吸附剂量 W：

$$W = F y_{if} \frac{1}{\Delta q_0} \tag{6-21}$$

上两式相除，得每取得单位质量纯氢需吸附剂（质量）S_W：

$$S_W = \frac{W}{H} = \frac{y_{if}}{1-y_{if}} \times \frac{1}{R_H} \times \frac{1}{\Delta q_0} \tag{6-22}$$

如需用吸附剂以体积表示，则应除以床层填充密度 ρ_B：

$$S_W = \frac{W}{H} = \frac{y_{if}}{1-y_{if}} \times \frac{1}{R_H} \times \frac{1}{\Delta q_0} \times \frac{1}{\rho_B} \tag{6-22a}$$

由上式可知，吸附剂用量和回收率、吸附剂的特性、高低压下吸附量的差值成反比例。

② 再生清洗量 如设低压气量 V_L 和低压气体中解吸组分浓度 y_{iL}，则在吸附床层出口的物料衡算，得

$$F y_{if} = V_L y_{iL} \tag{6-23}$$

设浓缩率 $E_n = \frac{y_{iL}}{y_{if}}$，代入式(6-23)，则

$$\frac{V_L}{F} = \frac{y_{if}}{y_{iL}} = \frac{1}{E_n} \tag{6-24}$$

当低压气体中解吸组分浓度 y_{iL} 最高时，进料气体量及其组成不变，解吸气量 V_L 为最小，此时氢量最大。设清洗排气量 V_P、放压排出气量 V_D，则总排出气量：

$$V_L = V_P + V_D \tag{6-25}$$

假定上式中放压排出气体量很小，$V_D = 0$，将式(6-25)代入式(6-24)，得

$$\frac{V_P}{F} = \frac{1}{E_n} \tag{6-26}$$

如用低压解吸气中的氢作为清洗用氢量 H_P，清洗排放气中的氢浓度 y_{HP} 和解吸组分浓度 y_{iP}，由式(6-26)和式(6-23)，得

$$H_P = V_P y_{HP} = V_P(1 - y_{iP}) \tag{6-27}$$

从式(6-23)、式(6-26)和式(6-27)得

$$\frac{H_P}{F} = \frac{1}{E_n} - y_{if} \tag{6-28}$$

由上式可知，再生气消耗率 H_P/F 值因浓缩率的减小和解吸组分浓度 y_{if} 的提高而下降，H_P/F 表示清洗气中氢量和处理量的比值。

如放压时排气损失量 V_D 微小，可忽略不计，氢的回收率：

$$R_H = \frac{F(1 - y_{if}) - H_P}{F(1 - y_{if})}$$

即

$$R_H = 1 - \frac{H_P}{F}\left(\frac{1}{1 - y_{if}}\right) \tag{6-29}$$

将式(6-28)代入式(6-29)，得

$$R_H = \left(1 - \frac{1}{E_n}\right)\left(\frac{1}{1 - y_{if}}\right) \tag{6-30}$$

在浓缩率 E_n 值最大，进料气体中可吸附组分含量 y_{if} 低时，氢回收率 R_H 最高。如把放压时排出的解吸气考虑在内，须加入修正值 D_c，则

$$\frac{H_P}{F} = \frac{1}{E_n} - y_{if} - D_c \tag{6-31}$$

如设低压气体中解吸组分浓度 y_{iL} 和清洗气中的解吸组分浓度 y_{iP} 相同，则

$$\frac{H_P}{F} = \frac{y_{if}}{y_{iP}} - y_{if} \tag{6-32}$$

从道尔顿定律 $p = Py$，代入上式，得

$$\frac{H_P}{F} = \frac{p_{if}}{p_{iP}} \times \frac{P_P}{P_f} - y_{if} \tag{6-33}$$

设进料气的压力 P_f 和清洗气的压力 P_P 中，可吸附组分 i 的分压相等 $p_{if} = p_{iP}$，则

$$\frac{H_P}{F} = \frac{P_P}{P_f} - y_{if} \tag{6-34}$$

表示提高进料气的压力 P_f，可以减少清洗气的氢消耗量，使氢的回收率增加。

(2) 工艺条件

对回收氢总希望提高压力，这可提高吸附量，减少再生清洗量，提高回收率，但同时塔内死空间内的持料量增加，回收率反而下降，一般认为吸附压力 2MPa 左右为佳。工艺上二塔式因始终逆向放压和逆向清洗，回收率相当低。将四塔式放压时的回收分成两段，则性能大为改善（图 6-15），A 塔吸附，B 塔放压，D 塔再生后从 B 塔回收压力均压，顺向取出均压气。同时，C 塔常压下用产品清洗解吸再生，B 塔向 C 和 D 塔均压回收压力，然后 B 塔放压至常压再生。两段回收优于一段回收的 UCC 法，是因后者均压回收压力后，须将塔内的氢全部排出，损耗大为增加。

工艺条件和装置尺寸可见表 6-2～表 6-4。

以 ESSO 法的回收率举例，放压和清洗氢损失量，放压 $0.911 \times 0.61 \times 3 = 1.67$（m³），

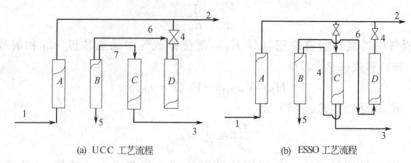

(a) UCC 工艺流程　　　　　　(b) ESSO 工艺流程

图 6-15　变压吸附回收氢工艺流程

1—原料气；2—产品氢；3—清洗排放气；4—第二均压；
5—放压；6—第一均压；7—再生清洗

表 6-2　变压吸附回收氢工艺

原料氢量	200m³(H)/h		系统压力	0.9MPa
原料组成(摩尔分数)/%	H_2	74.57	温度	40℃
	CO_2	24.47	产品氢量	
	CO	0.7	产品氢纯度	99.999+%
	CH_4	0.26	回收率	75%以上
	H_2O	饱和		

表 6-3　装置尺寸

项　目	UCC 法	ESSO 法
工艺	四塔式	四塔式
平衡区 Z_1/m	ϕ0.593×2.96	ϕ0.593×2.96
	活性氧化铝　0.04m³	
	活性炭　　　0.42m³	
	合成沸石　　0.36m³	
吸附区 L_a/m	0.3	0.3
吸附区裕量 L_2/m	0.5	—
$L_1+L_a+L_2$/m	3.76(取 4)	3.26(取 3.3)
堆容积/m³	1.105	0.911

表 6-4　工作程序

	项　目	切换时间/min	压力/MPa
UCC 法	(1)吸附	5	0.9
	(2)均压	1	0.45
	(3)顺流减压	4	0.3
	(4)逆流减压	1	0
	(5)清洗	4	0
	(6)再加压	5	0.9
ESOO 法	(1)吸附	5	0.9
	(2)均压(Ⅰ)	1	0.6
	(3)均压(Ⅱ)	1	0.3
	(4)逆流减压	1	0
	(5)逆流清洗	3	0
	(6)再加压(Ⅰ)	1	0.3
	(7)再加压(Ⅱ)	1	0.6
	(8)升压(Ⅲ)	4	0.9

纯氢损失量为 $1.67\times4\times\dfrac{60}{20}\times0.7=14.03(m^3/h)$（$H_2$ 纯度 70%），氢损失比 $14.03/(200\times0.7457)=0.094$，再生清洗用氢与原料气之比 0.06，则纯氢 $0.06/0.7457=0.08$，合计 $0.08+0.094=0.174$，回收率 $100\%-17.4\%=82.6\%$，得氢 $200\times0.7457\times0.826=123.2[m^3(H)/h]$。

6.5 离子交换过程

离子交换是应用离子交换剂进行混合物分离和其他过程的技术。离子交换剂是一种带有可交换离子的不溶性固体。利用离子交换剂与不同离子结合力的强弱，可以将某些离子从水溶液中分离出来，或者使不同的离子得到分离。该过程是液、固两相间的传质与化学反应过程，在离子交换剂内外表面上进行的离子交换反应通常很快，过程速率主要由离子在液、固两相的传质过程决定。该传质过程与液、固吸附过程相似。例如传质机理均包括外扩散和内扩散。离子交换剂也与吸附剂一样，使用一定时间后接近饱和而需要再生。因此离子交换过程的传质动力学特性、采用的设备形式、过程设计与操作均与吸附过程相似，可以把离子交换看成是吸附的一种特殊情况，前述吸附中基本原理也适用于离子交换过程。

6.5.1 离子交换树脂
(1) 离子交换树脂的种类

无机的天然离子交换剂是最早使用的离子交换剂，由于它们的交换容量不大，抵抗强酸碱的能力弱，已逐渐为有机高聚物树脂取代。后者实质上是高分子酸、碱或盐，其中可交换的离子电荷与固定在高分子基体上的离子基团的电荷相反，故称它为反离子。根据可交换的反离子的电荷性质，离子交换树脂分为阳离子交换树脂与阴离子交换树脂两大类，每一类中又根据电离度的强弱分为强型与弱型两种。

① 强酸性阳离子交换树脂　由苯乙烯与二乙烯苯（DVB）共聚物小球经浓硫酸磺化等生产过程制成。交换容量为 $4\sim5$meq/g 干树脂。$—SO_3H$ 官能团有强电解质性质，在整个 pH 值范围内都显示离子交换功能。树脂可以是 H 型或 Na 型。这种树脂的特点是可以用无机酸（HCl 或 H_2SO_4）或 NaCl 再生。它比阴离子交换树脂热稳定性高，可承受 120℃ 高温。

② 弱酸性阳离子交换树脂　这类树脂的交换基团一般是弱酸，可以是羧基（—COOH）、磷酸基（—PO_3H_2）和酚基等。其中以含羧基的树脂用途最广，如丙烯酸或甲基丙烯酸和二乙烯苯的共聚物。在母体中也可以有几种官能团，以调节树脂的酸性。

弱酸性阳离子交换树脂有较大的离子交换容量，对多价金属离子的选择性较高。交换容量 $9\sim11$meq/g，仅能在中性和碱性介质中解离而显示交换功能。耐用温度 $100\sim120℃$。H 型弱酸性树脂较难为中性盐类如 NaCl 分解，只能由强碱中和。

③ 强碱性阴离子交换树脂　这类树脂有两种类型，带有季铵基团[如季铵碱基—$(CH_3)_3NOH$ 和季铵盐基—$(CH_3)_3NCl$]和对氮位具有乙基氢氧官能团[$(CH_3)_2N^+—CH_2—CH_2—OH$]的树脂。为使它们易于水解，多用 Cl 型。对弱酸的交换能力，第一类树脂较强，但其交换容量比第二类小。一般来说，碱性离子交换树脂比酸性离子交换树脂的热稳定性、化学稳定性都要差些，离子交换容量也小些。

④ 弱碱性阴离子交换树脂　指含有伯胺（—NH_2）仲胺（—NHR）或叔胺（—NR_2）的树脂。这类树脂在水中的解离程度小，呈弱碱性，因此容易和强酸反应，较难与弱酸反

应。弱碱性树脂需用强碱如 NaOH 再生，再生后的体积变化比弱酸性树脂小，交换容量 $1.2\sim2.5$meq/g，使用温度 $70\sim100$℃。

根据树脂的物理结构，离子交换树脂分为凝胶型与大孔型两类。

a. 凝胶型：这类树脂为外观透明的均相高分子凝胶结构，通道是高分子链间的间隙，称为凝胶孔，孔径一般在 3nm 以下。离子通过高分子链间的这类孔道扩散进入树脂颗粒内部进行交换反应。凝胶孔的尺寸随树脂交联度与溶胀情况而异。

b. 大孔型：大孔型树脂具有一般吸附剂的微孔，孔径从几纳米到上千纳米。它的特点是比表面积大，化学稳定性和力学性能都较好，吸附容量大和再生容易。

目前各国生产的离子交换树脂种类繁多，均按上述分类，但每类中各种牌号树脂的性能亦有较大的差别，要根据使用情况选用。

(2) 物理化学性质

① 交联度　离子交换树脂是具有立体交联结构的高分子电解质，立体交联结构使它对水和有机溶液呈现不溶性和化学稳定性。交联结构由树脂合成时加入交联剂来实现，交联剂的用量用质量分数表示，称为交联度。交联度直接影响树脂的物化性能，如交联度大，树脂的结构紧密，溶胀小，选择性高和稳定性好。但交联度太高影响树脂内的扩散速率。交联剂多用二乙烯苯，交联度使用范围 $4\%\sim20\%$DVB。

② 粒度　离子交换树脂通常为球形颗粒，粒径 $0.3\sim1.2$mm，特殊用途的树脂粒径可小至 0.04mm。

③ 密度　离子交换树脂的密度随水含量而异，一般阳离子树脂的密度比阴离子树脂大。前者的真密度一般为 1300kg/m^3 左右，视密度 $700\sim850$kg/m^3；后者真密度 1100kg/m^3，视密度 $600\sim750$kg/m^3。

④ 亲水性　离子交换树脂都具有亲水性，所以常含有水分，其含水量与官能团的性质和交联度有关，一般 $40\%\sim50\%$（质量分数），高者到 $70\%\sim80\%$（质量分数）。

⑤ 溶胀性　离子交换树脂在水中由于溶剂化作用体积增大，称为溶胀。树脂的溶胀程度与其交联度、交联结构、基团与反离子的种类有关。一般弱型树脂溶胀程度较大。例如强酸性阳离子交换树脂溶胀 $4\%\sim8\%$（体积分数，下同），弱酸性阳离子交换树脂体积溶胀约 100%；强碱性阴离子交换树脂溶胀 $5\%\sim10\%$，而弱碱性阳离子交换树脂溶胀 30%。在设计离子交换柱时需考虑树脂的溶胀特性。

⑥ 稳定性　包括机械稳定性、热稳定性和化学稳定性。机械稳定性是指树脂在各种机械力的作用下抵抗破碎的能力，其表征方法有磨后圆球不破率、耐压强度和体积胀缩强度。热稳定性的优劣决定了树脂的最高使用温度。化学稳定性指树脂抵抗氧化剂和各种溶剂、试剂的能力。

⑦ 交换容量　离子交换树脂的交换容量用单位质量或体积的树脂所交换的离子的当量数表示，又分总交换容量和工作交换容量。总交换容量是指单位质量（或体积）的树脂中可以交换的化学基团的总数，故也称理论交换容量。总交换容量对每种树脂来说都有确定的数值。例如，对于苯乙烯磺酸型树脂，近似分子量184，其中有一个可交换 H，故可计算出理论交换容量为 5.43meq/g。离子交换树脂在使用条件下，原树脂上的反离子不能完全被溶液中反离子所代替，所以实际交换容量小于总交换容量，称为工作交换容量。该交换容量不是一个固定的指标，它依赖于离子交换树脂的总交换容量、再生水平、被处理溶液的离子成分、树脂对被交换离子的亲和性或选择性、树脂的粒度、泄漏点的控制水平以及操作流速和温度等因素。

⑧ 选择性　选择性是离子交换树脂对不同反离子亲和力强弱的反映。与树脂亲和力强的离子选择高，可取代树脂上亲和力弱的离子。室温下，在低浓度离子的水溶液中，多价离子比单价离子优先交换到树脂上，如

$$Na^+ < Ca^{2+} < La^{3+} < Th^{4+}$$

在低浓度和室温条件下，等价离子的选择性随着原子序数的增加而增加，如

$$Li < Na < K < Rb < Cs$$

$$Mg < Ca < Sr < Ba$$

$$F < Cl < Br < I$$

对于高浓度反离子的溶液，多价离子的选择性随离子浓度的增高而减小。

工业应用上对离子交换树脂的要求是：交换容量高、选择性好、再生容易、机械强度高、化学与热稳定性好和价格低。

6.5.2　离子交换原理

6.5.2.1　离子交换分离过程的化学基础

(1) 离子交换反应

利用离子交换树脂进行溶液中电解质的分离主要基于如下反应。

① 分解盐的反应。强型离子交换树脂能够进行中性盐的分解反应，生成相应的酸和碱，例如：

$$R_{C,S}H + NaCl \longrightarrow R_{C,S}Na + HCl$$

$$R_{A,S}OH + NaCl \longrightarrow R_{A,S}Cl + NaOH$$

式中，下标 C 表示阳离子交换树脂，A 表示阴离子交换树脂，S 表示强型树脂。

弱型树脂无此种能力，但弱酸性阳离子交换树脂可分解碱式盐，如 $NaHCO_3$。

② 中和反应。强型树脂和弱型树脂均能与相应的碱和酸进行中和反应。强型树脂的反应性强、反应速度快、交换基团的利用率高，但中和得到的盐型树脂再生困难，再生剂用量多。弱型树脂中和后再生剂用量少，可接近理论用量。

③ 离子交换反应。盐式的强、弱型树脂均能进行交换反应。但强型树脂的选择性不如弱型树脂的选择性好。强型树脂可用相应的盐直接再生，例如：

$$2RSO_3Na + Ca^{2+} \longrightarrow (RSO_3)_2Ca + 2Na^+$$

交换后的 $(RSO_3)_2Ca$ 可以用浓 NaCl 溶液进行再生，弱型树脂则很难用这种方法再生，而需用相应的酸和碱再生。

$$R_2Ca + 2HCl \longrightarrow 2RH + CaCl_2$$

$$RH + NaOH \longrightarrow RNa + H_2O$$

(2) 离子交换分离的类型

利用离子交换树脂进行的分离过程归纳起来可分为三种类型。

① 离子转换或提取某种离子。例如水的软化，将水中的 Ca^{2+} 转换成 Na^+。此时可利用对 Ca^{2+} 有较高选择性的盐式阳离子交换树脂，将 Ca^{2+} 从水中分离出来。

② 脱盐。例如除掉水中的阴阳离子制取纯水，此时需利用强型树脂的分解中性盐反应和强型或弱型树脂的中和反应。例如水溶液中除去 NaCl 可用下列反应：

$$R_{C,S}H(固) + NaCl(液) \longrightarrow R_{C,S}Na(固) + HCl(液)$$

$$R_{A,S}OH(或 R_{A,W}OH)(固) + HCl(液) \longrightarrow R_{A,S}Cl(固) + H_2O$$

式中，R 的下标 W 表示弱型树脂。

③ 不同离子的分离。当溶液中诸离子的选择性相差不大时，应用简单的离子转换不能单独将某种离子吸附而分离出来，此时需用类似吸附分馏或离子交换色谱法分离。

6.5.2.2 离子交换平衡（选择性系数）

离子交换平衡在很大程度上取决于官能团的类型和交联度。交联度确定了矩阵结构的致密度和孔隙度。

树脂的交联从颗粒的外壳到中心是变化的，通常用交联剂二乙烯苯的含量表征交联度。新型离子交换树脂含有更严格和清晰的大网状结构，它们由高度交联的微球构成大的球形结构。离子交换树脂的重要性质如下：

① 电中性守恒，离子交换按化学计量进行，交换容量与反离子的性质无关；
② 离子交换几乎都是可逆过程；
③ 离子交换是速率控制过程，控制因素通常为穿过颗粒表面液膜的外扩散或颗粒本身的内扩散。

质量作用定律是表示离子交换平衡的最常用的方法。分析阳离子 A 和 B 在阳离子交换树脂和溶液之间交换反应，系统中不含其他阳离子，假设开始时反离子 A 在溶液中，B 在离子交换树脂中，离子交换反应为

$$z_A B(s) + z_B A \longrightarrow z_B A(s) + z_A B \tag{6-35}$$

式中，s 表示树脂相，z_A 和 z_B 分别表示反离子 A 和 B 的离子价。则选择性系数 K：

$$K = \frac{(\overline{c_A})^{z_B} (c_B)^{z_A}}{(\overline{c_B})^{z_A} (c_A)^{z_B}} \tag{6-36}$$

表 6-5 给出了一价离子的选择性系数。以 Li 离子为基准，表中数据均为对 Li 离子的相对选择性系数 K_i。

表 6-5 一价离子在磺酸型阳离子交换树脂上的选择性系数

交联度	4%DVB	8%DVB	16%DVB	交联度	4%DVB	8%DVB	16%DVB
Li	1.00	1.00	1.00	Rb	2.46	3.16	4.62
H	1.32	1.27	1.47	Cs	2.67	3.25	4.66
Na	1.58	1.98	2.37	Ag	4.73	8.51	22.9
NH_4	1.90	2.55	3.34	Ti	6.71	12.4	28.5
K	2.27	2.90	4.50				

二价阳离子的选择性系数列于表 6-6，其基准离子仍然是 Li。

表 6-6 二价离子在磺酸型阳离子交换树脂上的选择性系数

交联度	4%DVB	8%DVB	16%DVB	交联度	4%DVB	8%DVB	16%DVB
UO_2	2.36	2.45	3.34	Ni	3.45	3.93	4.06
Mg	2.95	3.29	3.51	Ca	4.15	5.16	7.27
Zn	3.13	3.47	3.78	Sr	4.70	6.51	10.1
Co	3.23	3.74	3.81	Pd	6.56	9.91	18.0
Cu	3.29	3.85	4.46	Be	7.47	11.5	20.8
Cd	3.37	3.88	4.95				

任何一对离子的选择性系数：

$$K_{ij} = K_i / K_j \tag{6-37}$$

该估算方法主要用于筛选目的或初步计算。

6.5.2.3 影响选择性系数的因素

离子交换树脂的选择性与许多因素有关。首先是离子交换剂本身的特性，如交换剂的结

构、官能团的类型和交联度等。其次是被交换的反离子特性,如离子价态和溶剂化作用以及离子交换条件(如溶液浓度、操作温度等)。

① 交联度对离子交换树脂的影响很大。从表 6-5 和表 6-6 可看出,交联度愈高,同种离子的选择性系数愈大。树脂的溶胀程度也与交联度密切相关。交联度愈高,树脂的溶胀度愈小,对较小溶剂化当量体积的反离子有较高的选择性。而低交联度和高溶胀度的树脂会降低小离子对其他离子的选择性系数。

② 反离子特性的影响。对于等价离子,选择性随原子序数的增加而增加。对于不同价离子,高价反离子优先交换,有较高的选择性。当反离子能与树脂中固定离子团形成较强的离子对或形成键合作用时,这些反离子有较高的选择性。例如弱酸性阳离子交换树脂对 H^+、弱碱性阴离子交换树脂对 OH^- 有特别强的亲和力,因而都有较高的选择性。溶液中存在的其他离子若与反离子产生缔合或络合反应时,将使该反离子的选择性降低。例如溶液中含有 Cl^-,因形成分子化合物 $HgCl_2$,阳离子树脂优先交换其他阳离子,而降低 Hg^{2+} 的选择性。

③ 溶液浓度的影响。高价反离子有较高的选择性,但随溶液浓度的增加而降低。例如 Cu^{2+} 和 Na^+ 在阳离子交换树脂和溶液中交换时,溶液浓度由 0.01mol/L 增至 4.0mol/L,则 Cu^{2+} 的选择性会发生逆转。

④ 温度影响。离子交换平衡与温度的关系符合热力学基本关系。通常温度升高,选择性系数变小。压力与离子交换平衡无关。

6.5.3 离子交换树脂的选用

和吸附分离过程选用吸附剂一样,正确地选用不同类型的离子交换树脂是应用离子交换分离技术的前提,除去离子交换平衡、交换动力学,即交换容量、离子交换选择性、选择性系数、离子交换速度和一般力学及物化性能外,要根据工艺要求、处理液的要求纯度和再生条件选用恰当的树脂,特别是考虑强酸(碱)树脂和弱酸(碱)树脂的差别也是必须注意的。选用离子交换树脂要考虑的原则有:

① 根据强或弱型树脂的特点,操作须根据溶液的 pH 大小选用,强型树脂可分解中性盐,弱型树脂不具有此分解能力。对中和性反应,强型树脂比弱型树脂反应性更强,反应速度更快。前者交换基团的利用效率比后者高,在中和弱酸弱碱时差别更大,前者的交换容量有效利用率一般为 0.8~0.9,而后者仅为 0.3~0.8。

如果水溶液的 pH 值大小会影响某些金属离子在水中的形态,如 pH 值较高时,六价铬成 CrO_4^{2-} 的形态;在酸性时,为重铬酸根 $Cr_2O_7^{2-}$ 的形态存在。同样交换一个铬酸根阴离子,$Cr_2O_7^{2-}$ 比 CrO_4^{2-} 多一个铬离子。强酸、强减离子交换树脂适用于较宽的 pH 范围水溶液的处理,而弱酸和弱碱树脂只能用于较窄的 pH 范围,如羧酸型(—COOH)树脂在 pH 大于 4 才显示其交换性能,弱碱性树脂只在酸性条件下才发挥作用。不同类型树脂的有效 pH 范围见表 6-7。

表 6-7 不同类型树脂的有效 pH 范围表

树脂种类	pH 范围	树脂种类	pH 范围
强酸性树脂	4~14	强碱性树脂	1~12
弱酸性树脂	6~14	弱碱性树脂	0~7

② 温度的影响。水温升高,可以加快离子扩散速度和缩短达到平衡所需要的时间,但是升高温度也可能使离子交换树脂分解,破坏或降低了树脂的交换容量。一般阳离子

树脂的最高使用温度应低于100℃,阴离子交换树脂则应小于60℃,以免树脂结构破坏和分解。

③ 再生剂的消耗。强酸、强碱树脂需用较多的再生剂,弱酸、弱碱树脂仅用相当于理论量的酸、碱就能比较完全地再生。从技术经济观点出发,要控制一定的再生度,从而影响工作交换容量和经处理液的纯度,对弱型树脂受再生剂用量的影响小,处理液的纯度主要由交换柱的操作条件所控制。

④ 水溶液中同时包含有重金属或分子量较大的金属离子,如 Hg^{2+}、Cd^{2+}、Pb^{2+}、Zn^{2+} 和一般的碱金属 K^+、Na^+、Ca^{2+}、Mg^{2+},要选用适当的离子交换树脂先除去这些有害的重金属离子,或选较大的流速,任 Na^+、Ca^{2+} 和 SO_4^{2-}、Cl^- 流过,然后用另一床层或复合床层除去这些一般碱金属离子,这样可以延长树脂的寿命和使用周期。

⑤ 弱型离子交换树脂的选择性比强酸和强碱树脂的高,后者可以直接用中性盐 NaCl 再生,如

$$R—Ca + NaCl \longrightarrow R—Na + CaCl_2$$

但是弱型树脂不能用中性盐直接再生,须先用酸变成氢式再用碱再生。

$$R—Ca + HCl \longrightarrow R—H + CaCl_2$$
$$R—H + NaOH \longrightarrow R—Na + H_2O$$

弱酸、弱碱树脂的选择性好,再生较容易,再生液用量较少,可以降低操作费用。

6.5.4 离子交换过程设备与操作

6.5.4.1 离子交换循环过程

离子交换分离过程一般包括三步:①料液与离子交换剂进行交换反应;②离子交换剂的再生;③再生后离子交换剂的清洗。在设计离子交换过程和选择树脂时,既要考虑交换反应过程,也要考虑再生过程。

离子交换过程为液、固相间的传质过程,与液、固相间的吸附过程十分相似,所以它所用的设备、操作方法及设计与吸附过程类似。在吸附过程中讲到的有关内容原则上均可用于离子交换过程。

离子交换过程中除非离子交换剂价格极为低廉、易得,再生费用较高,经一次使用后,即弃去不再回收者外,一般常用的离子交换树脂和无机离子交换剂价格较为高昂,必须再生重复使用。再生过程和变温或变压吸附解吸不同之处是离子交换树脂用再生剂时,受到化学平衡中离子交换平衡常数的制约,时常要加入比理论值过量的再生剂,在下次离子交换循环前,要把离子交换设备中过剩的再生剂淋洗干净。离子交换操作循环包括:返洗、再生、淋洗和离子交换这四个步骤。

(1) 返洗

离子交换剂准备再生前的一个步骤,目的在于使分离设备中的树脂床扩大、松弛和重新调整,使被床层从水中滤出的杂物和污物从床层中清洗出去,使向下流的液体分配得更加均匀,并把床层中分布成带形的离子带沿着整个床层高度均匀混合。返洗时,离子交换剂的密度、颗粒的形状和大小、返洗溶液的流速和液体的黏度对清洗床层中污物和悬浮杂物的效果都有一定的影响。清洗液一般用水,因其价廉、易得和来源丰富之故。

(2) 再生

返洗后接着再生,按照树脂的种类可以使用各种不同的再生剂,强酸性离子交换树脂可以直接用 NaCl 再生,其他阳离子交换树脂可以用硫酸或盐酸为再生剂,阴离子交换树脂常用氢氧化钠或碳酸钠溶液再生。一般说来,一价的再生剂洗脱一价离子时,再生剂的浓度对

再生的影响较小，用一价的再生剂洗脱树脂上的二价离子时，提高再生剂的浓度可以增加洗脱的效果。一般使用再生剂的浓度取 5%～10%，最高不宜超过 30%。如果用硫酸洗脱阳离子交换树脂中钙离子时，会产生硫酸钙沉淀，这样再生时生成沉淀可能堵塞床层，宜先用稀的再生剂，逐渐再用浓的再生剂洗脱。再生剂中的杂质，或其他有害离子也不利于树脂的再生，例如氯离子对第一类强碱性阴离子交换树脂有较大的亲和力，不宜用含有少量氯离子的氢氧化钠溶液洗脱树脂中的氯离子，因不易完全洗脱，从而降低树脂的交换容量，影响下一循环的操作。

(3) 淋洗

再生后，必须把离子交换树脂床层中过量的再生剂淋洗干净。最初淋洗时，通入的淋洗液将原有再生液冲出床层外，树脂继续和再生剂接触，仍为再生过程的继续。一般淋洗液的速度不能超过再生时再生液的流速。为了避免气泡或空气进入床层，使床层产生空穴，不论再生或淋洗时，再生剂和淋洗液不可中断或间歇进行。在再生剂置换出来后，可以提高淋洗的速度，直至床层内的再生剂全部洗出，以减少淋洗所需时间。苯乙烯型阳离子交换树脂所需要的淋洗水量大约为 $135L/m^3$，阴离子交换树脂需要量多些。新的强碱型或季铵类树脂，按照树脂的种类，所用的再生剂不同，及工艺条件的不同，需要淋洗水至少有 $810\sim1080L/m^3$。用于硬水软化的阳离子交换树脂，可直接用普通水作淋洗水用，但不宜用于阴离子交换树脂，免得生成碳酸钙和氢氧化镁沉淀以致堵塞孔道，要用软水或去离子水作淋洗剂之用。

(4) 交换

床层淋洗完毕后，可以进行交换。在交换过程中，液流速度不宜过大，要使流速均匀分布，使床层的结构保持正常，避免产生空洞和沟流。如进料液体浓度过高，可使树脂脱水，以致树脂床层紧缩过大，使树脂受到损伤。把固体树脂颗粒加入床层时，要考虑树脂溶胀后体积胀大，应尽量减小树脂的溶胀速率，以免树脂破裂。树脂脱水收缩后，一般可以在颗粒悬浮的条件下，加水重新水化。树脂可能同时发生收缩和溶胀，视水溶液的浓度而定。可以将树脂经溶胀，体积胀大稳定后，再行装柱，以免床层颗粒之间受到过大的压力。

溶液通过床层的流速和溶液的黏度及离子交换的速度有关，流速过大，使床层的压力降增高，会使树脂颗粒破碎。因此，在一定的床层温度下，溶液流速应低于离子交换速度。离子交换柱顶部进料分配器必须均匀进液，减少柱顶液体和床层受到强烈干扰。流出液在床层内也要均匀流动分布，以减少返混的现象，取得充分的交换。再生时也是一样，这样才能使树脂床层保证全部再生。

6.5.4.2 离子交换过程的设备与操作

离子交换过程所用设备也有搅拌槽、流化床、固定床和移动床等形式。操作方法也有间歇式、半连续和连续式三种。

(1) 间歇操作的搅拌槽

搅拌槽是带有多孔支撑板的筒形容器，离子交换树脂置于支撑板上，间歇操作。操作过程分三步。①交换：将液体放入槽中，通气搅拌，使溶液与树脂均匀混合，进行交换反应，待过程接近平衡时，停止搅拌，将溶液排出。②再生：将再生液放入，通气搅拌，进行再生反应。待再生完全，将再生废液排出。③清洗：通入清水，搅拌，洗去树脂中存留的再生液，然后进行下一个循环操作。

这种设备结构简单，操作方便，反应后的排出液与反应终了时饱和了欲分离的反离子的树脂接触，分离效果较差，适用于小规模、分离要求不高的场合。

(2) 固定床

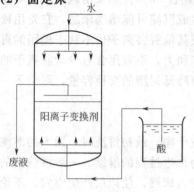

图 6-16 反向水流平衡

固定床是广泛应用的一类离子交换设备，它的构造、操作特性、操作方法和设备设计与吸附固定床相似。

对于离子交换固定床的使用，值得提出的是逆流再生问题。如前所述，逆流再生能在一定再生剂用量的条件下获得较高的分离效果。但是离子交换树脂的密度与水很接近，所以当溶液向上流动时，很容易使树脂上浮形成流化状态，不能保证交换与再生实现完全逆流。为了克服这个困难，可采用以下办法。

① 反向水流平衡。如图 6-16 所示，在逆流再生的同时，从顶部引入一股水流，使树脂处于平衡受力状态而不致向上浮动。

② 活塞式固定床。这种设备具有上下两个支撑板（见图 6-17），再生时，再生剂自上而下流动，树脂层支撑在下部支撑板上。交换时原液自下而上流动，依靠较大流速将树脂层整个推到容器的上部。

③ 部分流化的活塞式固定床。图 6-18 所示的设备与上述活塞式固定床类似，其不同点只是在交换过程中不是全部树脂顶在上支撑板下形成固定床层，下部 25%～75% 的树脂处于流化状态。

固定床离子交换设备的主要缺点是树脂的利用率低。因为一般固定床中有效的交换传质区只占整个床高的一部分，在任一时刻床中的饱和区与未用区中的树脂都闲置无用。正是由于树脂利用率低，导致再生剂与洗涤液用量较大等缺点。采用连续操作的移动床可以克服这些缺点。

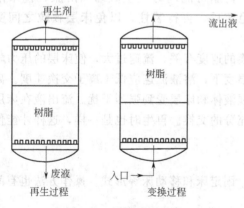

图 6-17 活塞式固定床

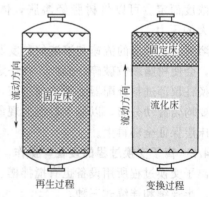

图 6-18 部分流化的活塞式固定床

(3) 移动床

这种设备的具体形式很多，这里介绍几个例子。

① 希金斯（Higgins）连续离子交换器　希金斯连续离子交换装置如图 6-19 所示，由交换区、返洗区、脉动区、再生区、清洗区组成的循环系统构成。这些区彼此间以自动控制阀 A、B、C、D 分开。操作分两个阶段进行，液体流动阶段（作用阶段）和树脂移动阶段。在液体流动阶段，各控制阀关闭，树脂在各区内处于固定床状态，分别通入原水、返洗水、再

生液和清洗水，同时进行交换、交换后树脂的清洗、树脂再生和再生树脂的清洗等过程，这个过程通常经历几分钟。然后转到树脂移动阶段，此时停止溶液进入，打开控制阀A、B、C和D，依靠在脉动柱中脉动阀通入液体的作用使树脂按反时针方向沿系统移动一段，即将交换区中已饱和的一部分树脂送入返洗区，返洗区已清洗的部分树脂送入再生区，再生区内已再生好的部分树脂送入清洗区，清洗区内已清洗好的部分树脂重新送入交换区。这个过程一般经历几秒钟。接着又为液体流动阶段，如此循环操作。从操作特点看，这种装置为半连续操作。

希金斯装置的特点是逆流操作，树脂利用率高，用量少，再生剂消耗量少，设备结构紧凑，占地少。

② AVco连续移动床离子交换装置　图6-20为处理水的AVco连续移动床离子交换装置。它的主体由反应区（交换与再生）、清洗区和驱动区构成。树脂连续地从上而下移动，在再生区、清洗区和交换区中分别与再生液、清洗水和原水逆流接触。树脂的连续移动靠两个驱动器来实现，在初级驱动区，依靠驱动泵送处理后的水的作用驱使树脂向下移动。而在二级驱动区，则用泵送原水驱使树脂移动，循环进入上端。这种装置的特点是实现了真正的连续逆流操作，所以其性能较希金斯装置更为优越，树脂利用率高，再生效率也高，但技术上的难度较大。

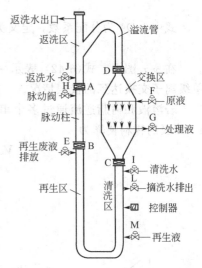

图6-19　希金斯连续离子交换器

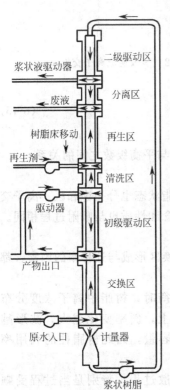

图6-20　AVco连续移动床离子交换装置

6.5.5　离子交换过程计算
6.5.5.1　级过程

在单级或多级串联的槽型离子交换设备中进行间歇、半连续和连续式操作的离子交换过程都属于级过程。

对于简单的间歇过程，作交换到树脂相的反离子的物料衡算：

$$V(c_0-c)=V_R(\bar{c}-\bar{c}_0) \tag{6-38}$$

式中，V 和 V_R 分别表示溶液相和树脂相的初始体积，经变换：

$$\bar{c}=\frac{V}{V_R}c+\left(\frac{V}{V_R}c_0+\bar{c}_0\right) \tag{6-39}$$

如果间歇过程按平衡级处理，离子交换平衡关系表示为

$$\overline{c^*}=f(c) \tag{6-40}$$

联立求解式(6-39)和式(6-40)，假设 V 和 V_R 保持常数，可用图解法，如图6-21所示。

若浓度分别用离子分数表示，即

$$y=\bar{c}/\bar{c}_\infty \text{ 和 } x=c/c_0 \tag{6-41}$$

式(6-39)也可改写成

$$y = -D^* x + D^* + y_0 \tag{6-42}$$

式中，D^* 为分配系数，定义为

$$D^* = Vc_0/(V_R \bar{c}_\infty) \tag{6-43}$$

在 y-x 图上，式(6-42)表示一直线，斜率为 $-D^*$，与平衡线 $y^* = f(x)$ 的交点表示单级离子交换达到的极限情况。

若溶液和树脂逆流通过多个串联的平衡级，V 和 V_R 均为恒定值，如图 6-22 所示，则 $1 \sim n$ 级的物料衡算为

$$Vc_0 + V_R \overline{c_{n+1}} = V_R \bar{c}_1 + V_{c_n} \tag{6-44}$$

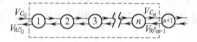

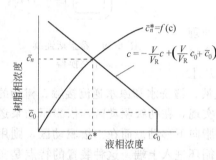

图 6-21　单级间歇操作离子交换过程图解法

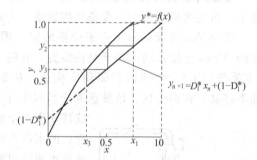

图 6-22　多级逆流离子交换

该方程可写为

$$y'_{n+1} = D_1^* x_n + (1 - D_1^*) \tag{6-45}$$

式中，$y' = \bar{c}/\bar{c}_1$，$D_1^* = Vc_0/(V_R \bar{c}_1)$。

式(6-45)与平衡关系联立可建立起多级逆流离子交换程度与平衡级数之间的关系。

6.5.5.2　固定床

固定床离子交换器与固定床吸附器极为相似。交换柱中树脂状态也分为饱和区、离子交换区（即传质区）和未交换区。流出曲线（即透过曲线）的概念和性质也与吸附过程相同。

(1) 影响流出曲线的因素

凡影响离子交换平衡与离子交换速率，即影响交换柱内交换区形成与迁移率的因素，都将影响流出曲线的形状，影响交换柱内树脂的利用率。

① 亲和力。树脂对交换离子的亲和力越大，即有利于平衡时，树脂中离子浓度分布沿柱高扩展的速度越慢，交换区高度越短，反映到流出曲线上，斜率变化越大，波形越陡峭，穿透点出现得越迟，穿透容量越大，而且越接近饱和容量，因此树脂柱的利用率也越高。

② 树脂粒度（d）。离子交换过程是一种固、液非均相扩散过程，特别是当过程受颗粒扩散控制时，树脂颗粒越细、越均匀，则越有利于交换，流出曲线的波形越陡。传质速率与 d^2 呈反比，膜扩散控制时传质速率与 $d^{3/2}$ 呈反比。但粒度太细也不利，将使床层阻力增加。

③ 树脂交联度（DVB）。树脂交联度对交换过程中离子扩散行为的影响，反映在流出曲线的变化。DVB 含量过低的树脂，易于溶胀与收缩，因此，操作中将影响柱内液流的均匀

分布。

④ 树脂容量（Q_0）。容量较高的树脂，在交换过程中易于提供较有利的动力学条件。

⑤ 料液浓度（c_0）。降低料液中交换离子的浓度 c_0，有利于提高交换柱的利用率。在膜扩散控制的情况下，增加 c_0，有利于改善交换效果。其他共存离子的浓度，对流出曲线也有一定的影响。

⑥ 操作流速（u）。为了进行有效的交换，使两相有充分的接触时间，液相流速不应太快，否则接触时间短，来不及交换，流出曲线的波形被拉平展开。

此外，流速太快时流体阻力也大。但操作流速太慢，会使柱内液相的纵向返混严重（与停留时间有关），操作时间周期延长。

⑦ 操作温度（T）。交换柱在升温条件下操作，有利于提高交换速度，但是，不宜过高于室温，否则会使操作程序复杂（如料液升温、交换柱保温），使交换过程的选择性下降，并且可能产生一些不希望有的副反应。

⑧ 柱高（L_B）、交换柱高径比（L_B/D）。增加交换柱高度，不但能延长两相接触时间，有利于交换，而且还可改善柱内流体力学条件，使液流分布均匀，避免发生沟流。但是，交换柱也不宜太高，以免增加床层阻力。

⑨ 化学反应。交换离子与树脂活性基团间的反应，对流出曲线的形状也有一定影响。

(2) 交换区的计算

① 交换区内物料衡算　对于横截面积 A_b、高度为 L_B 的离子交换柱，作交换区中微元体积 $A_b dZ$ 内交换离子的物料平衡：

$$\varepsilon_b A_b J_Z = \varepsilon_b A_b J_{Z+dZ} + \varepsilon_b A_b \frac{\partial c}{\partial t} dZ + (1-\varepsilon_b) A_b \frac{\partial \bar{c}}{\partial t} dZ \tag{6-46}$$

式中　J_Z——沿柱高方向的物流通量；

ε_b——树脂床层的空隙率。

对于活塞流的理想情况，从上式可推导出描述交换柱内两相浓度变化规律的偏微分方程：

$$u \frac{\partial c}{\partial Z} + \frac{\partial c}{\partial t} + \left(\frac{1-\varepsilon_b}{\varepsilon_b}\right) \frac{\partial \bar{c}}{\partial t} = 0 \tag{6-47}$$

式中　u——液体实际流速。

② 交换区的移动速度　交换区移动速度为

$$u_c = \left(\frac{\partial Z}{\partial t}\right)_c \tag{6-48}$$

根据偏微分性质，该式可写为

$$u_c = \frac{-(\partial c/\partial t)_Z}{(\partial c/\partial Z)_t} \tag{6-49}$$

式(6-48) 以 $(\partial c/\partial t)$ 除之，得

$$u \frac{\partial c/\partial Z}{\partial c/\partial t} + 1 + \left(\frac{1-\varepsilon_b}{\varepsilon_b}\right) \frac{\partial \bar{c}/\partial t}{\partial c/\partial t} = 0 \tag{6-50}$$

于是式(6-50) 变为

$$u_c = \frac{u}{1+\left(\frac{1-\varepsilon_b}{\varepsilon_b}\right)\frac{\partial \bar{c}}{\partial c}} = \frac{u}{1+\left(\frac{1-\varepsilon_b}{\varepsilon_b}\right)f'(c)} \tag{6-51}$$

式中，$\partial \bar{c}/\partial c$ 为离子交换平衡线 $\bar{c}=f(c)$ 的斜率，可用 $f'(c)$ 表示。

对于线性平衡关系的简单情况，即 $\partial \bar{c}/\partial c = Q_0/c_0 = $ 常数，则

$$u_c = \frac{u}{1 + \left(\frac{1-\varepsilon_b}{\varepsilon_b}\right)\frac{Q_0}{c_0}} \tag{6-52}$$

式中，$\left(\frac{1-\varepsilon_b}{\varepsilon_b}\right)\frac{Q_0}{c_0}$ 称容量参数或容量比（ζ）。通常条件下 $\xi \gg 1$，故交换区移动速度的简单表达式为

$$u_c = \frac{u}{\xi} \tag{6-53}$$

③ 交换区高度（Z_M） 以液相体积传质总系数 K_{fa} 表示的离子交换速率方程为

$$(1-\varepsilon_b)\frac{d\bar{c}}{dt} = \varepsilon_b K_{fa}(c-c^*) \tag{6-54}$$

仍利用 $\partial \bar{c}/\partial c = Q_0/c_0$ 的关系。流出液浓度由穿透点 c_K 至饱和点 c_S 所需时间（$t_S - t_K$），由式(6-54)积分求得

$$t_S - t_K = \left(\frac{1-\varepsilon_b}{\varepsilon_b}\right) \times \frac{Q_0}{c_0} \times \frac{1}{K_{fa}} \times \int_{c_K}^{c_S} \frac{dc}{c-c^*} \tag{6-55}$$

将式(6-54)和式(6-55)代入交换区高度的定义式，得到

$$Z_M = u_c(t_S - t_K) = \frac{u}{K_{fa}} \times \int_{c_K}^{c_S} \frac{dc}{c-c^*} \tag{6-56}$$

交换柱操作的运行时间，即穿透时间 t_K 由整个操作周期的物料平衡确定：

$$(1-\varepsilon_b)A_b(L_B - fZ_M)Q_0 = \varepsilon_b A_b u t_b c_0 \tag{6-57}$$

式中，f 为交换区内树脂的利用率。于是

$$t_b = \frac{Q_0}{c_0} \times \frac{\rho}{u}(L_B - fZ_M) \tag{6-58}$$

下面简要分析离子交换平衡对交换区高度的影响。

由式(6-51)可见，当离子交换平衡线为优惠型时，随着水相离子浓度的提高，平衡线斜率 $f'(c)$ 将降低，因而 u_c 增高，即柱中传质波高浓度端比低浓度端移动速度快。于是，随着料液的不断加入，交换区将越来越窄。反之，对于非优惠型平衡，交换区将不断加宽。

以上分析只是一种理想的极端情况。对于实际操作来说，对于优惠型平衡，交换区的移动速度基本为定值，传质波以不变的波形恒速平移。这主要是由于纵向返混等使波形产生扩散和展开，从而抵消了波形变窄的趋势。

例 6-2 有一污染物质量分数为 2×10^{-6} 的水溶液，以 $u = 9$m/h 的操作速度连续通过一床高 $L_B = 0.5$m 的固定床交换柱，此床层的空隙率为 0.5，交换剂的密度 ρ_S 为 700kg/m³，粒度 d_p 为 0.96mm。求流出液中污染物的质量分数达到 0.2×10^{-6} 的穿透时间 t_K。已知该交换体系符合 Freundlich 方程，$q^* = 0.209c^{1/3}$，q^* 与 c 的单位分别为 mol/g 和 1×10^{-6}。固相扩散系数 $D_S = 5.93 \times 10^{-10}$ cm²/s，液相扩散系数 $D_L = 3.8 \times 10^{-10}$ cm²/s。

解：解题中除应用计算交换区高度和穿透时间的公式(6-56)和式(6-58)以及题中所给平衡关系外，尚需以下公式：

① 树脂相的堆积密度

$$\rho_b = \rho_S(1-\varepsilon_B)$$

② 单位容积树脂的表面积

$$a = \frac{6}{d_p}(1-\varepsilon_b)$$

③ 树脂相传质系数

$$k_S a = 60\overline{D}\rho_b/d_p^2$$

④ 液相传质系数（Carberry 方程）

$$\frac{k_f a}{u}\left(\frac{\mu}{\rho D}\right)^{2/3} = 1.15\left(\frac{ud_p\rho}{\mu\varepsilon_b}\right)^{-0.5}$$

⑤ 液相传质总系数

$$K_f a = \left(\frac{1}{k_f a} + \frac{1}{mk_S a}\right)^{-1}$$

对于非线性相平衡关系，平衡线斜率可取交换区内平均浓度 c_{AV} 下的斜率，即

$$c_{AV} = (c_K + c_0 - c_K)/2 = 0.5c_0$$

$$m = \left(\frac{dq^*}{dc}\right)_{c_{AV}} = K\beta(0.5c_0)^{\beta-1}$$

传质单元数 $\int \frac{dc}{c-c^*}$ 可根据积分上、下限（$c_0 - c_K$）与 c_K，由辛普森数值积分法求得。其中 c^* 值由操作线 $q = (q_0/c_0)c$ 与平衡线 $q^* = Kc^\beta$ 得到，即

$$c^* = \left(\frac{1}{K} \times \frac{Q_0}{c_0}\right)^{1/3}$$

进行辛普森数值积分时，须给定积分区间的分割数 n 与计算允许误差 ε。具体计算可以采用计算机编程计算。

习　题

1. 以 10kg 活性炭 0℃下吸附甲烷，不同平衡压力 p 之下被吸附气体在标准状态下的体积为：

p/kPa	13.32	26.64	39.97	53.29
V/cm³	977.5	144	182	214

试问，该吸附体系对 Langmuir 等温式和 Freundlich 等温式，哪一个符合得更好些？

2. 以 3.022g 活性炭 0℃下吸附 CO 有下列数据，体积 V 已经校正到标准状态下。

p/kPa	13.32	26.64	39.97	53.29	66.61	79.93	93.25
V/cm³	10.2	18.6	25.5	31.9	36.9	41.6	46.1

试证明它符合 Langmuir 吸附等温式，并求 b 和 V_m 的值。

3. 用分子筛干燥氮气，当尾气含水量为 1×10^{-6}（kmol$_水$/kmol$_{氮气}$）时，认为达到破点，含水量为 1490×10^{-6}（kmol$_水$/kmol$_{氮气}$）时，认为床层达到饱和，尾气中水含量与吸附时间的关系如下：

操作时间/h	0～15	15.0	15.3	15.4	15.6	15.8	16.0	16.2	16.4	16.6
尾气含水量/$\times 10^{-6}$	<1	1	4	5	26	74	145	260	430	610
操作时间/h	16.8	17.0	17.2	17.4	17.6	17.8	18.0	18.3	18.5	
尾气含水量/$\times 10^{-6}$	719	978	1125	1245	1355	1432	1465	1490	1490	

画出透过曲线，并确定出达到破点所需的时间及床层移动一个传质区高度所需时间。

4. 某连续逆流吸附床装有平均直径为 0.00173m 的硅胶球，装填堆体积质量为 672kg/m³，湿空气为 0.00387kg$_水$/kg$_{干空气}$，相对密度为 1.18，以 4560kg/(h·m²) 的流率通过床层。空气温度为 27℃，硅球向

下移动，允许通过流率为 $2250\text{kg}/(\text{h}\cdot\text{m}^2)$。吸附等温线近似用 $Y^* = 0.032x$ 表示。吸附干燥后空气含水 $0.0001\text{kg}_\text{水}/\text{kg}_\text{干空气}$。假定最初所用的硅胶球为干硅胶球，其传质系数为 $k_Y a_P = 1260 G'^{0.55}$ $[\text{kg}_\text{水}/(\text{h}\cdot\text{m}^3\cdot\Delta Y)]$，其中 G' 为空气的质量流速 $\text{kg}/(\text{h}\cdot\text{m}^2)$；$k_X a_P = 3476 \text{kg}_\text{水}/(\text{h}\cdot\text{m}^2\cdot\Delta X)$。试估算连续移动床吸附器的有效高度。

参 考 文 献

[1] 伍钦，钟理，邹华生，曾朝霞. 传质与分离工程. 广州：华南理工大学出版社，2005.
[2] 宋华，陈颖，刘淑芝. 化工分离工程. 哈尔滨：哈尔滨工业大学出版社，2003.
[3] 刘家祺. 分离过程与技术. 天津：天津大学出版社，2001.
[4] 叶振华. 吸着分离过程基础. 北京：化学工业出版社，1988.
[5] 陈洪钫，刘家祺. 化工分离过程，北京：化学工业出版社，2002.

第7章 膜分离过程

借助于具有分离性能的膜而实现分离的过程称为膜分离过程。广义的膜可以定义为两相之间的一个不连续区间。但是工业上应用最多的是固相膜,所以本章的讨论仅限于讨论固相膜。

早在1748年,Nollet 就揭示了膜分离现象。但是直到1854年 Graham 发现了透析现象,人们才开始重视对膜的研究。20世纪60年代初,以 Loeb 和 Sourirajan 为首的研究人员在反渗透膜的理论和应用上取得了重大突破,膜分离技术从此走向大规模工业应用。

由于膜分离过程一般没有相变,既节约能耗,又适用于热敏性物料的处理,因而在生物、食品、医药、化工、水处理过程中备受欢迎。本章主要讨论以下几种膜分离过程:

① 反渗透(reverse osmosis,RO) 反渗透是对溶液施加超过渗透压的压强,使溶剂分子(主要是水)通过半透膜而与溶液分离。典型的应用是海水和苦咸水的淡化。

② 纳滤(nanofiltration,NF) 纳滤是介于反渗透和超滤之间的一种压力推动的膜分离技术,主要用于截留分子大小约为 1nm 的溶解组分。

③ 超滤(ultrafiltration,UF) 超滤是用孔径为 $10^{-3} \sim 10^{-1} \mu m$ 的微孔膜过滤含大分子溶质的溶液,将大分子或细微粒子与溶液分离。

④ 微滤(microfiltration,MF) 微滤过程与超滤类似,但所使用的膜孔径更大些,大致为 $0.1 \sim 10 \mu m$,可以分离淀粉粒子、细菌等。

⑤ 电渗析(electrodialysis,ED) 电渗析是以电位差为推动力,利用离子交换膜的选择透过性,从溶液中脱除或富集电解质。主要应用在水的脱盐、电解质的浓缩、电解质与非电解质的分离等。

⑥ 渗透汽化(pervaporation,PV) 当溶液与某种特殊的膜接触后,溶液中各组分扩散通过膜,并在膜后侧汽化,即为渗透汽化。由于各组分的溶解度和扩散系数不同,导致透过速率不同。目前主要用于有机溶剂脱水、恒沸物或沸点十分接近的体系的分离。

7.1 反渗透

7.1.1 反渗透的原理

如图 7-1 所示,用半透膜将纯溶质(通常是水)与溶液隔开,溶剂分子会从纯溶剂侧经半透膜渗透到溶液侧,这种现象称为渗透。由于溶质分子不能通过半透膜向溶剂侧渗透,故溶液侧的压强上升。渗透一直进行到溶液侧的压强高到足以使溶剂分子不再渗透为止,此时即达平衡。平衡时膜两侧的压差称为渗透压。

如果溶液侧的压强大于渗透压,则溶剂分子将从溶液侧向溶剂侧渗透,这一过程就是反渗透。由此可知,反渗透

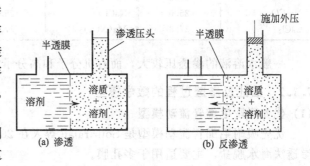

图 7-1 反渗透的原理

的推动力为膜两侧的压差减去两侧溶液的渗透压差,即 $\Delta p - \Delta \pi$。

渗透压 π 与溶剂活度 a_w 间的关系为

$$\pi = -RT \ln a_w / V_w \tag{7-1}$$

式中 V_w——溶剂的偏摩尔体积。

溶剂的活度 a_w 可用下式计算:

$$a_w = \gamma_w x_w \tag{7-2}$$

式中 γ_w——溶剂的活度系数;

x_w——溶剂的摩尔分数。

若溶液为理想溶液,则 $\gamma_w = 1$。对稀溶液有:

$$\ln x_w = \ln(1 - \sum x_{si}) \approx -\sum x_{si} \tag{7-3}$$

式中 x_{si}——溶质 i 的摩尔分数。

代入式(7-1),得:

$$\pi = RT \sum x_{si} / V_w \tag{7-4}$$

式中,$x_{si} = n_{si}/(\sum n_{si} + n_w)$。对于稀溶液 $x_{si} \approx n_{si}/n_w$,而 $n_w V_w \approx V$,则

$$x_{si}/V_w = n_{si}/V = c_{si}/M_{si}$$

式中 n_{si}——溶质 i 的摩尔数;

n_w——溶剂的摩尔数;

V——溶液的摩尔体积;

c_{si}——溶质 i 的质量分数;

M_{si}——溶质 i 的摩尔质量。

代入式(7-4),得:

$$\pi = RT \sum c_{si}/M_{si} \tag{7-5}$$

此式称为范特霍夫(Van't Hoff)方程,它只适用于理想溶液。对实际溶液,可引入一校正因子 φ:

$$\pi = \varphi RT \sum c_{si} \tag{7-6}$$

实际上,在等温条件下,许多物质的水溶液的渗透压近似地与其摩尔分数成正比:

$$\pi = B x_{si} \tag{7-7}$$

表 7-1 列出了 25℃ 时一些物质水溶液的 B 值。

表 7-1 25℃ 时某些水溶液的 B 值

溶质	B/Pa	溶质	B/Pa	溶质	B/Pa
尿素	13.7	甘油	14.3	蔗糖	14.4
NH_4Cl	25.1	KNO_3	24.0	KCl	25.4
Na_2CO_3	25.0	NaCl	25.8	$Ca(NO_3)_2$	34.5
$CaCl_2$	37.3	$Mg(NO_3)_2$	37.0	$MgCl_2$	37.5

一般水溶液的渗透压较大,而有机分子和高分子溶液的渗透压则较小。

7.1.2 描述反渗透过程的数学模型

(1) 优先吸附毛细管流动模型

优先吸附毛细管流动模型是 Sourirajan 等人在 20 世纪 60 年初提出的,当时用于描述反渗透法海水脱盐,主要适用于多孔膜。

如图 7-2 所示,当水溶液与亲水的膜接触时,膜优先吸附水分子,而排斥溶质——盐分

子。这样，在膜表面存在一层纯水层，纯水层中的水在压差作用下从膜表面经毛细管流出，成为渗透液。

根据这一理论，膜表面必须优先吸附水，才能在表面形成纯水层，纯水层厚度约为两个分子的厚度。同时膜还必须有适宜的孔径，当孔径为吸附水层厚度的2倍时，能获得最大的分离效果和最高的渗透通量。这一孔径称为临界孔径。

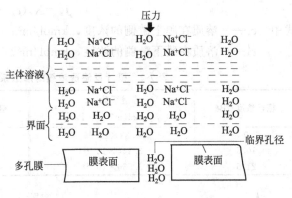

图 7-2 优先吸附毛细管流动模型

至于膜表面是优先吸附水还是优先吸附溶质，取决于溶液中的离子和膜之间相对排斥或相对吸引所需的自由能。这为膜材料的选择提供了物理化学和热力学上的依据。

水经过毛细管的流动可认为是黏滞流动：

$$J_w = K_w(\Delta p - \Delta \pi) \tag{7-8}$$

式中 J_w——水的渗透通量，$kmol/(m^2 \cdot s)$；

K_w——水的渗透系数，$kmol(m^2 \cdot s \cdot Pa)$。

这里用摩尔通量为单位，是为了与下面的溶解-扩散模型比较。实践中也常有用体积通量的。

(2) 溶解-扩散模型

溶解-扩散模型是另一个描述膜内传递的模型。它把膜看作是均质的，溶剂和溶质均可在此均质膜内传递，整个传递过程分为三步：

① 溶质和水与膜相互作用，溶解在膜中；

② 溶质和水在膜内扩散，其推动力是化学势差；

③ 溶质和水从膜的下游侧解吸。

尽管水和溶质都能溶于膜中，但溶解度不同，它们在膜内的扩散速率也不同，这就是分离机理。溶解-扩散模型认为在以上三步中扩散为控制步骤。根据 Fick 定律：

$$J_w = -D_w dc_w/dx \tag{7-9}$$

设水在膜中的溶解服从亨利（Henry）定律，则其化学势的微分为

$$d\mu_w = -RTd(\ln c_w) = -RTdc_w/c_w \tag{7-10}$$

代入式(7-9)，得

$$J_w = [D_w c_w/(RT)]d\mu_w/dx \tag{7-11}$$

等温条件下有：

$$d\mu_w = RTd(\ln x_w) + V_w dp \tag{7-12}$$

且由范特霍夫公式可得：

$$V_w d\pi = -RTd(\ln x_w) \tag{7-13}$$

将式(7-12)和式(7-13)代入式(7-11)，并积分得：

$$J_w = [D_w c_w/(RT\delta)](\Delta p - \Delta \pi) = K_w(\Delta p - \Delta \pi) \tag{7-14}$$

与式(7-8)完全相同，式中符号的意思同前，下标 w 代表溶剂水。

图7-3为用醋酸纤维素膜对橙汁进行反渗透浓缩时的渗透通量与压差间的关系，它与式(7-14)较符合。表7-2为水的渗透系数 K_w 与橙汁浓度间的关系。

对溶质在膜内的扩散，类似地有：

$$J_s = K_s(c_s - c_s') \tag{7-15}$$

式中 c_s——溶质在膜上游侧的浓度，$kmol/m^3$；
c_s'——溶质在膜下游侧的浓度，$kmol/m^3$。

表 7-2 橙汁反渗透浓缩时渗透系数与橙汁浓度间的关系

橙汁浓度/°Bé	渗透系数 K_w /[$kmol(m^2 \cdot s \cdot Pa)$]	橙汁浓度/°Bé	渗透系数 K_w /[$kmol(m^2 \cdot s \cdot Pa)$]
0	4.33×10^{-12}	31.5	3.133×10^{-12}
10.5	3.944×10^{-12}	42.0	2.822×10^{-12}
21.5	3.556×10^{-12}		

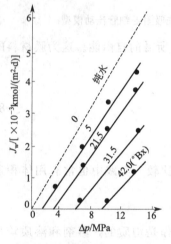

图 7-3 用醋酸纤维素膜对橙汁进行反渗透浓缩时渗透通量与压差间的关系

实际上，所有的膜都存在着溶质通过的现象，不可能将溶质百分之百地脱除。实践中对于反渗透膜，常用脱盐率表征膜的分离性能。

脱盐率=(浓缩液中盐浓度/料液中盐浓度)×100%

一般地，性能较好的反渗透膜的脱盐率在97%以上，较差的也有90%左右。不过，这些数据大多是用NaCl溶液做试验测得的，在应用于实际物料时会有一定的差别。

溶解-扩散模型比较适用于均质膜中的扩散过程，是目前最流行的模型之一。它不仅可用于反渗透，也可用于其他均质膜分离过程，如渗透汽化等。其缺点是未考虑膜材料和膜结构对扩散的影响。

例 7-1 利用卷式反渗透膜组件进行脱盐，操作温度为 25℃。进料侧水中 NaCl 含量为 1.8%（质量分数），操作压力为 6.65MPa，渗透侧水中 NaCl 含量为 0.05%（质量分数），操作压力为 0.35MPa。所采用的膜对水和盐的渗透系数分别为 $1.0859 \times 10^{-4} g/(cm^2 \cdot s \cdot MPa)$ 和 $16 \times 10^{-6} cm/s$。假设膜两侧的传质阻力可以忽略，不考虑过程的浓差极化，水的渗透压可用范特霍夫定律计算，计算水和盐的渗透通量。

解：进料盐浓度为

$$\frac{1.8 \times 1000}{58.5 \times 98.2} = 0.313 \text{ (mol/L)}$$

透过侧盐浓度为

$$\frac{0.05 \times 1000}{58.5 \times 99.95} = 0.00855 \text{ (mol/L)}$$

跨膜压差：$\Delta p = 6.65 - 0.35 = 6.30$ (MPa)

若不考虑过程的浓差极化，则

$$\pi_{进料侧} = 8.314 \times 298 \times 2 \times 0.313/1000 = 1.55 \text{ (MPa)}$$

$$\pi_{透过侧} = 8.314 \times 298 \times 2 \times 0.00855/1000 = 0.042 \text{ (MPa)}$$

$$\Delta p - \Delta \pi = 6.30 - (1.55 - 0.042) = 4.792 \text{ (MPa)}$$

$$p_{H_2O}/\delta = 1.0859 \times 10^{-4} g/(cm^2 \cdot s \cdot MPa)$$

所以 $J_{H_2O} = \dfrac{p_{H_2O}}{\delta}(\Delta p - \Delta \pi) = 1.0859 \times 10^{-4} \times 4.792 = 5.20 \times 10^{-4}$ [$g/(cm^2 \cdot s)$]

$$\Delta c = 0.313 - 0.00855 = 0.304 \text{ (mol/L)}$$

$$p_{NaCl}/\delta = 16 \times 10^{-6} \text{ m/s}$$

所以 $\quad J_{NaCl} = 16 \times 10^{-6} \times 0.000304 = 4.86 \times 10^{-9} \text{ [mol/(cm}^2 \cdot \text{s)]}$

7.1.3 反渗透工艺

(1) 反渗透膜

反渗透膜用的材料与超滤膜相似，几乎全为有机高分子物质。但超滤膜常用的聚砜和无机材料则较少用于反渗透。

醋酸纤维素是开发最早的膜材料。用它制成的反渗透膜在分离性能上有以下规律：

① 离子电荷愈大，脱除就愈容易；

② 对碱金属的卤化物，元素位置愈在周期表下方，脱除愈不容易，无机酸则相反；

③ 硝酸盐、高氯酸盐、氰化物、硫氰酸盐与氯化物、铵盐、钠盐均不易脱除；

④ 许多低分子量非电解质，包括某些气体溶液、弱酸和有机分子不易脱除；

⑤ 对有机物的脱除作用次序为：醛＞醇＞胺＞酸，同系物的脱除率随其分子量的增加而增大，异构体的次序为：叔＞异＞仲＞伯；

⑥ 对相对分子质量大于130的组分一般均能很好地脱除；

⑦ 温度的升高可使渗透通量增加，25℃时每升高1℃，渗透通量增加3%，但醋酸纤维素膜能耐受的温度不高。

除醋酸纤维素外，聚酰胺、芳香酰胺等也是常用的制造反渗透膜的材料。

(2) 反渗透工艺

反渗透膜组件的结构与超滤膜组件相同，也有管式、板框式、中空纤维式和螺旋式四种。研制最早的膜是平板膜，目前应用最广的则是中空纤维式和螺旋式膜，因为这两种膜组件的装填面积较大，而反渗透的渗透通量一般较低，常常需要较大的膜面积，所以采用这两种膜组件可使设备的体积不致过分庞大。

反渗透的设备和操作方式也和超滤设备大体相同。不过，由于反渗透所用的压差比超滤大得多，故反渗透设备中高压泵的配置十分重要。

反渗透操作对原料有一定的要求。为了保护反渗透膜，料液中的微小粒子必须预先除去。因此，反渗透工艺前一般有一预处理工序。常用的预处理方法是微滤或超滤。

反渗透中常用段和级对工艺流程进行分类。所谓级数是指进料流体经过加压的次数，在同一级中以并联排列的组件组成一段。多个组件以前后串联连接组成多段。

① 一级一段连续式　水的回收率不高，如图7-4。

② 一级一段循环式　由于浓缩液的浓度不断提高，产水量较大，但水质有所下降，如图7-5。

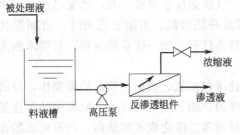

图 7-4　一级一段连续式反渗透流程

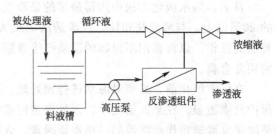

图 7-5　一级一段循环式反渗透流程

③ 一级多段连续式 如图7-6，每段的渗透液集合在一起，第一段浓缩液作为第二段进料液。

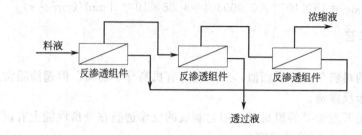

图 7-6 一级多段连续式反渗透流程

④ 一级多段循环式 如图7-7。

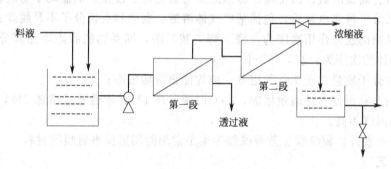

图 7-7 一级多段循环式反渗透流程

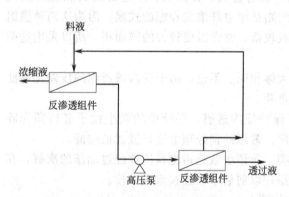

图 7-8 两级一段式反渗透流程

⑤ 多级式流程 如图7-8。

图中的流程是以浓缩液为产品；若渗透液为产品，则浓缩液循环。

7.1.4 反渗透的应用

反渗透过程是从溶液（一般为水溶液）中分离出溶剂（水）的过程，这一基本特点决定了它的应用范围主要有脱盐和浓缩两个方面。

(1) 海水和苦咸水的淡化

目前缺水的问题在许多国家十分严重。实际上地球上并不缺水，只是缺乏淡水和饮用水。苦咸水是内陆地区的一种水资源，其中的盐系岩盐溶解而来。若能将海水和苦咸水淡化，可以解决许多地区的缺水问题。

目前，海水淡化方法中用得最多的是蒸发法，其次为反渗透法，其产水量已占总产水量的20%以上。与蒸发法相比，反渗透法的最大优点是耗能低。实际上它是唯一可能取代蒸发法的操作。以前多用不对称的醋酸纤维素膜，现在已开发出一些新的材料，且越来越多地使用复合膜。

在海水淡化前，必须对海水进行预处理。预处理包括氯化杀菌、预过滤等操作，目的是保护反渗透膜。在某些情况下，预处理费用是很高的；除了预处理以外，原水中的含盐量也是决定反渗透操作经济性的一项重要因素。含盐量越高，淡化成本就越高。而苦咸水的含盐量低于海水，因此苦咸水淡化的经济性一般优于海水淡化。

世界上最大的海水淡化工厂——Yuma 工厂的生产能力为每天 $4\times10^5 \text{m}^3$，操作压强 2.8MPa，水利用率达 70%，脱盐率在 99% 以上，水的渗透量达 37.5~41.7L/($\text{m}^2 \cdot \text{h}$)。

(2) 纯水制备

在各种纯水制备方法中，离子交换与反渗透的组合被认为是最佳选择。理论上这两种操作已可去除水中几乎所有的杂质，但在实践中仍需其他处理以保护反渗透膜。常用的流程是先将水进行超滤，然后反渗透。反渗透可将大部分离子去除，最后用离子交换法去除残余的离子。这样，离子交换的负荷较轻，树脂的使用周期长。

用这一方法制造的纯水品质很好，可用作生物实验室用水以及作为纯水饮料。若用作注射用水，则需经有关部门认可。

(3) 低分子溶液的浓缩

反渗透也用于食品工业中水溶液的浓缩。反渗透浓缩的最大优点是风味和营养成分不受影响。

国外用反渗透处理干酪制造中产生的乳清。可以直接用反渗透处理，浓缩后再干燥成乳清粉。也可先超滤，超滤浓缩物富含蛋白质，可制奶粉。渗透液再用反渗透浓缩，这样制得的乳清粉中乳糖含量很高，也可将反渗透浓缩液用作发酵原料。

7.2 纳滤

纳滤技术又称低压 RO 或疏松 RO，是反渗透过程为适应工业软化水的需求和降低成本的需求发展起来的新膜品种，以适应在较低压力下运行，从而降低操作成本（以压力差为推动力的过程，主要的能耗为提供压力的动力消耗）。其独特的分离特性及优良的应用性能，使其在料液软化、脱色领域得到广泛应用。

7.2.1 纳滤过程

纳滤是介于反渗透和超滤之间的一种压力推动的膜分离技术，其操作压差为为 0.5~2.0MPa，截留分子量界限为 200~1000（或 500），截留分子大小约为 1nm 的溶解组分。NF 过程有两个特性：①对水中分子量为数百的有机小分子具有分离性能；②对于不同价态的阴离子存在 Donnan 效应。物料的荷电性、离子价数和浓度对膜的分离效应有较大的影响。

(1) 纳滤的应用

纳滤主要用于饮用水和工业用水的纯化、废水净化处理、工艺流体中有价值成分的浓缩等。RO 膜几乎可以完全将摩尔质量 $M=150\text{kg/mol}$ 的有机组分截留，而 NF 膜只有对摩尔质量 $M=200\text{kg/mol}$ 以上的组分才达到 90% 的截留；NF 膜对 NaCl 的截留率较低（相对 RO 膜 99%~99.5%），但对二价离子，特别是一阴离子仍表现出 99% 的截留率，从而确定了它在水软化处理中的地位。

(2) 我国纳滤技术的发展趋势

我国于 20 世纪 90 年代初期开始研制 NF 膜，在实验室中相继开发了 CA-CTA 纳滤膜、S-PES 涂层纳滤膜和芳香聚酰胺复合纳滤膜，并将其用于软化水、染料和药物脱盐，同时开展了膜性能的表征及特种分离等方面的性能研究，取得了一些初步成果。与国外相比，我国的纳滤膜技术还处于起步阶段，膜的研制、组件技术和应用开发还不多（目前的研究热点，具有荷电性能的 NF 膜是具有前途的）。

目前，我国 NF 膜的应用研究侧重于以下几个方面：

① 果汁的高浓度浓缩；
② 多肽和氨基酸的分离；
③ 含水溶液中较低分子量组分和较高分子量组分的分离；
④ 水的软化；截流阴离子，尤其是二价。
⑤ 料液的脱色与净化。

7.2.2 纳滤分离机理和分离规律

(1) 分离机理

NF膜与RO膜均为无孔膜，通常认为其传质机理为溶解-扩散方式。但NF膜大多为荷电膜，其对无机盐的分离行为不仅由化学势梯度控制，同时也受电势梯度的影响。即NF膜的行为与其荷电性能，以及溶质荷电状态及相互作用都有关系。

(2) 分离规律

截留分子量在200~1000之间、分子大小为1nm的溶解组分的分离。
① 1价离子渗透，多价阴离子滞留；
② 对于阴离子，截留率按下列顺序递增：NO_3^-，Cl^-，OH^-，SO_4^{2-}，CO_3^{2-}；
③ 对于阳离子，截留率按下列顺序递增：H^+，Na^+，K^+，Ca^{2+}，Mg^{2+}，Cu^{2+}。
④ NF膜由于通量较大，易污染，所以在实际应用中要严格控制膜通量。

7.2.3 纳滤过程的数学描述

(1) 电中性溶液

可借用RO过程的数学模型来描述NF膜的通量和选择性。

① 不可逆热力学模型　根据模型方程和实验测定的膜截留率（R）、透过流速数据（J）关联得到膜参数（膜的反射系数σ和溶质透过系数ω）；膜参数也可根据一定的膜构造建立数学模型得到，其与膜的结构特征和溶质透过系数有关。

② 空间位阻-孔道模型　以不可逆热力学模型为基础。

③ 溶解-扩散模型　该模型假设溶质和溶剂溶解在无孔均质的膜表面层内，然后各自在浓度或压力造成的化学势作用下透过膜。

④ 不完全溶解-扩散模型　溶解-扩散模型的扩展，承认膜表面存在不完善。

(2) 电解质溶液

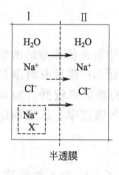

图7-9　Donnan平衡示意图

① Donnan平衡模型（见图7-9）　将荷电基团的膜置于盐溶液时，溶液中的反离子（所带电荷与膜中固定电荷相反的离子）在膜内浓度大于其在主体溶液中的浓度，而同名离子在膜内的浓度低于其在主体溶液中的浓度。由此形成的Donnan位差阻止了同名离子从主体溶液向膜内的扩散，为了保持电中性，反离子也被膜截留。

假设NaCl溶液被透析膜（只允许低分子溶质透过，而不允许胶体或高分子溶质透过）所隔开。平衡时，两相中的NaCl浓度分别为c_1和c_2，则$c_1 = c_2 = c$。

现在在Ⅰ相中加入大分子电解质，如：蛋白质的钠盐NaX，尽管X^-不能透过膜（大分子），但Ⅰ相中Na^+浓度的升高必导致钠离子向Ⅱ相中的渗透。同时，为保持电中性，Cl^-也跟着渗透，但它是逆浓度梯度从Ⅰ相扩散到Ⅱ相。加入NaX，使得Ⅰ相中氯离子浓度下降，这称为Donnan效应或泵效应。可见，在实际研究中，可通过加入廉价的盐NaX（其中X^-不能透过膜，但不一定是大分子），造成膜两侧的浓度差,从而可以达到从稀溶液侧"挤出"贵重组分的目的(假设 NaCl 的 Cl^- 换成另一种贵重离子)。但要注意半透膜两侧的电解质分配是不均匀的,此时除了要考虑大分子化合物本身的渗透压外,还要考虑由于电解质分配不均匀所产生的额外压力。

若采用与荷电膜相同孔径的非荷电膜,溶液中离子通过的情况就不同。有可能正反离子都同时透过,荷电膜的存在在孔径筛分的分离机理上增加了电位差和离子平衡(Donnan 平衡)的影响,可将非荷电膜不能截留的离子变成相同孔径的荷电膜可以截留的或将低截留变成高截留。

② 扩展的 Nernst-Plank 方程　尽管扩展的 Nernst-Plank 方程是纳滤处理含盐溶液过程的传质基础,但因在实际过程中方程的十几个参数(其中之一是固定离子浓度)无法得到准确定量值(即使对于最简单的二元体系也含有 7 个参数),方程难于求解而应用很少。但根据方程可定性了解传质过程的特点和分离趋势。

除了以上叙述的两类模型外,用来描述纳滤过程的模型还有:空间电荷模型、固定电荷模型、静电排斥和立体位阻模型。但受到模型参数的限制,实用性不强。

7.2.4　NF 膜的种类

自 20 世纪 80 年代以来,国际上相继开发了各种牌号的纳滤膜和组件,其中绝大多数为薄层复合膜,荷电或不荷电。主要的生产厂家有:日本的日东电工和东丽纺织公司;美国的 Film Tec 公司(已归入 DOW),Desalination,CM-Celfa,Membrane/Products 等公司。从材质讲,可分为以下几类:

① 芳香聚酰胺类复合纳滤膜　该类复合膜主要有美国 Film Tec 公司的 NF50 和 NF70 两种(PPA/PS/聚酯)。

② 聚哌嗪酰胺类复合纳滤膜　该类复合膜主要有美国 Film Tec 公司的 NF40 和 NF40-HF、日本东丽公司的 UTC-20HF 和 UTC-60、美国 ATM 公司的 ATF-30 和 ATF-50 膜。

③ 磺化聚(醚)砜类复合纳滤膜　该类复合膜主要有日东电工开发的 NTR-7400 系列。

④ 混合型复合纳滤膜　该类复合膜主要有日东电工开发的 NTR-7250 膜,由聚乙烯醇和聚哌嗪酰胺组成。美国 Desalination 公司开发的 Desal-5 膜也属于此类。

7.3　微滤和超滤

7.3.1　过程特征和膜

(1) 过程原理

微滤和超滤可视为用膜作为介质进行过滤的过程。多数情况下用于液体分离,也可用于气体分离,例如空气中细菌的去除。

一般认为微滤和超滤的机理与常规过程相同,属筛分过程。但由于被截留的粒子很小,已不再是不可压缩的刚性粒子,因而与常规过滤相比,表现出较大的不同。

① 常规过滤一般是深层过滤,待过滤的料液沿与表面垂直的方向流过,被截留的粒子积累在过滤介质表面,形成滤饼。微滤和超滤则通常采用切向过滤或称为错流过滤(图 7-10)。待过滤的料液沿膜表面的切向流过,利用料液带走膜表面上的粒子。这样,膜表面上的粒子沉积层很薄,大大减少了过滤阻力。

② 在微滤和超滤中,作为推动力的压强差比常规过滤大,且一般不采用真空过滤。常用的压强差为 100~500kPa。

③ 在过滤过程中,膜逐渐被堵塞,导致膜的渗透通量下降,到一定程度时必须停下来

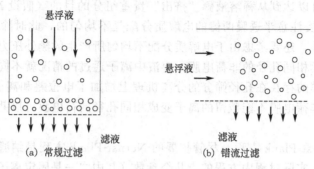

图 7-10 常规过滤和错流过滤

进行清洗。

④ 一般情况下渗透通量较小，必须使料液循环通过膜，以维持一定的流速。更确切地说，微滤和超滤属于增浓过程。

(2) 常见的微滤和超滤膜

膜的种类繁多，按来源可分为天然膜和合成膜；按结构可分为微孔膜和致密膜；按作用机理可分为吸附性膜、扩散性膜、离子交换膜、选择渗透膜等。常见的膜有以下几种。

① 微孔膜　微孔膜具有多孔性的结构，孔道可以是倾斜或弯曲的。孔径依制备方法和材料而异，常见的为 $0.05\sim20\mu m$。微孔膜多用于微滤，也用作复合膜的支撑层。

② 致密膜　致密膜是一层均匀的薄膜，具有类似于纤维的结构。当物质通过均质膜时，其透过速率主要受扩散速率的影响，一般渗透通量较低。目前致密膜用于微滤和超滤已较少见，而多用于其他膜分离过程如渗透汽化等。

③ 非对称膜　非对称膜由两层以上的薄层组成，上面一层很薄，厚度仅 $0.1\sim1\mu m$，称作表层或皮层，其孔径较小，起分离作用。下面一层厚度约 $100\sim200\mu m$，且孔径较大，称为支撑层。其主要起增加膜强度的作用，本身无分离作用，对滤液流动的阻力也很小，一般可忽略不计。真正起分离作用的是皮层，由于它很薄，故阻力较小，有助于增加膜的渗透通量。它是目前应用最广的膜之一。

④ 复合膜　复合膜的结构与非对称膜相同，但非对称膜的皮层和支撑层是用同一种材料制成的，而复合膜的皮层和支撑层则是用不同材料制成的。且有时根据膜制备过程的需要，在表层和支撑层间还存在过渡层。它是另一类应用最广的膜。

就膜材料而言，可以分为有机高分子膜和无机膜两大类。

醋酸纤维素是研究最早的高分子材料，用它制成的膜具有渗透通量高、截留性能好的优点，而且材料来源丰富，价格低廉，又是有机高分子材料中唯一的生物可降解材料。但这种膜耐 pH 范围小，不耐高温，易被细菌和酶降解，耐氯性也不强，还有明显的压密效应。尽管如此，醋酸纤维素膜仍在食品工业上被广泛应用。除了醋酸纤维素外，其他纤维素衍生物如硝酸纤维素等也是常用的膜材料，它们的性能大体相似。

为了克服纤维素类材料的缺点，人们尝试了许多有机高分子。作为成膜材料，聚砜具有耐温性好、pH 范围广、耐氯性强的优点，因而曾被广泛使用。近年来，聚丙烯腈、芳香酰胺、聚偏氟乙烯等高分子材料广受青睐。它们在耐 pH 范围和耐高温方面均优于醋酸纤维素，机械强度也高。

此外，无机材料也可用于制造微滤和超滤膜。无机膜具有耐高压、高温、酸碱的优良性能，使用寿命几倍于高分子膜，但价格较高。无机膜材料有陶瓷、玻璃、炭、特种钢等。其中以陶瓷膜为最常用，炭膜次之；金属膜多用于气体分离，但成本较高。陶瓷膜中最常用的材料有氧化硅、氧化铝、氧化锆等。

(3) 膜性能的测定

微滤膜和超滤膜的性能主要是用两项指标来描述的，一是溶质截留率，即被分离的粒子或大分子（统称为溶质）被截留的百分数；二是渗透通量，即指单位膜面积上的滤液体积或质量流量。可以用一系列试验测定膜性能，这些试验主要有：

① 表面孔径或截留分子量测定　习惯上用孔径大小表征微滤膜的分离性能，而用被截留分子的分子量——又称截留分子量MWCO（molecule weight cut off）——来表征超滤膜的分离性能。对微滤膜，用电子显微镜或物理化学方法测定膜的孔径。对超滤膜，用一系列球形分子配成溶液后做试验，把被截留90%～95%的分子的分子量作为截留分子量。

② 孔径分布测定　一般膜的孔径都不是均一的。孔径分布表示孔径的均匀程度。孔径越均匀，分离性能越好。测定的方法有电子显微镜测定法、用已知分子量的溶质配成溶液进行试验、气体泡压法、压汞法、吸附-脱附法等。

③ 纯水通量测定　纯水通量是膜的一个重要参数。用纯水在25℃、100kPa压差下做试验，测得的渗透通量即为纯水通量。

7.3.2　浓差极化和膜污染

对于超滤和微滤过程，通量下降非常严重，实际通量通常低于纯水通量的5%。造成通量衰减的原因主要是浓差极化和吸附、阻塞等造成的膜污染。

(1) 浓差极化现象

当溶液流动到达膜表面后，溶剂分子可以通过膜，溶质分子被截留，从而使溶质分子在膜表面积累，形成高浓度区。在浓度差推动下，溶质分子必然向溶液主体作反向扩散。同时，如果膜的截留率未达到100%，也会有少量溶质分子通过膜进入渗透液。达到稳定状态时，在膜表面附近的薄层中存在着一定的浓度梯度，由主体流动带到界面上的溶质质量等于反向扩散的溶质量与通过膜的溶质量之和，此时在边界层形成浓度分布。这一现象称为浓差极化，膜表面附近的浓度边界层称作浓差极化层。如图7-11所示。

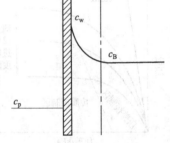

图7-11　浓差极化层内的浓度分布

c_B—主体溶液溶质浓度；c_p—渗透侧溶质浓度；c_w—膜表面溶质浓度

浓差极化是不可避免的。它的直接后果是使渗透通量降低。浓差极化又是可逆的，当膜两侧压差撤除后，浓差极化层将消失。如果再度施加压差，则浓差极化层将重新建立。

(2) 膜的污染与清洗

除浓差极化外，引起渗透通量低于纯水通量的原因是：

① 料液的物性（密度、黏度、扩散系数等）不同于纯水；
② 膜的压密效应；
③ 膜的堵塞。

膜的压密效应是指在长时间的压差作用下，膜的密度增加、孔隙度减小。其直接结果是料液渗透通量下降。某些膜，例如醋酸纤维素膜，有比较显著的压密效应。

在许多情况下，膜的堵塞是影响微滤和超滤操作经济性的主要因素。膜堵塞的机理是一些小粒子在膜内积累，或在膜表面沉积，增大了传质阻力。由堵塞引起的通量减少通常是不可逆的。因此，当堵塞发展到一定程度时，必须停止过滤，对膜进行清洗。

导致膜堵塞的因素很多,最主要的是溶质的强亲水性、易沉淀离子特别是钙离子的存在以及操作压差过高等。实际上,膜的堵塞是不可避免的,而且多数情况下是不可逆的。很难建立堵塞的数学模型或总结出普遍适用的规律或理论。一般是在实践中尽量减缓、减轻膜的堵塞,判断何时进行清洗。下面是一些从实践中总结出的规律:

① 蛋白质是造成堵塞的常见原因之一。它可以在膜表面达到很高的浓度,形成胶质层。堵塞的速率受空间构型、电荷、pH、离子强度等因素的影响。

② 无机盐会与膜表面作用,造成堵塞。一些无机盐离子会在浓缩过程中因达到饱和而沉淀,造成堵塞。钙离子一方面容易沉淀,另一方面是强桥联剂,因而起重要作用。

③ 一些两性物质在一定的 pH 下,因达到等电点而形成沉淀。

④ 多糖类物质的亲水性很强,容易形成胶层。在长时间的压差作用下,胶层成为不可逆的,这也是造成堵塞的常见原因。

⑤ 操作不当也会造成堵塞。

当堵塞发展到一定程度时,必须进行清洗。如何进行清洗常常成为膜分离操作的关键因素。常用的清洗方法有:反向冲洗、酸碱化学清洗、加酶清洗和物理清洗等。一般而言,清洗后应能恢复 90% 以上的初始纯水通量,膜才能继续使用。

7.3.3 预测渗透通量的数学模型

在讲述预测渗透通量的数学模型前,必须先明确超滤和微滤过程渗透通量曲线的一般形式。

(1) 通量-压差曲线

固定温度、料液浓度、料液流速(流量)等参数,测定在不同操作压差下的渗透通量,将测定结果绘成曲线,其形状如图 7-12。

图中的直线为以纯水做试验时测得的纯水通量,曲线为过滤实际物料时测得的。料液流速越高,温度越高,或料液浓度越低,曲线的位置就越高。

图中的虚线把曲线分成两部分。压差较低时,料液渗透通量随压差的增加而显著增加,初始时成正比例关系,这个区域称为压差控制区。随后,当压差增

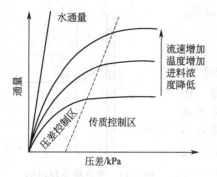

图 7-12 渗透通量-操作压差曲线

加时,渗透通量增加的速度逐渐减慢,直至趋于某常数值,这个区域称为传质控制区。在传质控制区,通量稳定在某一数值,此数值与物系性质、料液流速、温度等操作参数有关。

(2) 压差控制区的渗透通量——层流模型

1984 年,Kleinstreuer 和 Chin 以描述管内层流的 Hagen-Poiseuiile 方程为基础提出该模型。其将滤液的流动分为通过浓差极化层的流动和通过膜的流动两个步骤,总流动阻力为两项阻力之和。在压差控制区,浓差极化的影响较小,通过膜的流动阻力为主要阻力。

将膜视作均匀分布了许多孔道的一层介质,滤液通过膜孔的流动即为流过孔道的流动。由于孔径很小,流动只能是层流。假设液体为牛顿型流体,可直接应用 Hagen-Poiseuiile 方程。此时管长近似等于膜厚 δ,通过一个孔的流速为:

$$u = \frac{d_p^2 \Delta p}{32 \delta \mu} \tag{7-16}$$

式中 Δp——膜两侧的压差;

d_p——孔径;

μ——液体的黏度。

设膜面积为 A，在膜面积上共有 n 个孔，则孔隙率为：

$$\varepsilon = \frac{n\pi d_p^2}{4A} \tag{7-17}$$

体积流量为：

$$Q_v = \frac{nu\pi d_p^2}{4} \tag{7-18}$$

于是，单位面积上的体积流量即滤液通量为：

$$J = \frac{Q_v}{A} = \frac{nu\pi d_p^2/4}{n\pi d_p^2/(4\varepsilon)} = u\varepsilon \tag{7-19}$$

亦即

$$J = \frac{\varepsilon d_p^2 \Delta p}{32\delta\mu} \tag{7-20}$$

式(16-5)中 d_p、δ、ε 均由膜本身的结构决定，可合并成一个常数 K_1，于是得到：

$$J = \frac{K_1 \Delta p}{\mu} \tag{7-21}$$

上式表示通量与压差成正比，这正是压差控制区的特征，而且符合化工单元操作中常用的"速率=推动力÷阻力"的关系。应注意的是，对于非对称膜或复合膜，δ 应为皮层的厚度而非膜的总厚度。

由于微滤膜和超滤膜的孔径很小，流动总是层流。在以上推导中没有考虑膜上沉积的粒子层。虽然错流过滤时沉积的粒子层较薄，但仍有一定的流动阻力。

(3) 传质控制区的渗透通量——扩散模型

在传质控制区，滤液通过浓差极化层的流动阻力成为主要阻力，此时应从浓差极化现象着手计算滤液通量。

如图 7-12 所示，在膜表面附近存在着浓差极化层，即浓度边界层。主体溶液中的溶质浓度为 c_B，膜表面上溶质浓度为 c_w，滤液中溶质浓度为 c_p。从浓差极化层内，划出从膜表面开始到任意距离 x 处的平行面之间的空间为衡算范围，作物料衡算。

设 x 处平行面上溶质浓度为 c，浓度梯度为 dc/dx，渗透通量为 J，则由主体溶液扩散进入此控制体的溶质流量为：$J'_s = Jc$

随渗透液排出的溶质流量为：$J_s = Jc_p$

由浓度差引起的溶质反向扩散流量为（不考虑方向）：$J''_s = D\,dc/dx$

后两项均为离开此控制体的流量。体系稳定时有：

$$Jc = Jc_p + D\,dc/dx \tag{7-22}$$

当 $x=0$ 时，$c=c_w$；$x=\delta_c$ 时，$c=c_B$，积分得：

$$J = (D/\delta_c)\ln[(c_w - c_p)/(c_B - c_p)] = k\ln[(c_w - c_p)/(c_B - c_p)] \tag{7-23}$$

如果溶质被完全截留，则 $c_p = 0$，上式简化成：

$$J = (D/\delta_c)\ln(c_w/c_B) = k\ln(c_w/c_B) \tag{7-24}$$

式(7-23) 和式(7-24) 中的 k 即传质系数。它不仅与扩散系数有关，也与浓度边界厚度 δ_c 有关。由此可知，流动形态对 J 有显著影响。

当流动充分发展后，D 和 δ_c 均不随时间而变，故 J 与 Δp 无关。欲使滤液通量增加，必须设法增大传质系数 k。而要使 k 增加，应改善流体力学条件，减少边界层厚度。

当溶质的亲水性很强时，常常在膜上形成一层覆盖层，又称胶层。胶层的浓度只取决于被过滤的物料的性质。胶层的存在大大增加了传质阻力。由于浓差极化是可逆的，故理论上胶层的存在也是可逆的。实际上它常常不能完全去除，甚至在清洗时也很难将其完全去除。

式(7-24)将渗透通量的计算归结为传质系数 k 的求取。而要从理论上计算 k，目前仍有困难。最常用的方法是采用特征数方程。微滤和超滤中的传质属于强制对流传质，故特征数方程的形式为：

$$Sh = A_1 Re^{B_1} Sc^{B_2} \tag{7-25}$$

式中 $Sh = kd_h/D$，称为谢伍德（Sherwood）数，其作用相当于传热中的 Nu 数。

$Sc = \mu/(\rho D)$，称为施密特（Schmidt）数，它反映了物性的影响，其作用相当于传热中的 Pr 数。

$Re = ud_h\rho/\mu$，为雷诺（Renolds）数，其中 d_h 为特征尺寸。

关于式(7-25)中各参数的值，文献中有许多报道，下面两式是最常用的。

当 $Re > 4000$ 时为湍流，此时可用：

$$Sh = 0.023 Re^{0.8} Sc^{0.33} \tag{7-26}$$

当 $Re < 1800$ 时为层流，最常见的情形是速度边界层已充分发展，浓度边界层尚未充分发展，此时可用：

$$Sh = 1.86(ReScd_h/l)^{0.33} \tag{7-27}$$

l 为流道长，定性尺寸 d_h 不是孔径，而是由设备决定的一个特征尺寸。

(4) 覆盖层模型或阻力模型

直接应用"过程速率＝推动力÷阻力"这一方程，那么推动力应是 Δp，阻力有：边界层的阻力、覆盖层阻力、膜阻力和膜上沉积层阻力。故有：

$$J = \Delta p / \Sigma R = \Delta p / (R_m + R_f + R_{BL} + R_g) \tag{7-28}$$

在四项阻力中，膜阻力 R_m 和膜上沉积层阻力 R_f 为膜的特性，可合并为 R_m'。边界层阻力 R_{BL} 和覆盖层阻力 R_g 取决于物系和操作条件如压差、流速、温度等，可合并为 R_p。R_p 的值与 Δp 有关，用一经验方程关联：

$$R_p = \varphi \Delta p \tag{7-29}$$

从而得：

$$J = \Delta p / (R_m' + \varphi \Delta p) \tag{7-30}$$

这个模型不再区分压差控制区和传质控制区，用一个统一的方程来关联 J 和 Δp，而且可以定性地观察：

当 Δp 较小时，$\varphi \Delta p \ll R_m'$，$J \propto \Delta p$；

当 Δp 较大时，$\varphi \Delta p \gg R_m'$，$J \approx$ 常数。

这个模型的缺点是 R_m' 和 φ 都较难确定。

(5) 沉积模型

这个模型以单个微粒的力平衡和流动边界层理论为基础。位于膜上的单个微粒除了受重力以外，还受到主流体的牵引力（向前）和附着力（向后），只有当牵引力大于附着力时，微粒才向前运动。此运动速度与通量间有一定的关系，这样，先从边界层理论求取微粒的运动速度，再与滤液通量关联，就得到数学模型，其形式为：

$$J = 4.7 \times 10^{-5} Re^{1.26} (\gamma/d_h)(d_p/d_h)^{0.44} \tag{7-31}$$

式中，γ 为料液的密度，d_h 为特征尺寸，d_p 为颗粒粒径。当微粒为刚性粒子，且其密度比连续相（一般为水）的密度大得多时，沉积模型较准确。故此模型较适用于微滤。

例 7-2 牛奶在 50℃下的超滤。已知牛奶的物理性质是：密度 $\rho = 1.03\text{g/cm}^3$，黏度为 $\mu = 0.008\text{Pa·s}$，扩散系数 $D = 7 \times 10^{-7}\text{cm}^2/\text{s}$，牛奶中的蛋白含量 $c_B = 3.1\%$（质量/体积），凝胶浓度为 22%（质量/体积）。已知中空纤维膜的参数如下所示。求出用中空纤维膜组件对该牛奶超滤的通量。

直径 d/cm	长度 L/cm	纤维数 n	错流流率 Q/(L/min)	压力降/10^5Pa
0.11	63.5	660	36	0.9

解：对中空纤维膜组件，料液在管内的流速：

$$u=\frac{Q}{(\pi/4)d^2 n}=\frac{36000/60}{(3.14/4)\times 0.11^2\times 660}=95.7\,(\text{cm/s})$$

$$Re=\frac{du\rho}{\mu}=\frac{0.11\times 95.7\times 1.03}{0.008}=1355<1800$$

$$Sc=\frac{\mu}{\rho D}=\frac{0.008}{1.03\times 7\times 10^{-7}}=1.11\times 10^4$$

Re 值表明这个组件在层流条件下操作，可用式(7-27)计算：

$$Sh=1.86\times 1355^{0.33}\times (1.11\times 10^4)^{0.33}\times (0.11/63.5)^{0.33}=53.29$$

故 $k=53.29\left(\dfrac{D}{d_\text{h}}\right)=53.29\times\dfrac{7\times 10^{-7}}{0.11}=3.39\times 10^{-4}[\text{cm}^2/(\text{cm}\cdot\text{s})]=12.21[\text{L}/(\text{m}^2\cdot\text{h})]$

从凝胶方程，可算出牛奶的通量：

$$J=k\ln\frac{c_\text{g}}{c_\text{b}}=12.21\ln\left(\frac{22}{3.1}\right)=23.9[\text{L}/(\text{m}^2\cdot\text{h})]$$

(6) 提高渗透通量的措施

从以上讨论可知，尽管微滤和超滤的推动力是膜两侧的压差，但提高压差并不一定能使滤液通量显著增加。如果过滤已在传质控制区，增加压差不仅不能使滤液通量增加，反而增加了膜堵塞的机会，此时只能设法减少浓度边界层厚度来增加滤液通量。而减少浓度边界层厚度，则可借助提高料液流速、在料液侧安装搅拌装置等方法。

无论是在压差控制区还是在传质控制区，提高操作温度都可以使液体黏度降低，扩散系数增大，从而使滤液通量增加。当然，必须以膜的耐温能力为限。

膜的长度较短时，在料液入口段，由于速度和浓度边界层均未充分建立，边界层的厚度较薄，从而滤液通量有所增加，可见短的膜组件较为有利。根据同样的道理，有时采取在膜的两侧施加周期性反向脉冲的方法，搅乱边界层，可以起到增加通量的效果。

进料浓度对滤液通量有显著影响。当进料浓度等于胶层浓度时，通量将降为零。实用中根据这一原理来测量胶层浓度。在某些情况下，采用将料液稀释的方法来增大滤液通量，称为稀释过滤（diafiltraion）。当然，稀释会增加浓缩的费用，是否稀释和如何稀释应由经济核算决定。

7.3.4 微滤和超滤的组件和工艺

一个完整的微滤和超滤过程应包括料液槽、膜组件、泵、换热器和测量、控制部件等，其中关键部件是膜组件。本节着重介绍微滤和超滤过程中常见的膜组件和操作方式。

(1) 几种膜组件的结构

① 管式膜组件 用一根多孔材料管，在其表面涂膜（内、外表面均可），就成为管式膜。将许多根管并联在一起，就成为管式膜组件，其结构类似于列管式换热器。图7-13为其示意图。

管式膜的优点是 Re 可大于 10^4，流速 $2\sim 6$m/s，流动为湍流；料液常不需预处理，甚至可处理含少量小粒子的物料；对堵塞不敏感；清洗容易，可以方便地更换管子。但装填密度不高，约为 $80\text{m}^2/\text{m}^3$，因此设备体积较大，能耗较高；设备的死体积也较高，不利于提高浓缩比。

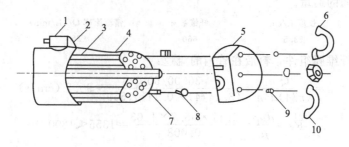

图 7-13 管式膜组件的结构
1—透过液出口；2—外罩；3—膜支撑管；4—管子端面板；5—可拆端面板；
6—浓缩液出口；7—管膜；8—薄膜密封；9—O 形垫圈；10—供液进口

② **毛细管膜组件** 在管式膜组件中，膜本身需要一多孔管支撑。而毛细管膜是自承式的。膜本身可以是非对称膜，直径 0.5～6mm，内压式和外压式均有。也有人将毛细管膜组件归于中空纤维膜。

毛细管膜组件的优点是装填密度高，可达到 600～1200m²/m³，制造费用低，但抗压强度较小，多数情况管内的流动为层流，对传质不利。

③ **中空纤维膜组件** 中空纤维是很细的管子，直径 0.19～1.25mm。中空纤维一般是非对称膜，由于管径很小，料液流动一般为层流。中空纤维膜组件的结构紧凑，死体积小，装填密度可高达 10000m²/m³，制造费用低，能耗也低，这些是最大的优点。但由于管径小，易堵塞，不适于处理带粒子的料液。料液一般要先经预处理，以除去小粒子。

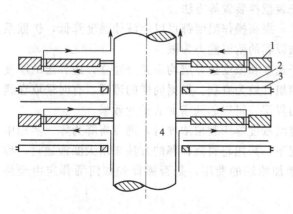

图 7-14 板框式膜组件的结构
1—隔离板；2—半透膜；3—膜支撑板；4—中央螺栓

④ **板框式膜组件** 将平板状的膜覆盖在支撑层上或支撑盘上，再将支撑层或支撑盘叠装在一起，形成类似于板框压滤机的结构，就成为板框式膜组件，见图 7-14。板框式膜是开发研究和工业应用较早的一类膜，相邻两膜间距离很小，因此在层流下操作。文献中可以找到专用于板框式膜组件的传质系数关联式。

板框式膜的更换和清洗均较容易，对堵塞不很敏感；装填密度高于管式膜组件，但低于 400m²/m³；能耗要比管式膜低；由于在层流下操作，传质系数不很高。

⑤ **螺旋式（卷式）膜组件** 设想将两片膜叠合，中间夹一层多孔网状织品，形成一个膜袋。然后将袋子卷成螺旋，加入中心收集管，就形成了螺旋式膜组件，类似于螺旋换热器。原料液从端面进入，沿轴向流过组件。滤液则按螺旋形流入收集管。它是结构最紧凑的一种膜组件（图 7-15）。

螺旋式膜组件最大特点是料液在其间沿螺旋路径流动。由于离心力的作用，即使 Re 数不太大也可呈湍流，应采用湍流下的传质系数关联式计算滤液通量。其装填密度也较高，与中空纤维膜相似，能耗较低。它的主要缺点是清洗较难，也不能部分更换膜。只要膜有微小局部损坏，整个膜组件就必须更换，这一点和中空纤维膜组件相同。

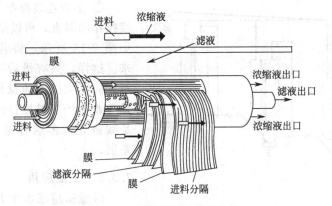

图 7-15 螺旋式膜组件的结构

(2) 微滤和超滤的操作方式

工业上常用的微滤、超滤操作方式有以下几种。

① 单级间歇操作 单级间歇操作方式如图 7-16 所示。料液一次性加入到料液槽中，滤液排出，浓缩液则全部循环。为了减轻浓差极化的影响，在膜组件内必须保持较高的料液流速。因此，料液在组件内的停留时间变短，一次通过达不到要求的滤液量，必须让料液循环。当处理量不大时，多采用这种间歇操作。泵既提供料液流动的能量，又提供透过液流动的压差。

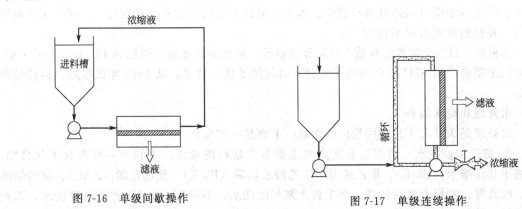

图 7-16 单级间歇操作　　　　　图 7-17 单级连续操作

这是一种非稳态操作，随着过滤的进行，料液浓度逐渐增高，膜的渗透通量逐渐减少。对给定的料液量，这是浓缩最快的操作方式，所需的膜面积也最小。

单级间歇操作时的平均通量 J_{av} 可用下式计算：

$$J_{av}=J_f+0.33(J_i-J_f) \tag{7-32}$$

式中　J_i、J_f——分别为初始和终了时膜的渗透通量。

② 单级连续操作 单级连续操作是在单级间歇操作基础上引申出来的，流程见图 7-17。将一部分浓缩排出作为产品，同时连续进料与回流液混合，进行循环。一般配备 2 台泵。1 台为循环泵，用于提供浓缩液循环流动所需的能量，其流量较大，常用离心泵。一台泵提供压差，其流量较小，与滤液通量相对应，一般采用正位移泵。由于料液流速高，摩擦损失也大，常常导致温度升高。为维持恒温，可在循环回路中加一换热器。

单级连续操作方式的特点是过滤始终在高浓度下进行，因而滤液通量较低，所需的膜面积也较大，适用于处理量较大而膜堵塞又不严重的场合。

③ 多级连续操作 为了克服单级连续操作的弱点，可以采用多级连续操作，如图 7-18 所示，将若干个单级串联起来。这样，只有最后一级在高浓度下进行，故平均滤液通量较高，适用于大批量工业生产。根据目的产物是渗透物还是截留物，多级连续操作的流程稍有差别。

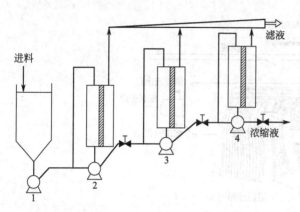

图 7-18 多级连续操作（目的产物是渗透物）

7.3.5 工业应用

微滤和超滤在工业中的应用十分广泛，这主要是由于其操作条件温和，所能分离的物质范围很广。以下是一些比较成熟的工业应用实例。

(1) 电泳漆的回收

电泳法是 20 世纪 60 年代中期汽车工业开始采用的上漆工艺。将待漆部件浸没于用油漆和水配成的池中，油漆粒子沉积在部件表面，并与表面紧密结合。然后将部件取出，用水冲洗，洗去结合得不牢固的漆粒子。最后将部件放入炉子中固化。在清洗过程中产生大量含油漆粒子的洗水。

用 UF 处理洗水是比较理想的。其渗透液为水，可以循环使用，浓缩液则回流到乳状液池中。回收的油漆可以弥补操作费用。水和水处理方面的节约就是净收益了。有了 UF 装置以后，补充的新鲜水量不到 10%。

据报道，目前全世界已有数百套装置在运行，膜的渗透通量可以达到 13~60L/(m²·h)。上海汽车制造厂的 SH130 两吨货车驾驶室就使用了这一技术，从 1975 年试车后，运转情况良好。

(2) 水处理和纯水制备

水处理是 MF 和 UF 应用最广的领域。下面是一些实例。

① 纺织工业废水 纺织工业的废水主要是含浆料的废水。浆料是一些高分子化合物，如羧甲基纤维素（CMC）、聚乙烯醇、聚乙酸乙烯酯（PVA）、聚氯乙烯（PAC）、聚丙烯酸酯、胶乳等。物料上浆后洗涤，产生含上浆剂的洗水。不少工厂用 UF 过程处理洗水，取得了较好的效果。如一家纺织厂用 100m² 螺旋式膜在 75℃下将含 10~13g/L PVA 的废水浓缩到 66~75g/L，约浓缩 6 倍，截留率达 97%，截留下的上浆剂可重复使用。又如德国一家工厂用 UF 处理含胶乳的废水，浓缩比为 10，膜的寿命为 1 年，1.3 年可收回投资。

② 造纸厂的废水 造纸厂产生的碱性废水是严重的污染源。用 MWCO 值为 3000~5000 的膜处理，可回收 70% 的色素和大部分的 BOD（生化需氧量）和 COD（化学需氧量）。渗透液符合排放标准。废水体积减少到 1/25 甚至 1/99。但必须先进行预处理，除去悬浮粒子。

造纸厂的漂白废水含亚硫酸盐，相对分子质量为 10000~50000。用螺旋式膜可以将废水分成两部分，一部分为高纯度木质素，另一部分为低木质素糖。可得到 90% 的得率和 97% 的木质素纯度。

③ 含油废水 许多工厂产生大量的含油废水，其中的乳状液不能用机械方法分离，用化学方法处理则会产生大量的残渣。用 UF 处理，其滤液可直接排出，不需再作处理。浓缩液可直接燃烧，其体积也仅占废水体积的 3%~5%，要进一步处理也较经济。

一般的含油废水中油含量在 0.1%~10%。可以用 UF 浓缩到含油 40%~70%。多数膜生产商推荐使用 MWCO 为 20000~50000 的膜。渗透液含油 0.001%~0.01%，膜寿命可达 3~6 年。

④ 纯水制备　纯水的制备传统上用二次蒸馏法，不仅耗能高，对水中易挥发有机杂质的去除效果也不好。从常规过滤、UF、蒸馏、吸附、反渗透、离子交换这几种操作对各种杂质的去除效果看，最理想的组合是离子交换加 UF 或离子交换加反渗透。UF 的能耗低于反渗透，但生产的水质还是反渗透好。现在已有系列化的设备生产纯水，参见反渗透部分的介绍。

(3) 食品工业

食品卫生中的物料大多不耐高温、高压和酸碱，故用膜技术是理想的分离方法。食品工业中应用膜分离的例子很多，主要的障碍因素是经济性，而后者又与膜堵塞和清洗密切相关。下面举几个实例。

① 乳清的分离　用牛奶制干酪，分离后得到乳清，其中含不少可溶蛋白质、矿物质等营养物质，但也含大量的难消化的乳糖。乳清的量占牛奶量的 84%~91%，传统的处理方法是真空浓缩，然后喷雾干燥，得到乳清粉。这种处理方法的缺点是耗能太高，且乳清粉含的乳糖较多，营养价值不高。

近年来用超滤法处理乳清的工艺日趋成熟。UF 处理后，蛋白质可以回流到干酪生产流程中，小分子物质则通过膜。膜的 MWCO 值约在 10000~25000，操作温度应避开 20~45℃这一微生物生长很快的区域。常见的通量值为 13~40L/(m²·h)，浓缩比很高，可使乳清中蛋白质含量从 3%增加到 5%以上，甚至更高。

浓缩以后，仍可以制造乳清粉，但干燥的能耗明显降低，而且乳清粉的营养价值大为提高。这一工艺的缺点是渗透液的 BOD 值仍很高，必须再作处理。处理的方法是用反渗透进一步浓缩，最后得到一种含乳糖很高的产品，可以用作饲料。

② 干酪的制造　直接将脱脂牛奶 UF 浓缩，去除水分和一些小分子物质后再进行凝乳，制得干酪。这种工艺的蛋白质回收率较高，整个流程能耗较低，且可节约多达 50%的凝乳酶，因为凝乳酶在较浓的溶液中的活力较高。

含水量高于 45%的干酪称为软干酪，低于 45%的干酪称为硬干酪。目前这两种干酪的制造都有报道，但以软干酪的制造为多，工艺上也较成熟。丹麦 95%的干酪是用 UF 法制造的，典型的产品有：Ymer、Quark、Feta、Mozzarella 等，一般可以浓缩到含蛋白质 50%甚至更高。不过，蛋白质对膜的堵塞作用比较显著，在生产中应特别注意浓缩比。太高的浓缩比会使膜渗透通量下降太多，影响工艺的经济性。

③ 糖厂废蜜中糖的回收　甘蔗糖厂的废蜜中含 30%左右的糖，甜菜糖厂的废蜜中含 60%左右的糖（均为干基），传统的回收法只能回收一小部分糖，因此多采用将废蜜作为发酵原料或直接做饲料的处理方法。近年来有人尝试用 MF 回收糖的工艺。先将废蜜稀释到含固形物 60%左右，再用孔径为 0.01~0.02μm 的 MF 膜过滤，得到的滤液纯度大为提高，可再用于结晶或直接制成液体糖浆。这一工艺使糖的回收率大为提高。还可以推广到糖厂煮炼车间的前段，将第二次结晶后的糖蜜处理，制备液体糖浆。更进一步地，可以直接过滤糖汁，从而对传统的制糖工艺进行根本的革新。

④ 果汁的澄清　用 MF 膜过滤果汁，能得到清澈透明的果汁。由于果汁中含较多果胶，增加了黏度，且易使膜堵塞，故最好先用果胶酶处理，将果胶分子水解后再进行 MF。果汁经 MF 后还减少了发生后浑浊的机会；并由于细菌的脱除，能延长果汁的保质期。

⑤ 啤酒的澄清　将啤酒在装瓶前 MF，可去除啤酒中的浑浊粒子和细菌，使啤酒的品质更佳。一般的有机膜对酒精的耐受能力不强，但啤酒的酒精度不高，对膜的影响不大。而且啤酒的黏度不高，过滤的通量较高。有的工厂用无机膜过滤啤酒，效果更佳。

7.4　电渗析

7.4.1　电渗析过程

(1) 基本原理

电渗析是指在直流电场作用下，电解质溶液中的离子选择性地通过离子交换膜，从而得到分离的过程。它是一种特殊的膜分离操作，所使用的膜只允许一种电荷的离子通过而将另一种电荷的离子截留，称为离子交换膜。由于电荷有正、负两种，离子交换膜也有两种。只允许阳离子通过的膜称为阳离子交换膜，只允许阴离子通过的膜称为阴离子交换膜。

在常规的电渗析器内，两种膜成对交替平行排列，如图 7-19 所示。膜间空间构成一个个小室，两端加上电极，施加电场，电场方向与膜平面垂直。

含盐料液均匀地分布于各室中，在电场作用下，溶液中的离子发生迁移。有两种隔室，它们分别产生不同的离子迁移效果。

一种隔室是左边为阳膜，右边为阴膜。设电场方向从左向右。在此情况下，此隔室内的阳离子便向阴极移动，遇到右边的阴膜，被截留。阴离子往阳极移动，遇到左边的阳膜也被截留。而相邻两侧室中，左室内阳离

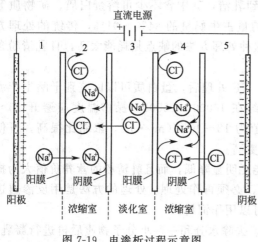

图 7-19　电渗析过程示意图

子可以通过阳膜进入此室。右室内阴离子也可以通过阴膜进入此室。这样，此室的离子浓度增加，故称为浓缩室。

另一种隔室是左边为阴膜，右边为阳膜。在此室的阴、阳离子都可以分别通过阴、阳膜进入相邻的室，而相邻室内的离子则不能进入此室。这样，室内离子浓度降低，故称为淡化室。

由于两种膜交替排列，浓缩室和淡化室也是交替存在的。若将两股物流分别引出，就成为电渗析分离的两种产品。

(2) 电极反应

在电渗析的过程中，阳极和阴极上所发生的反应分别是氧化反应和还原反应。以 NaCl 水溶液为例，其电极反应为：

阳极　　　　　　　$4OH^- \longrightarrow O_2 + 2H_2O + 4e^-$

　　　　　　　　　$2Cl^- \longrightarrow Cl_2 + 2e^-$

　　　　　　　　　$H^+ + Cl^- \longrightarrow HCl$

阴极　　　　　　　$2H_2O + 2e^- \longrightarrow H_2 + OH^-$

　　　　　　　　　$Na^+ + OH^- \longrightarrow NaOH$

结果是，在阳极产生 O_2、Cl_2，在阴极产生 H_2。新生态的 O_2 和 Cl_2 对阳极会产生强烈腐蚀。而且，阳极室中水呈酸性，阴极室中水呈碱性。若水中有 Ca^{2+}、Mg^{2+} 等离子，会与

OH^- 形成沉淀，集积在阴极上。当溶液中有杂质时，还会发生副反应。为了移走气体和可能的反应产物，同时维持 pH 值，保护电极，引入一股水流冲洗电极，称为极水。

(3) 电渗析膜

电渗析是通过施加电位差使离子通过膜的传递过程。为了使膜对离子有选择性，需要使用允许阳离子或阴离子通过离子交换膜。离子交换膜是由具有离子交换性能的高分子材料制成的薄膜，可分为阴离子交换膜和阳离子交换膜。阴离子交换膜中含有与聚合物相连的带正电荷的基团，如由季铵盐形成的基团；阳离子交换膜中含有带负电荷的基团，主要是磺酸或羧酸基团。离子交换膜按宏观结构可分为三大类。

① 均相离子交换膜　将活性基团引入一惰性支持物中制成。它的化学结构均匀，孔隙小，膜电阻小，不易渗漏，电化学性能优良，在生产中应用广泛。但制作复杂，机械强度较低。

② 非均相离子交换膜　由粉末状的离子交换树脂和黏合剂混合而成。树脂分散在黏合剂中，因而化学结构是不均匀的。由于黏合剂是绝缘材料，因此它的膜电阻相对较大，选择透过性也较差。但制作容易，价格也较便宜。随着均相离子交换膜的推广，非均相离子交换膜的生产曾经大为减少，但近年来又趋活跃。

③ 半均相离子交换膜　也是将活性基团引入高分子支持物中制成的，但两者不形成化学结合。其性能介于均相离子交换膜和非均相离子交换膜之间。

此外，还有一些特殊的离子交换膜，如两性离子交换膜、两极离子交换膜、蛇笼膜、镶嵌膜、表面涂层膜、螯合膜、中性膜、氧化还原膜等。

对离子交换膜的要求是：

① 有良好的选择性。

② 膜电阻低，膜电阻应小于溶液电阻。若膜电阻太大，则由膜本身引起的电压降相当大，减小了电流密度，对分离不利。

③ 有足够的化学稳定性和机械强度。

④ 有适度的溶胀。

(4) 特殊的电渗析过程

① 只用一种膜　在这种情况下会发生离子交换反应。只有膜允许通过的那种电荷的离子才发生交换，另一种离子则不发生变化。这方面的应用实例有：水的软化，即用 Na^+ 交换 Ca^{2+} 和 Mg^{2+}，此时用阳离子交换膜；柠檬汁中柠檬酸含量的降低，即用 OH^- 交换柠檬酸根，此时用阴离子交换膜。

② 两极膜的应用　两极膜是一面为阳膜、另一面为阴膜的离子交换膜。在两极膜内，水分子将被离解，成为 H^+ 和 OH^-。再与一对阴膜和阳膜配合，可以用 NaCl 溶液为原料同时生产 NaOH 和 HCl。注意此时进料并不进入两极膜两侧的室内。这个过程实际上就是 NaCl 的电解。

7.4.2　电渗析中的传递

(1) 基本概念

① 法拉第定律　法拉第定律是电化学中的基本定律。内容如下：

a. 电流通过电解质溶液时，在电极上参与反应的物质的量正比于电流和通电时间，即正比于通过溶液的电量。

b. 每通过 96500C 的电量，在任一电极上发生得（失）1mol 电子的反应，参与此反应的物质的量亦为 1 当量。

将 $F=96500\text{C}/$当量称为法拉第常数，它表示 1mol 电子的电量。

② 离子的迁移 电解质溶液中的离子在电场力的推动下移动。在一维情形下，可以用一个类似于 Fick 定律的一阶微分方程来描述离子 i 在电场力推动下的迁移速度：

$$u_i = -K_i \mathrm{d}E/\mathrm{d}x \tag{7-33}$$

式中　$\mathrm{d}E/\mathrm{d}x$——电位梯度；
　　　K_i——参数。

当 $\mathrm{d}E/\mathrm{d}x=1\text{V}/\text{cm}$ 时，某离子在一定溶剂中的迁移速度称为该离子的淌度。离子 i 的淌度 m_i 并不等于式(16-34)中的 K_i，而是等于 K_i 除以离子价数 Z_i 的商：

$$m_i = K_i/Z_i \tag{7-34}$$

离子淌度和扩散系数间的关系可用能斯特-爱因斯坦（Nernst-Einstein）方程描述：

$$m_i = D_i F Z_i/(RT) \tag{7-35}$$

式中　D_i——离子 i 的扩散系数；
　　　F——法拉第常数；
　　　R——气体常数；
　　　T——温度。

③ 迁移数 t_i　某离子 i 在溶液中的迁移数定义为该离子传递的电流与总电流之比，也等于该离子在膜内的迁移通量与全部离子在膜内的迁移通量之比：

$$t_i = J_i Z_i/(\sum J_i Z_i) \tag{7-36}$$

式中　J_i——离子 i 在电场中迁移的通量。

如果已知溶液中各离子的浓度淌度，就可以计算迁移数。例如对 NaCl 溶液：

$$t_+ = m_+/(m_+ + m_-) \tag{7-37a}$$

$$t_- = m_-/(m_+ + m_-) \tag{7-37b}$$

④ 膜的选择性 P　膜的选择透过性为反离子（溶液中带有与固定基团相反电荷的离子）在膜内的迁移数相对于其在自由溶液中的迁移数增加的倍数。所谓反离子，是指与膜的固定活性基团所带的电荷相反的离子。一般的电渗析过程就是指反离子的迁移过程。

$$P=(膜中反离子迁移数-自由溶液中反离子迁移数)/(1-自由溶液中反离子迁移数) \tag{7-38}$$

如果膜的选择性为 100%，那么通过膜的电流全由反离子承担，也就是说膜中反离子迁移数$=1$，从而 $P=1$。

如果膜的无选择性，那么反离子在膜内的迁移数等于它在溶液中的迁移数，从而 $P=0$。

实际膜的 P 值介于 0 和 1 之间，一般要求离子交换膜的 P 值大于 0.85，反离子的迁移数大于 0.9。

⑤ 膜电阻　膜电阻是离子交换膜的一个重要特性参数。文献中有不少计算溶液电阻或电导的方法，但对膜电阻仍以实测为主要手段。在实际电渗析操作中，常希望膜电阻越小越好。影响膜电阻的因素有：

a. 膜内固定基团的浓度和性质。固定基团浓度越高，电阻就越小。固定基团为强酸或强碱时，可解离基团较易解离，外部溶液的 pH 对电阻的影响就小些。

b. 由 Donnan 膜平衡理论可知，膜外溶液浓度越高，扩散进膜的离子浓度就越高，因而膜电阻越低。但是这一降低由同名离子参与导电所致，因而是所不希望的。

c. 从膜的结构看，均相膜的电阻小于非均相膜，主要是后者结构中的黏合剂是不导电的。

(2) 电渗析中包含的传递过程

电渗析中的主要传递过程是反离子的迁移。除此之外，电渗析中还存在着以下传递过程。

① 同名离子的迁移。是指与膜上固定基团带相同电荷的离子通过膜的现象。这是由于膜的选择性未达到100%所致。它降低了电渗析的分离效率，但与反离子的迁移相比，其迁移数一般很小。

② 浓差扩散。由于浓缩室和淡化室存在着溶液浓度差，因而引起电解质由浓缩室向淡化室的渗透。

③ 水的渗透。其原理与浓差扩散相似，但扩散推动力为渗透压差，因而是水由淡化室向浓缩室的渗透。

④ 水的电渗透。由于离子的水合作用，反离子和同名离子在迁移时都带了一定量的水一同迁移，从而降低了浓缩的浓度。

⑤ 水的分解。由于电渗析过程中产生浓差极化，或中性水离解成 H^+ 和 OH^- 所造成。

⑥ 渗漏。这是由于膜两侧存在压差而引起水力渗漏。

上述诸种传递过程均不利于电渗析过程，在实践中应设法抑制这些过程。

(3) 离子交换膜的传递理论

关于离子交换膜的传递机理，提出过不少理论，较著名的有双电层理论、膜平衡理论及 Nernst-Planck 扩散学说。

① 双电层理论　双电层理论是由 Sollner 于 1949 年提出的。他认为当离子交换膜与电解质溶液接触后，在溶剂-水的作用下，其活性基团发生解离进入溶液中，使膜表面带电荷。在膜表面附近存在着双电层，紧靠膜的一层为紧密层，其中反离子数量较多。紧密层外为扩散层，扩散层中反离子的量比紧密层中少，但仍比主体溶液中多。紧密层和扩散层实际上相当于浓度边界层。

以磺酸型阳膜为例，其活性基团为 $-SO_3H$。解离后，H^+ 进入溶液，膜表面即带负电荷。这样，膜对溶液中的阳离子有吸引力，对阴离子则排斥；类似地，对季铵型阴膜，其活性基团为 $-N(CH_3)_3OH$，进入溶液的离子为 OH^-，膜表面带正电，对溶液中的阴离子有吸引力。可以推论，膜中活性基团数越多，膜对反离子的吸引力就越强，膜的选择性就越高。

② Donnan 膜平衡理论　Donnan 平衡理论早期用于描述离子交换树脂与电解质溶液间的平衡，借用此理论同样解释离子交换膜与溶液间的离子平衡。根据 Donnan 膜平衡理论，当达到平衡时，某离子在膜内的化学势与它在溶液中的化学势相等，这一平衡即 Donnan 膜平衡。

由于活性基团的解离，使膜内活性基团带电，吸引了溶液中的反离子，这些离子在膜内的浓度大于它在溶液中的浓度，而同名离子在膜内的浓度则小于它在溶液中的浓度，这就产生了选择性。

膜平衡理论在活性基团的解离和膜因此而带电这两方面与双电层理论相同。

③ Nernst-Planck 扩散学说　Nernst-Planck 学说从分析电渗析中的传递过程入手，建立了描述传递过程的方程。

除了渗漏外，电渗析中的迁移过程可归为三类：对流扩散、分子扩散和电迁移。可分别写出描述这三类迁移的方程。

a. 对流扩散。一维情况下，离子 i 在 x 方向上的对流传质通量可以用下式描述：

$$J_{ic}=c_i u_x \tag{7-39}$$

式中 J_{ic}——i 离子的对流扩散通量，kmol/(m² · s)；

c_i——溶液中 i 离子的浓度，kmol/m³；

u_x——在 x 方向上的流体的流速，m/s。

b. 分子扩散：

$$J_{id}=-D_i(\mathrm{d}c_i/\mathrm{d}x+c_i\mathrm{dln}r_i/\mathrm{d}x) \tag{7-40}$$

c. 电迁移。正负离子的电迁移传质速率分别为：

$$J_+=-c_+m_+\mathrm{d}E/\mathrm{d}x \tag{7-41}$$
$$J_-=-c_-m_-\mathrm{d}E/\mathrm{d}x \tag{7-42}$$

对理想溶液，由式(7-35)：

$$m_+=D_+FZ_+/(RT) \tag{7-43}$$
$$m_-=D_-FZ_-/(RT) \tag{7-44}$$

故有：

$$J_+=-[c_+D_+FZ_+/(RT)]\mathrm{d}E/\mathrm{d}x \tag{7-45}$$
$$J_-=-[c_-D_-FZ_-/(RT)]\mathrm{d}E/\mathrm{d}x \tag{7-46}$$

或写成：

$$J_{ie}=-[c_iD_iFZ_i/(RT)]\mathrm{d}E/\mathrm{d}x \tag{7-47}$$

在三种作用下，i 离子总传质速率为：

$$J=J_{ic}+J_{id}+J_{ie}=c_i u_x-D_i\{\mathrm{d}c_i/\mathrm{d}x+c_i\mathrm{dln}r_i/\mathrm{d}x+[c_iFZ_i/(RT)]\mathrm{d}E/\mathrm{d}x\} \tag{7-48}$$

理想溶液：

$$J=c_i u_x-D_i\{\mathrm{d}c_i/\mathrm{d}x+[c_iFZ_i/(RT)]\mathrm{d}E/\mathrm{d}x\} \tag{7-49}$$

上式就是一维的 Nernst-Planck。加上电中性条件和稳态条件联立求解，就可以求出传质速率。然而求解过程十分繁琐，难于在工业中应用。

7.4.3 电渗析工艺

(1) 电渗析器的构造

电渗析器主要由离子交换膜、隔板、电极和夹紧装置组成，整体结构类似于板式换热器（图 7-20）。电渗析器两端为端框，框上固定有电极、极水孔道、进料孔道、浓液和淡液孔道。端框较厚且坚固，便于加压以夹紧元件。电极内表面成凹形，与膜贴紧时，即形成电极冲洗室。相邻两膜之间有隔板，隔板边缘有垫片。当膜与隔板夹紧时，即形成浓室或淡室。隔板、膜、垫片及端框上的孔对齐贴紧后即形成孔道。

电渗析器的隔板是整个设备的支承骨架和水流通道，隔板有回流式和直流式两种（图 7-21）。回流式隔板又称长流程隔板，水的流程长，湍流程度高，脱盐率高，

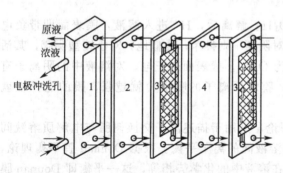

图 7-20 电渗析器的构造
1—电极；2—阳离子交换膜；3—隔板；
4—阴离子交换膜

但流动阻力也大。隔板中常加各种形式的隔网，以增加湍流程度。

电极应具备下列条件：

① 有良好的化学和电化学稳定性。最好既能耐阳极氧化，又能耐阴极还原。这样，同一种材料既可作阳极，又可作阴极。

② 导电性能好，电阻小。

③ 机械性能好，便于加工，价格不太贵。

常用的电极材料有石墨、铅和二氧化钌、不锈钢、钛、钽、铌、铂等，其中不锈钢一般

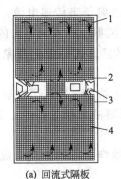 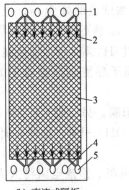

(a) 回流式隔板	(b) 直流式隔板
1—料液流路；2—料液进口；	1—料液进口；2—料液流路；
3—产品出口；4—湍流促进器	3—内流道孔；4—布水道；5—产品出口

图 7-21　回流式隔板和直流式隔板

只能用作阴极。

(2) 电渗析过程的操作方式

与其他膜分离过程相似，电渗析过程也存在以下的操作方式。

① 间歇操作　将料液一次性加入两储槽内，然后开始操作，使浓室和淡室排出的物流分别流入两个储槽，反复循环直到产品浓度符合要求为止。间歇操作适用于小批量生产，它比较灵活，除盐率高，但生产能力相对较低。

② 单级连续操作　由于一般淡室产品的流量大于浓室产品的流量，故应将料液大部分引入淡液槽，小部分引入浓液槽，两者流量比与浓缩比相对应，两种产品也分别循环。这种操作方式较稳定，生产能力较高，除盐率也高。但循环流量大，管路复杂，能耗也高。

③ 多级连续操作　将若干个单级连续操作串联就成为多级连续操作，串联后，淡室因流量大，可以不循环，浓室则应循环。这种操作方式生产能力高，能耗低，但对进料流量和组成的波动较敏感，除盐率取决于流量。

(3) 电渗析过程参数

① 极化和极限电流密度　在电渗析过程中，离子在溶液中的迁移数并不等于在膜中的迁移数。以阳离子为例，由电迁移而通过溶液边界层的通量为：

$$J_{+e}=t_+i/(FZ_+) \tag{7-50}$$

而阳离子通过膜的通量为：

$$J'_{+e}=t'_+i/(FZ_+) \tag{7-51}$$

在阳膜内，$t'_+>t_+$，所以电迁移的结果是阳离子通过溶液到达或离开阳膜的量少于它通过阳膜的量。这样，在阳离子进入膜的一侧，离子被稀释，在边界层内建立起浓度梯度，在阳离子离开膜的一侧，有离子的积累，也建立起浓度梯度。在浓度梯度的作用下，阳离子借扩散作用而迁移。这一扩散通量由 Fick 定律表示为：

$$J_{id}=-D_i dc_i/dx \tag{7-52}$$

在稳定情况下，由电迁移通过边界层的离子通量与扩散通量之和等于膜的离子通量，亦即总的离子通量，故：

$$t'_+i/(FZ_+)=t_+i/(FZ_+)-D_i dc_i/dx \tag{7-53}$$

当 $x=0$ 时，$c=c$；$x=\delta_2$（边界层的厚度）时，$c=c_0$。积分得到：

$$i(t'-t)/(FZ_+)=D_i(c-c_0)/\delta_2 \tag{7-54}$$

式(7-54)中，浓度最低处为 c_0。电流越大，t 和 t' 之间的差别就越大，从而 c_0 就越低，当电流很大时，c_0 将趋于零。此时将没有足够的离子来传递电流，在膜界面处将产生水分子的解离，产生 H^+ 和 OH^- 来传递电流，使膜两侧 pH 发生很大的变化，这一现象称为"极化"，它不同于超滤和反渗透中的"浓差极化"。这一极化现象对电渗析不利，表现在：

a. H^+ 将通过阳膜，另一侧 OH^- 将通过阴膜进入浓室，冲淡了浓室，降低了分离效率。

b. 阳膜处将有 OH^- 积累，使膜表面呈碱性。当溶液中存在 Ca^{2+}、Mg^{2+} 等离子时将形成沉淀。

c. 极化时，膜电阻、溶液电阻将大大增加，使操作电压增加或电流下降，从而降低了分离效率。

d. 溶液 pH 将发生很大变化，使膜受到腐蚀。

为避免极化现象的产生，把 $c_0=0$ 时的电流密度称为极限电流密度，并将它作为操作的极限。一般取操作电流密度为极限电流密度的 80% 左右。

在式(7-54)中，令 $c_0=0$，可得到极限电流密度计算式如下：

$$i_{\lim}=Z_iD_iFc/[\delta_2(t_i'-t_i)] \tag{7-55}$$

根据上式，可以找出影响 $i_{\lim}$ 的因素：

a. c_i 越高，$i_{\lim}$ 就越高。这里的 c_i 是淡化室内的溶液主体浓度。在膜对数很高、脱盐率高时，c_i 的值并不高，这就导致 $i_{\lim}$ 的降低。此时应当采用分级操作。从式(7-55)还可看出，要达到 100% 的脱盐率是不可能的。

b. 扩散系数较高时，$i_{\lim}$ 也较高。在不影响物料稳定性和膜的耐受力的前提下，提高操作温度是有利的。

② 可以用减少 δ_2 的方法来增加 $i_{\lim}$，这实际上是流体力学问题，应当设法减少边界层的厚度。

在实践中，$i_{\lim}$ 是通过小型试验确定的。最常用的方法是施加不同电压测电流，然后以 V/I 对 $1/I$ 作图，图上的转折点即代表了 $I_{\lim}$，除以膜面积便得 $i_{\lim}$（图 7-22）。

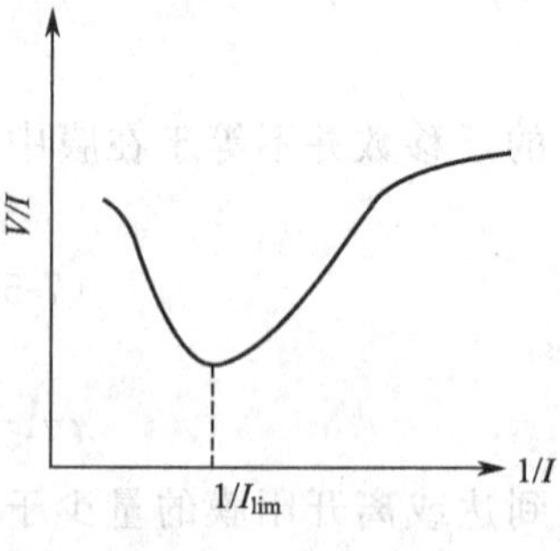

③ 电流密度 严格而言，在不超过极限电流密度的前提下，应由经济核算确定操作电流，核算时应考虑操作费用、电费和设备折旧等因素。

若缺乏进行详细核算的数据，则可用下述两种方式之一确定操作电流密度。

a. 用料液做试验，确定极限电流密度，然后取极限电流密度的 80% 左右作为操作电流密度。由式(7-55)知，极限电流密度与流动条件有关，因此在放大时应满足流体力学相似的条件。

图 7-22 极限电流密度的确定

b. 在 25℃下用 NaCl 溶液测得极限电流密度，然后用下式进行校正，求出操作电流密度 i_o：

$$i_o=i_{\lim}f_cf_tf_s \tag{7-56}$$

式中 f_t——温度校正因数，由下式计算：

$$f_t=1+0.02(t-25) \tag{7-57}$$

f_s——安全系数，一般可取为 0.98；

f_c——不同电解质的换算系数,如果料液中含几种离子,则:

$$f_c = \sum f_i c_i / \sum c_i \tag{7-58}$$

式中 c_i——离子 i 的质量浓度;

f_i——离子 i 的换算系数,f_i 的值见表 7-3。

表 7-3 各种离子的换算系数 f_i 值

离子	f_i	离子	f_i	离子	f_i
Na^+	1	K^+	1.5～1.6	NH_4^+	1.4～1.5
Ca^{2+}	0.8～0.9	Mg^{2+}	0.7～0.8	Cl^-	1
SO_4^{2-}	0.7～0.9	NO_3^-	0.8～0.9	HCO_3^-	0.13～0.4

④ 膜面积 实际迁移量与由法拉第定律求得的理论迁移量之间是有区别的,两者的偏离程度用电流效率 η 衡量,即

$$\eta = q_v (c_1 - c_2) F / (nI) \tag{7-59}$$

式中 q_v——处理量,m^3/s;

c_1,c_2——原料液和淡液的浓度,mol/m^3;

n——膜对数;

I——电流,A。

总的脱盐量为:

$$G = q_v (c_1 - c_2) \tag{7-60}$$

设每张膜的面积为 β,则电流密度

$$i = I/\beta \tag{7-61}$$

带入式(16-61)得到每种膜的面积为:

$$S = n\beta = q_v (c_1 - c_2) F / (i\eta) \tag{7-62}$$

因设备中有阳离子和阴离子交换膜,故总的膜面积为 $2S$。

⑤ 总能耗

$$W = VI \tag{7-63}$$

例 7-3 某乳清溶液 ($50m^3$) 含 1% NaCl,求经多长时间利用电渗析可将盐含量减少 85%。已知电效率为 0.85,电流为 100A,共 100 个腔室。

解: 已知乳清溶液中 NaCl 浓度为 1%,将其换算成摩尔浓度:

$$c_1 = \frac{1kg/(58.5 \times 10^{-3} kg/mol)}{1kg/100kg/m^3} = 170.9 mol/m^3$$ (考虑到溶液较稀,假设其密度等于水的密度,取 $1000kg/m^3$)

利用式(16-61) $\eta = q_v (c_1 - c_2) F / (nI)$ 进行计算:

$$q_v = \frac{\eta nI}{(c_1 - c_2)F} = \frac{0.85 \times 100 \times 100}{0.85 \times 170.9 \times 96500} = 6.06 \times 10^{-4} (m^3/s)$$

则所需时间为:$50/(6.06 \times 10^{-4} \times 3600) = 22.9$ (h)

7.4.4 电渗析的应用

电渗析主要用于电解质的分离和电解质与非电解质之间的分离。下面是几个实例。

(1) 水的纯化

电渗析也用于纯水的制备。与其他方法相比,其特点是能耗与脱除的盐量成正比,因此当原水含盐量高时,电渗析的成本就较高。图 7-23 比较了几种脱盐方法的费用与原水盐浓度间的关系,其中多效蒸发的费用与原水盐浓度基本无关。从图中可以看出,当盐浓度低

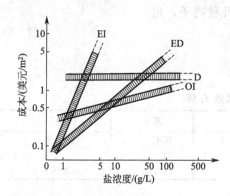

图 7-23 几种脱盐方法的费用与原水盐浓度间的关系

时,电渗析和离子交换的费用较低。而当盐浓度大于 50g/L 时,最经济的方法是反渗透。

纯水是不导电的。因此当盐浓度很低时,溶液电阻较大,最好的办法是将电渗析和离子交换结合起来。先用电渗析脱除大部分盐,再用离子交换除去残余的盐,既避免了盐浓度过低时溶液电阻过大的缺点,又避免了离子交换时树脂的频繁再生。

(2) 海水浓缩制食盐

与常规的盐田法制盐相比,电渗析的优点是:占地少(仅为盐田法的 4%~6%)、投资小(为盐田法的 20%)、劳力省(为盐田法的 5%~10%),而且不受地理环境及气候的影响,易于自动化。日本是世界上几个采用电渗析法制盐的国家之一。我国西南地区也有对盐卤水采用电渗析法制盐的。

(3) 食品和制药工业中物料脱除离子

已经试验过的应用实例有:牛乳、乳清的脱盐;酒类脱除酒石酸钾;果汁脱柠檬酸;从蛋白质水解液或发酵液中分离氨基酸等。

7.5 渗透汽化

7.5.1 渗透汽化过程

(1) 概述

渗透汽化(pervaporation)又称渗透蒸发,是利用膜对液体混合物中各组分的溶解与扩散性能不同而实现分离的过程。当液体混合物与渗透汽化膜接触时,混合物中的组分通过膜并汽化。在膜下游侧排出的气相的组成与液体混合物的组成不同,也就是说某一个或几个组分优先通过膜。这就是渗透汽化现象。渗透汽化是随着 20 世纪 70 年代的石油危机促使人们寻找能耗少的分离操作而迅速发展起来的。在 20 世纪 80 年代已有在工业上应用的实例,但总的来说,渗透汽化尚属一种发展中的技术。

渗透汽化的推动力为化学势差。由于组分在膜下游侧的分压低于它同温下的饱和蒸气压,从而便发生相变。这个分压差可以用两个方法实现:一是在下游侧加一惰性夹带剂;二是抽真空。两者相比,一般采用抽真空的办法,以避免将夹带剂分离的麻烦。

渗透汽化分离的最大优点是能耗低。此外,渗透汽化分离效率高,无污染,易于放大。这些都是渗透汽化得以迅速发展的原因。但是渗透汽化过程中组分汽化所需的热量只能来自料液自身温度的降低。因此在系统中必须安装加热单元。

目前,由于渗透汽化膜较贵,整个系统又必须带有加热单元和冷凝单元,而且冷凝温度较低,使得渗透汽化的总费用仍较高。目前在工业上只用于分离恒沸物或沸点十分接近的物系,还不能取代蒸馏操作。但是它被认为是唯一能在将来取代蒸馏的分离操作。

(2) 渗透汽化膜

最初研制的渗透汽化膜是均质膜。这种膜较厚,渗透通量小,难以有工业价值。目前工业上应用的是非对称膜或复合膜。膜材料有醋酸纤维素(CA)、聚丙烯腈(PAN)、聚乙二醇(PVA)、聚乙烯(PE)等。按其表面性质可分为两大类:亲水膜和疏水膜。

① 亲水膜　优先渗透组分为水或甲醇。其典型代表是德国 GFT 公司生产的膜，由三层材料构成。最上面一层为活性层，厚 2～3μm，材料为 PVA。在含水溶液中，活性层发生溶胀，溶胀度取决于进料浓度和聚合物的交联度。中间一层为厚 80～100μm 的 PAN 微孔支撑层，它在水中的溶胀度很小。下面一层为厚约 100μm 的聚酯纤维网。这种膜对醇/水混合物有很高的选择性，并有良好的热稳定性。

② 疏水膜　优先渗透组分为有机组分，又可分为从水溶液中分离有机物和纯有机物混合体系的分离两类。这类膜没有标准膜，大多数情况下要根据具体的应用体系开发研制。应用较多的是聚乙烯膜和由聚氨基甲酸乙酯制成的复合膜。

与亲水膜相比，疏水膜可达到的选择性较低。大规模的工业应用仅在特殊情况下才有意义。

(3) 分离选择性的表示

以 x 表示进料液中的浓度，y 表示透过物的浓度，两者之比称为增浓系数：

$$\beta_A = y_A / x_A \tag{7-64}$$

在两组分体系中，两种组分的增浓度系数之比，称为选择性系数。

$$\alpha_{AB} = (y_A / x_A) / (y_B / x_B) \tag{7-65}$$

不难看出，增浓系数与挥发度相似，选择性系数与相对挥发度相似。

7.5.2 渗透汽化中的传质

(1) 渗透汽化原理

目前公认的描述渗透汽化的传质机理是溶解-扩散模型。它认为整个传质过程由三步组成：

① 膜的选择性吸附；

② 组分在膜内扩散；

③ 组分在膜的下游侧解吸并汽化。

分离的选择性可以来自膜对各组分吸附能力的不同，或各组分在膜内扩散速率的不同。在第一种情况下，浓度梯度将集中于膜靠料液的一侧。在后一种情况下，浓度梯度将集中于膜内。目前尚无可靠的实验根据支持以上两种假设中的一种。

无论是哪一种机理，从宏观上看，料液和透过物之间的平衡关系与常规的气-液平衡关系有很大的不同，可以从以下两个实例中说明。

① 水-乙醇体系　此体系存在一恒沸点，恒沸物中乙醇占 95%（体积分数）。若用 PAN 渗透汽化膜做试验，得到的平衡线与常规的气-液平衡线相比有很大的不同。表现为：平衡线与对角线之间的距离加大，恒沸点消失。这说明分离变得容易了。

② 苯-环己烷体系　由于两组分的化学结构十分相似，因此两者的沸点十分接近。如图 7-24 所示，气-液平衡线与对角线非常接近，恒沸点出现在含苯略高于 52% 的时候。显然，用常规蒸馏是不能将此体系分离的。若用 PE 渗透汽化膜做试验，所得结果与水-乙醇体系

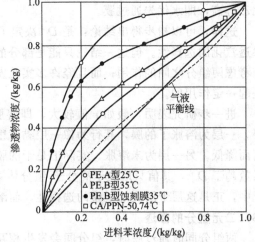

图 7-24　苯-环己烷体系的平衡

相似；平衡线与对角线之间的距离加大，恒沸点消失。从图中还可以看出，膜是很重要的因素，用 CA/PPN 膜的效果最佳。

总之，原来平衡线有恒沸点或平衡线与对角线十分接近的体系，恒沸点将消失，而平衡线与对角线之间的距离变大，说明分离较容易进行。

(2) 纯组分的渗透

以纯组分作为进料进行渗透汽化试验时，可以用 Fick 定律描述组分在膜内的扩散：

$$J = -D\mathrm{d}c/\mathrm{d}x \tag{7-66}$$

这里的 c 为组分在膜体系中的浓度，扩散系数 D 为 c 的函数。研究气体在膜上吸附和解吸情况可以确定此函数关系。当气体离汽化点愈近时，膜的溶胀程度愈高，扩散系数迅速增大。据此可用指数型的经验方程来表达此函数关系：

$$D = D^* \exp(rc) \tag{7-67}$$

式中，D^* 和 r 为两个参数，它们代表了组分-膜体系的特性。将式(7-67)代入式(7-66)，利用边界条件 $x=0$ 时，$c=c_1$；$x=\delta$ 时，$c=c_2$，积分得到：

$$J = [D^*/(r\delta)][\exp(rc_1) - \exp(rc_2)] \tag{7-68}$$

式中 δ——膜厚；

c_1，c_2——分别为膜两侧的浓度。

设渗出相一侧为真空，那么可认为 $c_2 \approx 0$，从而有：

$$J = [D^*/(r\delta)][\exp(rc_1) - 1] \tag{7-69}$$

式中，D^* 为极限扩散系数，它表征了膜对组分的渗透能力。参数 r 表示溶胀效应的强度，r 越大，D 增加越快。可以由溶胀实验测得 c_1，由吸附动力学实验测 D^* 和 r 值。例如，用 PVA 膜分别对水和乙醇做实验，在 25℃下得到：

  水 $D_w^* = 10^{-12}\,\mathrm{cm}^2/\mathrm{s}$ $r_w = 13$

  乙醇 $D_{Et}^* = 10^{-14}\,\mathrm{cm}^2/\mathrm{s}$ $r_{Et} = 9$

同温下水的扩散系数为 $2.5 \times 10^{-9}\,\mathrm{m}^2/\mathrm{s}$。由此可见：

① 膜对渗透是有阻力的，D_w^* 比同温下的扩散系数小得多。

② r_w 和 r_B 值为同一数量级。从而可推定，膜的溶胀对两组分产生的效应差不多。

③ D_w^* 比 D_B^* 大得多。如果用聚乙烯醇膜处理水-乙醇体系，则在渗出相中水的浓度将比乙醇高，即水优先通过膜。

这样，可以初步得出结论：是 D^* 决定了膜的分离选择性，即是扩散速率的不同决定了渗透汽化的选择性。但这一结论只能是部分的，因为以上分析只是对纯组分的渗透而言，没有考虑两组分之间的作用；而且经许多实验发现，r 值可以在 1~90 之间变化，说明溶胀还是起一定作用的。

进一步研究表明，假如 r 值较大，即溶胀程度较高，可以认为膜与溶液接触后形成两层，一层为溶胀了的膜，其行为像一层黏度很高的凝胶，渗透物的扩散系数只是由于黏度增高而降低。另一层为未溶胀、实际上是干的膜，在此层中由于膜下游侧抽真空，组分的扩散系数趋于 D^*，其值只取决于高分子-组分体系的特性。在用聚乙烯膜处理水-乙醇体系的例子中，正是这层干层决定了膜的选择性，而溶胀层起的作用则较小。

(3) 二元组分的渗透

两组分同时通过膜时，组分间会发生相互作用，情况相当复杂，至今尚未有令人满意的模型。常用的方法之一是在单组分渗透的基础上建立数学模型：

$$\begin{cases} D_A = D_A^0(r_{AA}c_A + r_{AB}c_B) & (7\text{-}70) \\ D_B = D_B^0(r_{BB}c_B + r_{BA}c_A) & (7\text{-}71) \end{cases}$$

式中 r_{AA}，r_{BB}——组分本身的溶胀效应；

r_{AB}，r_{BA}——一组分对另一组分的影响；

D_A^0，D_B^0——两组分各自的极限扩散系数。

不过，从式(16-72)和式(16-73)出发仍难以得到实用的数学模型。

(4) 影响渗透汽化的因素

① 膜材料与结构　膜材料与结构是影响渗透汽化过程的最关键因素，目前已有许多热力学和物理化学模型可用于预测渗透通量。

② 温度　温度升高时，扩散系数增大。组分在膜中的溶解度也随温度而变，其间关系都符合 Arrhenius 方程。

一般情况下，渗透通量随温度的升高而增加，如正己烷-苯在聚乙烯膜中的渗透。而苯-异丙烯醇在聚乙烯膜中的渗透则存在一最大流率值。温度越高，此趋势越明显。温度对选择性系数的影响不大，一般可忽略。

③ 进料浓度　易渗透组分浓度增大时，其在膜中的溶解度和扩散系数均增大，故渗透通量增加。

④ 压强　液相侧压强对渗透汽化的影响不大，气相侧的压强直接影响推动力大小，一般当易渗透组分为易挥发组分时，选择性随压强的升高而增大。而当易渗透组分为难挥发组分时，选择性随压强的升高而减少。

7.5.3　渗透汽化模型和计算

(1) 渗透汽化中的梯度分析

渗透汽化的操作方式与超滤、反渗透相似，也是错流方式。设料液流动方向为 x，膜的法向为 y，在 y 方向上存在着以下几个梯度：

① 溶胀梯度　初始操作时，当干膜与料液接触即发生溶胀，但渗出相一侧仍是干的。汽化实际上是在膜内发生的。这样，在膜内存在溶胀程度不同的膜，实际上也成为不对称膜。

② 浓度梯度　由于渗出相组成与料液组成不同，必然存在浓度梯度。

③ 温度梯度　汽化所需的热量只能来自溶液本身，即由溶液温度的降低提供汽化所需的热量。这样，必须存在温度梯度。

此外，由于渗出相一侧为真空，在 y 方向上还存在压强梯度。但它的影响很小，一般均忽略不计。

在 x 方向上以上诸梯度均存在，但主要是温度梯度。

(2) 渗透汽化的计算

渗透汽化中较常用的模型是液相柱塞流模型，即认为液相的流动是柱塞流。

由梯度分析，可以认为液体沿膜方向作柱塞流。以 z 为膜的长度方向，如图 7-25 所示，设组分 A 在混合液中为含量较少的组分，而组分 A 与膜又有较大的亲和力，为渗出相中优先渗出的组分。

设操作已达稳定，在计算时应备有以下数据：

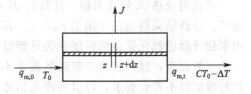

图 7-25　液相柱塞流模型

① 组分 A 在进料中的质量分数 w_0，温度 T_0；

② 渗余相允许（或要达到）的组分 A 的质量分数 w_t；

③ 膜的特性，主要是渗透通量和选择性随温度和浓度的变化规律；

④ 体系的热特性。

实验表明，选择性系数对温度不太敏感，可以认为它只随浓度而变，用一个由实验得到的一元函数 $\beta(w)$ 来表示选择性系数。

而渗透流量 J 则与浓度 w、温度 T 均有关，为一个二元函数。最方便的方法是在一定温度下做实验，求出 J 随 w 变化的规律，然后用浓度为 $w=(w_0+w_t)/2$ 的混合物在 T_0 和 $T_0-25\mathrm{K}$ 之间选若干个点做试验，用这些数据按 Arrhenius 方程进行标绘，求得"活化能"值。最后把两个试验的数据综合起来，得到二元函数 $J(w,T)$。

渗出相带走的热量应等于其通量 J 与汽化热量 ΔH 的乘积，ΔH 的值与浓度有关。以上标 "'" 表示渗出相，用下列求取平均汽化热：

$$\Delta H = w'\Delta H_A + (1-w')\Delta H_B \tag{7-72}$$

ΔH_A、ΔH_B 分别为组分 A 和 B 的汽化热。

这部分热量的来源只能是料液，故有：

$$\Delta H J(w,T)\mathrm{d}S = C_p q_m \mathrm{d}T \tag{7-73}$$

式中　$\mathrm{d}S$——微元的膜面积；

　　　q_m——质量流量。

比定压热容 C_p 也可用加减法则计算：

$$C_p = w C_{pA} + (1-w) C_{pB} \tag{7-74}$$

在图 7-25 中 z 与 $z+\mathrm{d}z$ 间的微元体内作衡算，以 L 为膜的周边长度，微元的膜面积为：

$$\mathrm{d}S = L\mathrm{d}z \tag{7-75}$$

总物料衡算：
$$-\mathrm{d}q_m = J(w,T)L\mathrm{d}z \tag{7-76}$$

组分 A 的物料衡算：$-\mathrm{d}(wq_m) = w'J(w,T)L\mathrm{d}z = w\beta(w)J(w,T)L\mathrm{d}z \tag{7-77}$

又
$$-\mathrm{d}(wq_m) = -q_m\mathrm{d}w - w\mathrm{d}q_m \tag{7-78}$$

将式(7-78) 和式(7-76) 代入式(7-77)，得：

$$-q_m\mathrm{d}w - wJ(w,T)L\mathrm{d}z = w\beta(w)J(w,T)L\mathrm{d}z \tag{7-79}$$

即
$$-q_m\mathrm{d}w = [\beta(w)-1]wJ(w,T)L\mathrm{d}z \tag{7-80}$$

热量衡算：
$$C_p(w)q_m\mathrm{d}T = J(w,T)\Delta H(w')L\mathrm{d}z \tag{7-81}$$

整理得：
$$\mathrm{d}T = [J(w,T)\Delta H(w')/q_m C_p(w)]L\mathrm{d}z \tag{7-82}$$

最终得到一个微分方程组：

$$\begin{cases} -\mathrm{d}q_m = J(w,T)L\mathrm{d}z \\ -q_m\mathrm{d}w = [\beta(w)-1]wJ(w,T)L\mathrm{d}z \\ \mathrm{d}T = [J(w,T)\Delta H(w')/q_m C_p(w)]L\mathrm{d}z \end{cases}$$

可以用龙格-库塔法求解。计算时 $\mathrm{d}z$ 应取得足够小，保证积分能在 $100\sim1000$ 个步长上进行。计算结果得到三个函数 $q_m(z)$、$w(z)$、$T(z)$，当 $w\leqslant w_t$ 时，停止计算，对应的值可用来估计渗透汽化设备的性能或设计新设备。

一般而言，操作过程中料液的温度不宜下降太多，比进料降低 25℃ 为常用的温降，若此时浓度尚不符合要求，可以将渗余相加热后再进入下一段膜组件，这样渗透汽化设备实际上被分成带中间加热的若干个小段的串联，可将每小段视作一级。

例 7-4 在一直径为 20cm 的渗透汽化池中放置一厚度为 30μm 的均质纤维素酯膜,渗透物侧维持在 1mbar (100Pa)。20℃下的稳态实验中,1h 后收集到 20g 水,计算水的渗透系数,并分别以 mol·m/(m²·s·Pa) 和 cm³(STP)·cm/(cm²·s·cmHg) 表示。

解:渗透系数的定义是 $P=J\delta$,其中 J 为渗透通量(单位时间、电位膜面积上透过的料液量),δ 为膜的厚度。

根据题中的已知条件,可计算出:

$$P_{H_2O} = \frac{20g/(18g/mol)}{(1h \times 3600s/h) \times \left(\frac{\pi}{4} \times 0.2 m^2\right) \times (1.013 \times 10^5 Pa - 1 \times 10^{-3} \times 10^5 Pa)} \times (30 \times 10^{-6} m)$$

$$= 2.9 \times 10^{-12} \text{ mol·m/(m}^2\text{·s·Pa)}$$

假设在此状态下,水蒸气可视为理想气体,则 1mol=22.4L(STP)。

$$P_{H_2O} = 2.9 \times 10^{-12} \text{ mol·m/(m}^2\text{·s·Pa)} \times 22.4 \times 10^3 \text{ cm}^3(STP)/mol$$
$$\times 10^2 \text{cm/m} \times 10^{-4} \text{cm}^{-2}/\text{m}^{-2} \times (1.013 \times 10^5 Pa/76 cmHg)$$
$$= 8.7 \times 10^{-7} \text{ cm}^3(STP) \cdot \text{cm}/(\text{cm}^2 \cdot s \cdot cmHg)$$
$$= 8700 \text{ bar}$$

[1bar = 10^{-10} cm³(STP)·cm/(cm²·s·cmHg)]

7.5.4 渗透汽化的应用

水-乙醇恒沸物的分离是目前渗透汽化应用最成功的工业实例。对于无水乙醇的制备,传统工艺有恒沸蒸馏、萃取蒸馏、吸附等。近年来,将渗透汽化应用于水-乙醇恒沸物的分离,获得了成功,成为渗透汽化第一个工业应用实例。

目前最大的,也是最早的渗透汽化制无水乙醇装置在法国的 Betheniville,1988 年投入运行。采用德国 GFT 公司的膜,总面积 2100m²,分三段,每段 7 个梯级,每个梯级装有 2 个并联的 50m² 组件。若产品为含水 0.2%(体积分数)的乙醇,则每小时可得 5t 产品,相当于脱水量 240kg/h。若减小处理量,则产品含水量可降至 0.05%(体积分数)。渗透物需用冷冻水冷凝,为此安装了 3 台制冷能力总共为 200kW 的冷冻装置。整个系统总的运行结果是成本与萃取蒸馏大体相当,但由于渗透汽化是新工艺,潜力还很大,所以其前途优于萃取蒸馏。

目前渗透汽化的应用日益广泛,已开发或应用的领域有:有机溶剂脱水(包括痕量水的脱除),从水中除去芳香族化合物、醇、氯代烃等有机物,极性/非极性化合物的分离,饱和/不饱和化合物的分离,碳八异构体的分离。具体的实验结果可参见相关的文献和专著,本书在此就不赘述。

习 题

1. 家庭、学校和实验室的哪些分离过程可用膜分离方法来改善?
2. 请设计某些基于膜分离概念的家用电器设备。
3. 采用间歇微滤过程浓缩细胞悬浮物,将细胞悬浮液浓度从 1% 浓缩到 10%,在浓缩过程中渗透通量可保持在 80L/(m²·h)。设发酵罐体积为 1.5m³,微滤膜面积为 1.0m²。假设膜对细胞的截留率为 100%,计算间歇操作所需时间。
4. 计算 25℃下,下列溶液的理想渗透压:含 NaCl 5%(质量分数)的海水 NaCl (M_w=58.5g/mol);含 NaCl 0.2%(质量分数)的苦咸水 5%(质量分数)的牛血清白蛋白 (M_w=69000g/mol)。并定性讨论若用反渗透法处理前两种溶液,并要求水的回收率为 50%,哪种水需要的操作压力高。
5. 电渗析过程可根据分离目的的不同,分别用于脱盐与浓缩,或同时脱盐和浓缩过程,试问影响过程的主要参数有哪些?

6. 对于下列几种混合物,可采用什么膜进行分离(RO 和 NF 膜,荷电或非荷电)？会产生什么分离结果?

(1) 5%NaCl 水溶液;

(2) 5%NaCl,5%Na_2SO_4 的水溶液;

(3) 5%NaCl,5%Mg_2SO_4 的水溶液;

(4) 8%蔗糖水溶液(M_w=342);

(5) 10%葡萄糖(M_w=180),5%NaCl 的水溶液。

7. 利用电渗析过程处理柑橘汁,可将橘汁甜化。过程中氢氧根离子代替了柠檬酸根离子。计算将柠檬酸浓度从 12g/L 降至 5g/L 所需总膜面积和能耗。流速为 600L/h,柠檬分子分子量为 300g/mol,电压 V=150V, i=100A/m^2,电流效率=0.85,每个腔室的平均电阻 R=0.03Ω,膜面积 β=0.5m^2。

8. 利用间歇渗透汽化过程脱除发酵液中的丁醇。当丁醇浓度从 8%降至 0.8%时,体积减少 15%,计算渗透物中丁醇的浓度。

参 考 文 献

[1] Nollet A. Lecons de physique-experimentale. Paris: Hippolyte-Louis Guerin, 1748.

[2] Loeb S and Sourirajan S. Adv Chem Ser, 1962, 38: 117.

[3] Kleinstreuer C and Chin T P. Analysis of multiple particle trajectories and deposition layer growth in porous conduits. Chem Eng Commun, 1984, 28: 193.

[4] Gutman R G. Membrane filtration-The technology of pressure-driven crossflow process. IOP Publishing Ltd., 1987.

[5] Cheryan M. Ultrafiltration Handbook. Technomic Publishing Co., 1986

[6] 上海汽车制造厂等. 超滤技术在电泳涂漆中的应用. 海水淡化, 1976, (1): 34.

[7] Eykamp W. Microfiltration//Baker R W, Cussler E L and Eykamp W. Membrane Separation System-Recent Debelopments and Future Directions. Noyes Data Co., 1991.

[8] Zeman L J and Zydney A L. Microfiltration and Ultrafiltration——Principles and Applications. New York: Marcel Dekker, 1996.

[9] Mark C P. Ultrafiltration//Mark C P. Handbook of Industrial Membrane Technology. Noyes Publications, 1990.

[10] Mir L, Michaels S L, Goel V and Kaiser R. Crossflow Microfiltration: Applications, Design and Cost//Ho W S W and Sirkar K K. Membrane Handbook. New York: Van Nostrand Reinhold, 1992: 571.

[11] Amjad Z. Reverse Osmosis. Van Nostrand Reinhold Inc., 1993.

[12] Ko A and Guy D. Brackish and seawater desalting//Parekh B. Reverse Osmosis Technology. New York: Marcel Dekker, 1988.

[13] 朱长乐,刘茉娥. 膜科学技术. 杭州: 浙江大学出版社, 1992.

[14] Strathmann H. Applications//Winston Ho W S and Sirkar K K. Membrane Handbook. New York: Van Nostrand Reinhold, 1992.

[15] Strathmann H. Electrodialysis//Baker R W, Cussler E L and Eykamp W. Membrane Separation System-Recent Debelopments and Future Directions. Noyes Data Co., 1991.

[16] 陈翠仙,韩宾兵, Ranil Wickramasinghe. 渗透蒸发和蒸气渗透. 北京: 化学工业出版社, 2004.

[17] Rautenbach R, Albrecht R. Membrane Process. John Wiley & Sons, 1989.

[18] 王湛. 膜分离技术基础. 北京: 化学工业出版社, 2000.

[19] 陈欢林. 新型分离技术. 北京: 化学工业出版社, 2005.

第8章 薄层色谱、柱色谱和纸色谱

色谱法是分离、提纯和鉴定有机化合物的重要方法，有广泛用途。色谱法是1903年提出的。它首次成功地用于植物色素的分离，将色素溶液流经装有吸附剂的柱子，结果在柱的不同高度显出各种色带，而使色素混合物得到分离，因此早期称之为色层分析，现在一般称为色谱法。

色谱法是一种物理的分离方法，其分离原理是利用分析试样各组分在不相混溶并作相对运动的两相（流动相和固定相）中的溶解度的不同，或在固定相上的物理吸附程度的不同等而使各组分分离。色谱法能否获得满意的分离效果，关键在于条件的选择。

分析试样可以是液体、固体（溶于合适的溶剂中）或气体。流动相可以是有机溶剂、惰性载气等。固定相则可以是固体吸附剂、水或涂渍在担体表面的低挥发性有机化合物的液膜，即固定液。

色谱法的分离效果远比分馏、重结晶等一般方法好，它具有高效、灵敏、准确等特点，而且适用于小量（和微量）物质的处理。近年来，这一方法在化学、生物学、医学中得到了普遍应用，它帮助解决了像天然色素、蛋白质、氨基酸、生物代谢产物、激素和稀土元素等的分离和分析。

8.1 薄层色谱法

薄层色谱法（thin lager chromatography，TLC）是快速分离和定性分析少量物质的一种很重要的实验技术。它展开时间短（几十秒就能达到分离目的），分离效率高（可达到300～4000块理论塔板数），需要样品少（数微克）。如果把吸附层加厚，试样点成一条线时，又可用作制备色谱，用以精制样品。薄层色谱特别适用于挥发性小的化合物，以及那些在高温下易发生变化，不宜用气相色谱分析的化合物。

最典型的是在玻璃板上均匀铺上一薄层吸附剂，制成薄层板，用毛细管将样品溶液点在起点处，把此薄层置于盛有溶剂的容器中，待溶液到达前沿后取出，晾干，喷以显色剂，测定色斑的位置。由于色谱是在薄层板上进行的，故称为薄层色谱。

根据铺上薄层的固体性质，薄层色谱可分为：①吸附薄层色谱，是用硅胶、氧化铝等吸附剂铺成的薄层，这就是利用吸附剂对不同组分吸附能力的差异从而达到分离的方法；②分配薄层色谱，是由支持剂如硅胶、纤维素等铺成的薄层，不同组分在指定的两相中有不同的分配系数；③离子交换色谱，由含有交换基团的纤维素铺成的薄层，根据离子交换原理而达到分离；④排阻薄层色谱，利用样品中分子大小不同、受阻情况不同加以分离，也称凝胶薄层色谱。

吸附薄层色谱是使用最为广泛的方法，其原理是在层析过程中，主要发生物理吸附。由于物理吸附的普遍性、无选择性，当固体吸附剂与多元溶液接触时，可吸附溶剂分子，也可吸附任何溶质，尽管不同溶质的吸附量不同；其次，由于吸附过程是可逆的，被吸附的物质在一定条件下可以被解吸，而解吸与吸附的无选择性和相互关联性使吸附过程复杂化。

在层析过程中，展开剂是不断供给的，所以处于原点上的溶质不断地被解吸。解吸出来的溶质随着展开剂向前移动，遇到新的吸附剂，溶质和展开剂又会部分被吸附而建立暂时的平衡，这一暂时平衡立即又被不断移动上来的展开剂所破坏，使部分溶质解吸并随着移动向前移动，形成了吸附-解吸-吸附-解吸的交替过程。所以层析的过程就是不断产生平衡，又不断破坏平衡的过程。溶质在经历了无数次这样的过程后移动到一定的高度。

8.1.1 吸附剂

吸附剂对不同溶质吸附能力差别较大。换句话说，不同溶质对吸附剂有不同的亲和力，因而造成其随展开剂上升移动快慢不一。这一差异的根源主要是由化学结构的差异所引起的。

在含氧吸附剂上，例如硅胶和氧化铝，吸附物与其吸附剂之间的作用力包括静电力、诱导力和氢键作用力，前两者为范德华力。被分离物质的极性越大，与极性吸附剂的作用就越强；非极性被分离物与极性吸附剂相互作用时，使非极性分离物分子产生诱导偶极矩而被吸附于吸附剂表面，称之为诱导力。氢键作用力是特殊的范德华引力，具有方向性和饱和性。

其原理概括起来是：由于混合物中的各组分对吸附剂的吸附能力不同，当展开剂流经吸附剂时，发生无数次吸附和解吸过程，吸附力弱的组分随流动相迅速向前移动，吸附力强的组分滞留在后，由于各组分具有不同的移动速率，最终得以在固定相薄层上分离。

吸附剂颗粒的大小一般为 260 目以上。颗粒太大，展开时溶剂移动速度快，分离效果差；反之，颗粒太小，溶剂移动慢，斑点不集中，效果也不理想。吸附剂的活性与其含水量有关，含水量越低，活性越高。化合物的吸附能力与分子极性有关，分子极性越强，吸附能力越大。

① 硅胶　常用的商品薄层色谱用的硅胶为：

硅胶 H——不含有黏合剂和其他添加剂的色谱用硅胶。

硅胶 G——含煅烧过的石膏（$CaSO_4 \cdot 1/2H_2O$）作黏合剂的色谱用硅胶。标记 G 代表石膏（gypsum）。

硅胶 HF_{254}——含荧光物质色谱用硅胶，可用于 254nm 的紫外线下观察荧光。

硅胶 GF_{254}——含煅烧石膏、荧光物质的色谱用硅胶。

② 氧化铝　与硅胶相似，商品氧化铝也有 Al_2O_3-G、Al_2O_3-HF_{254}、Al_2O_3-GF_{254}。

8.1.2 铺层及活化

实验室常用 20cm×5cm、20cm×10cm、20cm×20cm 的玻璃板来作薄层色谱用载片。玻璃板厚约 2.5mm，如是新的玻璃板，要预先水洗干净并干燥，如果是重新使用的玻璃板，要用洗涤剂和水洗涤，用 50%甲醇溶液淋洗，让玻璃板完全干燥。取用时应让手指接触玻璃板的边缘，因为指印沾污载片的表面上将使吸附剂难于铺在玻璃板上。另外，硬质塑料膜也可作为载片。

铺层时制备的浆料要求均匀，不带团块，黏稠适当。为此，应将吸附剂慢慢地加至溶剂中，边加边搅拌。如果将溶剂加至吸附剂中，常常会出现团块状。加料毕，剧烈搅拌。一般 1g 硅胶 G 需要 0.5%CMC 清液 3~4mL 或约 3mL 氯仿；1g 氧化铝 G 需要 0.5%CMC 清液约 2mL。不同性质的吸附剂用溶剂量有所不同，应根据实际情况予以增减。铺层的厚度为 0.25~1mm，厚度尽量均匀，否则在展开时前沿不齐。

铺层的方法有多种。

第一种方法是平铺法：可用涂布器铺层（图 8-1）。将洗净的几块载片在涂布器中间摆好，上下两边各夹一块比前者厚 0.25~1mm 的玻璃片，将浆料倒入涂布器的槽中，然后将涂布器自左向右推去，即可将浆料均匀铺于玻璃板上。若无涂布器，也可将浆料倒在左边的玻璃板上，然后用边缘光滑的不锈钢尺或玻璃片将浆料自左向右刮平，即得一定厚度的薄层。

第二种方法是倾注法：将调好的浆料倒在玻璃板上，用手左右摇晃，使表面均匀光滑（必要时可于平台处让一端触台，另一端轻轻跌落数次并互换位置），然后把薄层板放于已经校正水平面的平板上晾干。

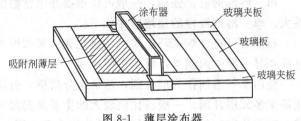

图 8-1 薄层涂布器

第三种方法是浸涂法：将载玻片浸入盛有浆料的容器中，浆料高度约为载玻片长度的 5/6，使载玻片涂上一层均匀的吸附剂。具体操作时，在带有螺旋盖的瓶中盛满浆料［1g 硅胶 G 需要氯仿 3mL，或需要 3mL 氯仿-乙醇混合物（体积比 2∶1），在不断搅拌下慢慢将硅胶加入到氯仿中，盖紧，用力振摇，使之成均匀糊状］，选取大小一致的载玻片紧贴在一起，两块同时浸涂（图 8-2）。因为浆料在放置时会沉积，故浸涂之前均应将其剧烈振摇。用拇指和食指捏住玻片上端，缓慢地、均匀地将载玻片浸入浆料中并取出，多余的浆料任其自动滴下，直至大部分溶剂已经蒸发后将两块分开，放在水平板上晾干。

图 8-2 载玻片浸渍涂浆

若浆料太稠，涂层可能太厚，甚至不均匀。若浆料稀薄，则可能使涂层薄。若出现上述两种情况，须调整黏稠度。要掌握铺层技术，反复实践是必要的。

薄层板的活化温度，硅胶板于 105～110℃烘 30min，氧化铝板于 150～160℃烘 4h，可得Ⅲ～Ⅳ活性级的薄层，活化后的薄层放在干燥器内保存备用。

硅胶板的活性可以用二甲氨基偶氮苯、靛酚蓝和苏丹红三个染料的氯仿溶液，以己烷：乙酸乙酯=9∶1 为展开剂进行测定。

8.1.3 点样

在距离薄层长端 8～10mm 处，划一条线，作为起点线。用毛细管（内径小于 1mm）吸取样品溶液（一般以氯仿、丙酮、甲醇、乙醇、苯、乙醚或四氯化碳等作溶剂，配成 1%溶液），垂直地轻轻接触到薄层的起点线上。如溶液太稀，一次点样不够，第一次点样干后，再点第二次、第三次，多次点样时，每次点样都应点在同一圆心上。点的次数依样品溶液浓度而定，一般为 2～5 次。若样品量太少时，有的成分不易显出；若量太多时易造成斑点过大，互相交叉或拖尾，不能得到很好的分离。点样后的斑点直径以扩散成 1～2mm 圆点为度。若为多处点样时，则点样间距为 1～1.5cm。

8.1.4 展开

薄层色谱的展开需在密闭的容器中进行。先将选择的展开剂放入展开缸中，使缸内的空气饱和几分钟，再将点好试样的薄层板放入展开。点样的位置必须在展开剂液面之上。当展开剂上升到薄层的前沿（离顶端 5～10mm）或各组分已经明显分开时，取出薄层板放平晾干，用铅笔或小针划前沿的位置即可显色。

选择展开剂时，首先要考虑展开剂的极性以及对被分离化合物的溶解度。在同一种吸附剂薄层上，通常是展开剂的极性大，对化合物的洗脱能力也越大，R_f 值也就大。

单一溶剂的极性强弱，一般可以根据介电常数的大小来判断，介电常数大则表示溶剂极性大。单一溶剂极性的递增顺序如下：

石油醚＜正己烷＜环己烷＜四氯化碳＜苯＜甲苯＜氯仿＜二氯甲烷＜乙醚＜乙酸乙酯＜吡啶＜异丙醇＜丙酮＜乙醇＜甲醇＜水

使用单一溶剂作为展开剂，溶剂组分简单，分离重现性好。而对于混合溶剂，二元、三元甚至多元展开剂，一般占比例较大的主要是起溶解和基本分离作用；占比例小的溶剂起调整、改善分离物的 R_f 值和对某些组分的选择作用。主要溶剂应选择使用不易形成氢键的溶剂，或选择极性比分离物低的溶剂，以避免 R_f 值过大。

多元展开剂首先要求溶剂互溶，被分离物应能溶解于其中。极性大的溶剂易洗脱化合物并使其在薄板上移动；极性小的溶剂降低极性大的溶剂的洗脱能力，使 R_f 值减小；中等极性的溶剂往往起着极性相差较大溶剂的互溶作用。有时在展开剂中加入少量酸、碱可以使某些极性物质的斑点集中，提高分离度。当需要在黏度较大的溶剂中展开时，则需要在其中加入降低展开剂黏度、加快展开速率的溶剂。在环己烷-丙酮-二乙胺-水（10：5：2：5）的展开体系中，水的极性最大，环己烷最小。加入环己烷，是为了降低分离物的 R_f 值，丙酮则起着混溶和降低展开剂黏度的作用，比例最少的二乙胺是为了控制展开剂的 pH，使分离的斑点不拖尾，分离清晰。

由实验确定某一被分离物需用混合溶剂为展开剂时，往往是选用一个极性强的溶剂和一个极性弱的溶剂并按不同比例调配。具体操作是：在非极性溶剂中加入少量极性溶剂，极性由弱到强，比例由小到大，以求得到适合的比例。

当样品中含有羰基时，在非极性溶剂中加入少量的丙酮；当样品中含有羟基时，于非极性溶剂中加入少量甲醇、乙醇等；当含有羧基酸性样品时，可加入少量的甲酸、乙酸；当含有氨基的碱性样品时，可加入少量六氢吡啶、二乙胺、氨水等。总之，加入的溶剂应与被测物的官能团相似。常见化合物的酸碱性与展开剂关系见表 8-1。某些化合物薄层色谱吸附剂和展开剂举例见表 8-2。

表 8-1　常见化合物的酸碱性与展开剂关系

化合物酸碱性	展开剂体系
中性体系	(1) 氯仿-甲醇(100：1)、(10：1)或(2：1) (2) 乙醚-正己烷(1：1) (3) 乙醚-丙酮(1：1) (4) 乙酸乙酯-正己烷(1：1) (5) 乙酸乙酯-异丙醇(3：1)
酸性体系	氯仿-甲醇-乙酸(100：10：1)
碱性体系	氯仿-甲醇-浓氨水(100：10：1)

表 8-2　某些化合物薄层色谱吸附剂和展开剂举例

化　合　物	吸　附　剂	展　开　剂
生物碱	硅胶	苯-乙醇(9：1)
		氯仿-丙酮-二乙胺(5：4：1)
	氧化铝	氯仿(乙醇)(环己烷)-氯仿(3：7),加 0.05% 二乙胺
胺	硅胶	乙醇(95%)-氨水(25%)(4：1)
	氧化铝	丙酮-庚烷(1：1)

化 合 物	吸 附 剂	展 开 剂
羧酸	硅胶	苯-甲醇-乙酸(45∶8∶8)
脂	硅胶 G	石油醚-乙醚-醋酸(90∶10∶1)
	氧化铝	石油醚-乙醚(95∶5)
酚	硅胶(草酸处理)	己烷-乙酸乙酯(4∶1 或 3∶2)
	氧化铝(乙酸处理)	苯
氨基酸	硅胶 G	正丁醇-乙酸-水(4∶1∶1 或 3∶1∶1)
	氧化铝	正丁醇-乙酸-水(3∶1∶1)
		吡啶-水(1∶1)
多环芳烃	氧化铝	四氯化碳
多肽	硅胶 G	氯仿-甲醇或丙酮(9∶1)

8.1.5 显色

被分离物质如果是有色组分，展开后薄层板上即呈现出有色斑点。如果化合物本身无色，则可在紫外灯下观察有无荧光斑点，或是用碘蒸气熏的方法来显色。商品硅胶 GF_{254} 是在硅胶 G 中加入 0.5% 的荧光粉；硅胶 HF_{254} 是硅胶 H 中加入了 0.5% 的硅酸锌锰。这样的荧光薄层在紫外灯下，薄层本身显荧光，样品斑点成暗点。如果样品本身具有荧光，经层析后可直接在紫外灯下观察斑点位置。使用一般吸附剂，在样品本身无色的情况下需使用显色剂。

以下列出几种通用性的显色剂。

(1) 碘

0.5% 的碘的氯仿溶液：热溶液喷雾在薄板上，当过量碘挥发后，再喷 1% 的淀粉溶液，出现蓝色斑点；

碘蒸气：将少量碘结晶放入密闭容器中，容器内为碘蒸气饱和，将薄板放入容器后几分钟即显色，大多数化合物呈黄棕色。

(2) 硫酸

浓硫酸与甲醇等体积小心混合后冷却备用；

15% 浓硫酸正丁醇溶液；

5% 浓硫酸乙酸酐溶液；

5% 浓硫酸乙醇溶液；

浓硫酸与乙酸等体积混合。

使用以上任一硫酸试液喷雾后，空气干燥 15min，于 110℃ 加热显色，大多数化合物炭化呈黑色，胆甾醇及其脂类有特殊颜色。

(3) 紫外灯显色

如果样品本身是发荧光的物质，可以把薄板放在紫外灯下，在暗处可以观察到这些荧光物质的亮点。如果样品本身不发荧光，可以在制板时，在吸附剂中加入适量的荧光指示剂，或者在制好的板上喷荧光指示剂。板展开干燥后，把板放在紫外灯下观察，除化合物吸收了紫外线的地方呈现黑色斑点外，其余地方都是亮的。

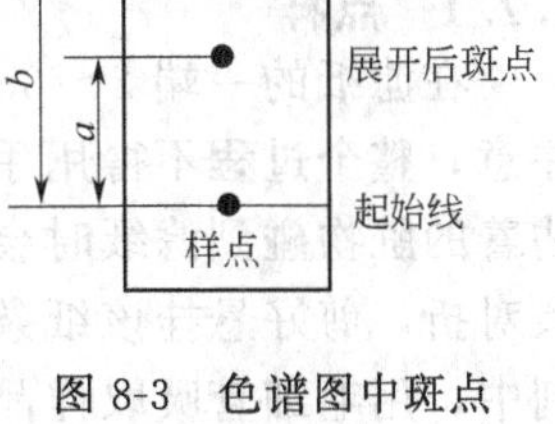

图 8-3 色谱图中斑点位置的鉴定

8.1.6 比移值

比移值（R_f 值）表示物质移动的相对距离（图 8-3）。它可以按下式计算：

$$R_f = \frac{a}{b} \tag{8-1}$$

式中 a——溶质的最高浓度中心至样点中心的距离；
b——溶剂前沿至样点中心的距离。

良好的分离，R_f 值应该在 0.15～0.75 之间，否则应该调换展开剂重新展开。

8.2 纸色谱法

纸色谱法是以滤纸作为载体，让样品溶液在纸上展开达到分离的目的。

纸色谱法的原理比较复杂，主要是分配过程。纸色谱的溶剂是由有机溶剂和水组成的，当有机溶剂和水部分溶解时，即有两种可能，一相是以水饱和的有机溶剂相，一相是以有机溶剂饱和的水相。纸色谱法用滤纸作为载体，因为纤维和水有较大的亲和力，对有机溶剂则较差。水相为固定相，有机相（被水饱和）为流动相，称为展开剂，展开剂如常用的丁醇-水，这是指用水饱和的丁醇。再比如正丁醇：醋酸：水（4：1：5），按它们的比例用量，放在分液漏斗中，充分振荡后，放置，待分层后，取上层正丁醇溶液作为展开剂，在滤纸的一定部位点上样品，当有机相沿滤纸流动经过原点时，即在滤纸上的水与流动相间连续发生多次分配，结果在流动相中具有较大溶解度的物质随溶剂移动的速度较快，而在水中溶解度较大的物质随溶剂移动的速度较慢，这样便可把混合物分开。

与薄层色谱法一样，通常用比移值（R_f）表示物质移动的相对距离。

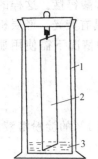

图 8-4 纸色谱装置
1—层析缸；2—滤纸；
3—展开剂

$$R_f = \frac{\text{溶质移动的距离}}{\text{溶剂移动的距离}} \tag{8-2}$$

各种物质的 R_f 随着要分离化合物的结构、滤纸的种类、溶剂、温度等不同而异。但在上述条件固定的情况下，R_f 对每一种化合物来说是一个特定数值。所以纸色谱法是一种简便的微量分析方法，它可以用来鉴定不同的化合物，还用于物质的分离及定量测定。

因为许多化合物是无色的，在层析后，需要在纸上喷某种显色剂，使化合物显色以确定移动距离。不同物质所用的显色剂是不同的，如氨基酸用茚三酮，生物碱用碘蒸气，有机酸用溴酚蓝等。除用化学方法外，也有用物理方法或生物方法来检定。

滤纸的质量应厚薄均匀，能吸附一定量的水，可用新华 I 号，切成纸条，大小可以自由选择，一般为 3cm×20cm，5cm×30cm，8cm×50cm 等。

纸上层析必须在密闭的色谱缸中展开，见图 8-4。

8.2.1 点样

在滤纸的一端 2～3cm 处用铅笔按图划上记号，必须注意，整个过程不得用手接触到滤纸中部，因为皮肤表面沾着的脏物碰到滤纸时会出现错误的斑点，用直尺将滤纸条对折，剪好悬挂该纸条用的小孔。将样品溶于适当的溶剂中，用毛细管吸取样品溶液于起点线的×处，点的直径不超过 0.5cm，然后剪去纸条上下手持的部分（图 8-5）。

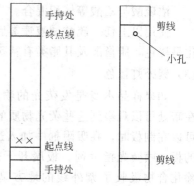

图 8-5 纸色谱滤纸条点样

8.2.2 展开

用带小钩的玻璃棒钩住滤纸,使滤纸条下端浸入展开剂中约1cm,展开剂即在滤纸上上升,样品中组分随之而展开,待展开剂上升至终点线时,取出纸条,挂在玻璃棒上,晾干,显色,习惯上测量斑点前沿与起点的距离,求出比移值。

8.3 柱色谱法

柱色谱法是化合物在液相和固相之间的分配,属于固-液吸附色谱法。图8-7就是一般柱色谱装置,柱内装有"活性"固体(固定相),如氧化铝或硅胶等。液体样品从柱顶加入,流经吸附柱时,即被吸附在柱的上端,然后从柱顶加入洗脱溶剂冲洗,由于各组分吸附能力不同,以不同速度沿柱下移,形成若干色带,如图8-6所示。再用溶剂洗脱,吸附能力最弱的组分随溶剂首先流出,分别收集各组分,再逐个鉴定。若各组分是有色物质,则在柱上可以直接看到色带,若是无色物质,可用紫外线照射,有些物质呈现荧光,可作检查。所以,柱色谱主要用于分离。

8.3.1 吸附剂

常用的吸附剂有氧化铝、硅胶、氧化镁、碳酸钙和活性炭等。选择吸附剂的首要条件是与被吸附物及展开剂均无化学作用。吸附能力与颗粒大小有关,颗粒太粗,流速快,分离效果不好,太细则流速慢。色谱用的氧化铝可分酸性、中性和碱性三种。酸性氧化铝是用1%盐酸浸泡后,用蒸馏水洗至悬浮液pH为4~4.5,

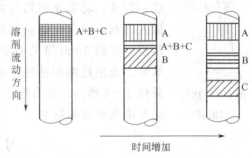

图8-6 色层的展开

用于分离酸性物质;中性氧化铝pH值为7.5,用于分离中性物质,应用最广;碱性氧化铝pH值为9~10,用于分离生物碱、碳氢化合物等。

吸附剂的活性与其含水量有关,含水量越低,活性越高。氧化铝的活性分五级,其含水量分别为0、3%、6%、10%、15%。将氧化铝放在高温炉(350~400℃)烘3h,得无水物。加入不同量水分,得不同程度活性氧化物。一般常用为Ⅱ~Ⅲ级。硅胶可用上法处理。

化合物的吸附能力与分子极性有关,分子极性越强,吸附能力越大,分子中所含极性较大的基团,其吸附能力也较强。具有下列极性基团的化合物,其吸附能力按下列排列次序递增:

Cl—,Br—,I—<C=C<—OCH$_3$<—CO$_2$R<C=O<—CHO<—SH<—NH$_2$<—OH<—CO$_2$H

8.3.2 溶剂

吸附剂的吸附能力与吸附剂和溶剂的性质有关,选择溶剂时还应考虑到被分离物各组分的极性和溶解度。非极性化合物用非极性溶剂。先将分离样品溶于非极性溶剂中,从柱顶流入柱中,然后用稍有极性的溶剂使谱带显色,再用极性更大的溶剂洗脱被吸附的物质。为了提高溶剂的洗脱能力,也可用混合溶剂洗提。溶剂的洗脱能力按下列次序递增:己烷<环己烷<甲苯<二氯甲烷<氯仿<环己烷-乙酸乙酯(80:20)<二氯甲烷-乙醚(80:20)<二氯甲烷-乙醚(60:40)<环己烷-乙酸乙酯(20:80)<乙

醚＜乙醚-甲醇（99∶1）＜乙酸乙酯＜四氢呋喃＜丙酮＜正丙醇＜乙醇＜甲醇＜水。

经洗脱的溶液，可利用上述的纸色谱及薄层色谱法进一步检定各部分的成分。

8.3.3 装柱

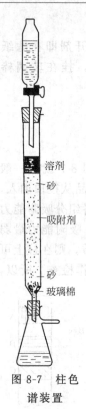

图 8-7 柱色谱装置

柱色谱的装置如图 8-7。色谱柱的大小，视处理量而定，柱的长度与直径之比，一般为 7.5∶1。先将玻璃管洗净干燥，柱底铺一层玻璃棉或脱脂棉，再铺一层约 5mm 厚的砂子，然后将氧化铝装入管内，必须装填均匀，严格排除空气，吸附剂不能有裂缝。装填方法有湿法和干法两种。湿法是先将溶剂装入管内，再将氧化铝和溶剂调成糊状，慢慢倒入管中，将管子下端活塞打开，使溶剂流出，吸附剂渐渐下沉，加完氧化铝后，继续让溶剂流出，至氧化铝沉淀不变为止；干法是在管的上端放一漏斗，将氧化铝均匀装入管内，轻敲玻璃管，使之填装均匀，然后加入溶剂，至氧化铝全部润湿，氧化铝的高度为管长的 3/4。氧化铝顶部盖一层约 5mm 厚的砂子。敲打柱子，使氧化铝顶端和砂子上层保持水平。先用纯溶剂洗柱，再将要分离的物质加入，溶液流经柱后，流速保持 1～2 滴/s，可由柱下的活塞控制。最后用溶剂洗脱，整个过程都应有溶剂覆盖吸附剂。

习 题

1. 简述色谱法的目的、特点和原理。
2. 常用的色谱法介质有哪些？选取不同介质的依据是什么？
3. 什么是薄层色谱法和纸色谱法？简述其操作过程，并说明各自的适用情况。
4. 简述柱色谱法的操作过程，并分析影响色谱法结果的因素。
5. 展开剂在色谱法中的作用是什么？常见的展开方式有哪些？
6. 不同组分在色谱法中是如何实现分离的，又是如何实现定性或定量检测的？
7. 举例说明色谱法的应用。

参 考 文 献

[1] 施耀曾,孙祥祯等编. 有机化合物光谱和化学鉴定. 南京：江苏科学技术出版社，1988.
[2] 周科衍,吕俊民编. 有机化学实验. 第 2 版. 北京：高等教育出版社，1992.
[3] 孙彦. 生物分离工程. 第 2 版. 北京：化学工业出版社，2005.
[4] 孙毓庆编. 薄层扫描法及其在药物分析中的应用. 北京：人民卫生出版社，1990.
[5] 史坚. 现代柱色谱分析. 上海：上海科学技术文献出版社，1988.

第9章 结　　晶

晶体是具有整齐规则的几何外形、固定熔点和各向异性的固态物质，组成晶体的单位（原子、分子或离子）具有规律、周期性的排列。同样是从液相或气相中形成，但晶体不同于沉淀，后者是无定形粒子，其内部的组成单位是无规则排列的。通常只有同类分子或离子才能排列成晶体，因此晶体的形成和生长过程具有高度的选择性。与沉淀相比，晶体往往具有较高的纯度。结晶包括溶液结晶、熔融结晶、升华结晶等，从熔融体中析出晶体的过程可用于单晶制备，从气体中析出晶体的过程可用于真空镀膜，而化工生产中常遇到的则是从溶液中析出晶体。

要获得晶体，就要进行结晶操作。结晶是一个溶质从溶剂中析出形成新相的过程，能够实现溶质与杂质的分离，是制备纯物质的有效方法。与蒸馏等单元操作相比，结晶操作过程的能耗较低（一般来讲，结晶热仅为汽化热的 1/3~1/7），并且结晶操作可用于高熔点混合物、共沸物以及热敏性物质等难分离物系的分离。早在 5000 多年前，人们已懂得利用晒制海水的方法来获取食盐。目前结晶已经广泛用于化学工业，发展成为一种从不纯料液中获得纯净固体产品的经济而有效的方法。通过结晶法得到的晶体产品不仅具有一定纯度，而且外形整齐美观，便于包装、运输、储存和应用。在一些生化和医药领域，晶体的形状和尺寸甚至成为了评价一些产品质量的重要指标。

9.1　结晶过程的原理

在料液体系中，过饱和度是结晶发生的推动力，溶质的过饱和度决定了结晶过程的速度和进程。在结晶器中，通常需要用搅拌器或其他方法将晶体悬浮在液相中，以促进结晶的进行，此悬浮液又称晶浆。晶浆过滤出晶体后的滤液，被称为母液。

在结晶过程中，我们表观上看到的是固相从液相或气相中析出这一现象，而在微观上，由于溶解度的存在，溶质在晶体表面存在溶解和析出的动态平衡。溶质微粒在晶体表面的有规则排列是在化学键力的作用下进行的，因此结晶过程又是一个表面化学反应过程。当溶质在晶体表面溶解速度和析出速度相同时，对应的溶质浓度就是其在该溶液中的饱和溶解度。溶质浓度超过饱和溶解度时，该溶液称之为过饱和溶液。形成新相（固体）需要一定的表面自由能，因此溶液浓度达到饱和溶解度时，晶体还不能析出，只有当溶质浓度超过饱和溶解度后，才可能有晶体析出。

由热力学理论可知，小液滴的饱和蒸气压高于普通平面液体的饱和蒸气压。与此原理相似，可以推导出一个关于溶解度的关系式，即凯尔文（Kelvin）公式，该式对结晶过程中影响溶质溶解度的有关因素进行了定量描述。

$$\ln\frac{c_2}{c_1}=\frac{2\sigma M}{RT\rho}\left(\frac{1}{r_2}-\frac{1}{r_1}\right) \tag{9-1}$$

式中　c_2——小晶体的溶解度；

c_1——普通晶体的溶解度；

σ——晶体与溶液界面间的张力；

ρ——晶体密度；
r_2——小晶体的半径；
r_1——普通晶体的半径；
R——气体常数；
T——热力学温度；
M——晶体分子量。

由凯尔文公式可以看出，溶质的溶解度不仅与晶体的密度、分子量和界面张力等参数有关，还与温度、晶体尺寸等条件有关。因为$\frac{2\sigma M}{RT\rho}>0$，$c_2$随着$r_2$的减小而增大，即相对于半径为$r_1$的普通晶体，半径为$r_2$的小晶体具有更高的溶解度。这意味着溶质浓度$c_1$对于半径为$r_1$的普通晶体是饱和的，但对于半径为$r_2$的小晶体却是不饱和的，此时小晶体趋向于溶解。反过来讲，溶质浓度c_2对于半径为r_2的小晶体是饱和的，但对于半径为r_1的普通晶体却是过饱和的，此时普通晶体趋向于长大。在饱和溶液中，晶粒是处于一种形成-溶解-再形成的动态平衡之中，只有达到一定的过饱和度以后，晶粒才能够稳定存在。为表示这种与晶体尺寸有关的溶解度差异，可定义过饱和度s。

$$s=\frac{c_2}{c_1} \tag{9-2}$$

与饱和溶液对应的晶体半径尺寸又称临界晶体半径r_c，此时有

$$r_c=\frac{2\sigma M}{RT\rho \ln s} \tag{9-3}$$

在适当情况下，纯净的过饱和溶液可维持一定的过饱和度而无晶体析出。但是，当溶液中出现半径大于r_c的晶体时，晶体就会自动生长，直至溶质浓度与晶体尺寸重新回到平衡状态为止。

溶解度数据通常用溶解度对温度所绘的曲线表示，称为溶解度曲线。不同物质的溶解度随温度的变化而不同。

许多物质的溶解度曲线是连续的，但也有一些形成水合物晶体的物质，其溶解度曲线有断折点，又称变态点。例如在低于31.4℃硫酸钠水溶液中结晶出来的固体是十水合硫酸钠，而高于该温度结晶出来的固体是无水硫酸钠。这两种固相的溶解度曲线在31.4℃处相交，一种物质可以有几个这样的变态点。结晶同时伴随着质量和能量的传递。虽然少数晶体物质的溶解度受温度的影响不大（如食盐），极少数物质的溶解度随温度升高而降低（如熟石灰），但大多数晶体物质的溶解度随温度的升高而增大。图9-1给出了部分化合物溶解度随温度的变化曲线。一般说来，物质在溶解时要吸收热量，结晶时要放出结晶热，因此溶解度与体系温度的关系十分密切，二者的关系可用饱和曲线和过饱和曲线来表示（如图9-2）。

在温度-溶解度关系图中，SS线为普通的饱和溶解度曲线，TT线为能自发产生晶核的临界过饱和浓度曲线，它与SS线大致平行。这两根曲线将温度-溶解度图划分为三部分。在SS线下方为稳定区，在此区域中对应的溶液未达到饱和浓度，因此不会析出晶体；SS线上方为过饱和区，其中位于TT线以下的部分为介稳区，此区域中对应的溶液已经达到过饱和浓度，能够维持溶液中已有晶体的生长，但不能自发地产生新晶核；位于TT线上方的部分为不稳区，此区域中对应的溶液不仅能够维持溶液中已有晶体的生长，还能自发地产生新晶核。介于SS曲线和TT曲线之间的区域，可以被T′T′曲线进一步划分为刺激结晶区和养晶区，其中靠近TT线的为刺激结晶区，此区域对应的溶液受到强剪切力刺激或晶体生长的诱导，会产生新晶核；靠近SS线的为养晶区，此区域对应的溶液不能产生新晶核，但能够促

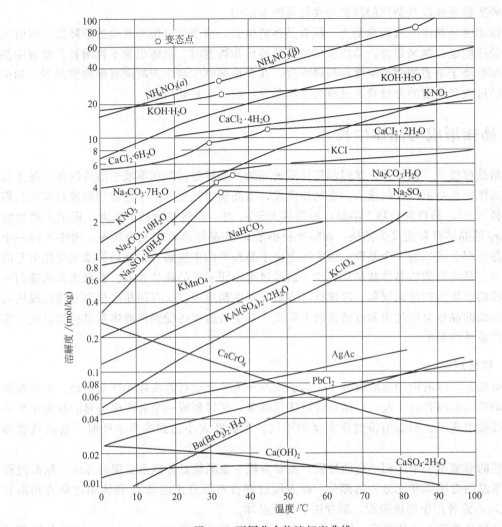

图 9-1 不同化合物溶解度曲线

进晶体尺寸大于临界半径的晶体生长，同时促使小于临界半径尺寸的晶体溶解。

在不稳区内会自发形成晶核，但成核速度难以控制，在此区域进行生产操作往往得到的晶体细小冗杂，造成晶体过滤和洗涤困难，并且产品质量较差。因此，工业生产中往往在介稳区进行结晶操作，尤其是在养晶区操作。为实现这一生产控制目的，就需要获得介稳区的宽度数据。其测定方法是在一定搅拌条件下缓慢冷却或蒸发不饱和溶液，在过饱和区域内检测晶核出现的温度或浓度，从而作出介稳区上限曲线，进而结合对应条件下溶质的饱和曲线就可给出介稳区宽度数据。需注意的是，介稳曲线并非严格的热力学平衡曲线，它除与物质体系特性有关外，还受到搅拌强度、冷却或蒸

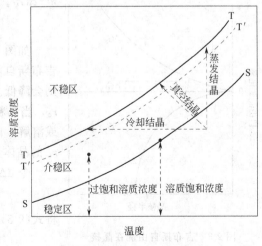

图 9-2 温度-溶解度关系图

发速度等实验条件以及杂质的种类与含量等因素影响。

过饱和度是晶体生长的推动力,随着晶体的生长,溶液的过饱和度会逐渐降低,同时晶体的生长速度也会越来越慢,当溶质的浓度达到饱和浓度时,晶体也就不再增长。料液中晶体的收率取决于溶质的初始浓度和最终浓度,在介稳区宽度和生产时间有限的情况下,如何恰当维持过饱和溶液的介稳状态就成为了结晶设计的一个重要内容。

9.2 晶核形成与晶体生长

在结晶过程中,晶体首先是以晶核形式出现的。晶核是过饱和溶液中形成的微小晶体粒子,是晶体生长必不可少的核心。在初始阶段,当晶核半径尺寸小于过饱和溶液对应的临界晶体半径r_c时,晶核就会趋于溶解,而当其大于r_c时,晶核就会趋于长大。理论上通常将半径为r_c的晶体微粒定义为晶核,而将半径小于r_c的晶体微粒定义为胚种。理论上每一个形成的晶核都会成长为一个晶粒,但实际上由于晶粒间的碰撞融合以及局部浓度变化引起的晶核溶失,最终得到的晶体数量往往少于结晶过程中所形成的晶核总数。根据成核机理的不同,晶核的产生有初级成核和二次成核等方式,其中初级成核又有均相成核和非均相成核两种。所形成的晶核会在过饱和度的推动下生长,其生长速度还受到料液体系组成和温度、搅拌等操作条件的影响。

9.2.1 初级成核

在微观上,溶液中的溶质以分子、离子或原子为单元进行着快速无规则运动,由于碰撞作用运动单元会结合在一起,当结合的溶质足够多,能够形成一个有明确边界的新物相粒子时,晶胚就出现了。根据溶液过饱和度的不同,当晶胚大小达到临界半径时,新晶核就形成了。

晶核的形成是一个新相产生的过程,需要消耗一定的能量才能形成固液界面。结晶过程中,体系总的自由能变化分为两部分,即表面过剩吉布斯自由能ΔG_S和体积过剩吉布斯自由能ΔG_V,前者用于形成表面,后者用于构筑晶体。

设晶体是半径为r的球形,则晶体表面过剩吉布斯自由能ΔG_S为$4\pi r^2 \sigma$;设单位体积晶体中的溶质与溶液中的溶质自由能的差为ΔG_V^0,则晶体体积过剩吉布斯自由能为$(4/3)\pi r^3 \Delta G_V^0$。此时,晶核的形成必须满足:

$$\Delta G = 4\pi r^2 \sigma + \frac{4}{3}\pi r^3 \Delta G_V^0 < 0 \tag{9-4}$$

如图9-3所示,随着晶体粒径的增大,其表面过剩吉布斯自由能将不断增大,而其体积过剩吉布斯自由能则会降低。对于确定的过饱和溶液,由于存在临界半径r_c,当晶粒半径尺寸大于或小于r_c时,晶体将趋于生长或溶解,向ΔG降低的方向转化。这意味着晶体半径为r_c的晶体具有最大ΔG。

令$d\Delta G/dr=0$,可以得到

$$\Delta G_V = -\frac{2\sigma}{r_c} \tag{9-5}$$

将式(9-5)代入式(9-4)得到

$$\Delta G = 4\pi r^2 \sigma \left(1 - \frac{2r}{3r_c}\right) \tag{9-6}$$

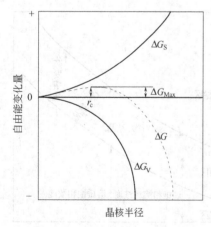

图9-3 吉布斯自由能在晶核形成过程中的变化情况

式(9-6)给出了结晶过程中 ΔG 与晶体半径 r 之间的关系,当 $r=r_c$ 时,ΔG 取得最大值。

$$\Delta G_{max} = \frac{4\pi r^2 \sigma}{3} \tag{9-7}$$

将式(9-3)代入上式得到

$$\Delta G_{max} = \Delta E = \frac{16\pi\sigma^3 M^2}{3(RT\rho\ln s)^2} \tag{9-8}$$

式(9-8)得到的最大吉布斯自由能就是双组分溶液中球形晶体非均相成核过程所需的活化能 ΔE。据 Arrhenius 方程,可得初级成核速率方程为

$$B = Z\exp\left(-\frac{\Delta E}{RT}\right) \tag{9-9}$$

式中　Z——频率因子,代表单位时间内粒子碰撞晶体表面的次数;
　　　B——均相成核速率。

由于真实料液中总是包含有固形微粒,存在很大的非均相界面,所以通常的初级成核多为非均相成核。在结晶过程中,这些非均相界面对晶核的形成起到了诱导作用,在一定程度上降低了成核的能量壁垒。对于半径为 r' 的球形微粒,在其表面诱导成核时所需的活化能为

$$\Delta E' = \frac{16\pi\sigma_{12}^3 M^2}{3(RT\rho\ln s)^2} + 4\pi(r')^2(\sigma_{23}-\sigma_{13}) - \frac{4\pi RT\rho\ln s(r')^3}{3M} \tag{9-10}$$

由于非均相微粒尺寸的不确定性及界面性质的复杂性,使用热力学理论推导出来的初级成核速率方程并不方便。通常在应用中常使用简单的经验公式:

$$B = k\Delta c^p \tag{9-11}$$

式中　k,p——常数;
　　　Δc——料液中溶质的实际浓度与其饱和溶解度的差值。

上式表明,晶体的速度正比于过饱和浓差 Δc 的 p 次幂。

9.2.2　二次成核

除了初级成核,在含有溶质晶体的溶液中仍然存在成核过程,称此为二次成核。二次成核也属于非均相成核过程,它是在晶体之间或晶体与其他固体(器壁、搅拌器等)碰撞时所产生的微小晶粒的诱导下发生的。由于可在较低的过饱和度下发生,在实际生产过程中,二次成核是晶核的主要来源。

由于二次成核涉及的参数和问题较多,有关的定量理论关系还未建立,目前研究认为主导二次成核过程的机理有剪切力成核和接触成核。在晶体生长过程中,在剪切力和碰撞导致的冲击力作用下,会有碎片微粒从晶体上脱离下来,当该微粒尺寸大于溶液所对应的临界半径时,就会成为新晶核。二次成核速率是过饱和度的函数,同时受到晶体密度、搅拌强度、料液温度等因素影响,这里给出一个经验表达式:

$$B = k\Delta c^l \rho^m p^n \tag{9-12}$$

式中　B——二次成核速率,m^3/s;
　　　k——常数,是温度的函数;
　　　ρ——晶体悬浮密度,kg/m^3;
　　　p——搅拌强度(线速度 m/s,或搅拌转数,s^{-1});
　　　l,m,n——常数,是操作条件的函数。

结晶过程中成核速率是初级成核速率与二次成核速率的和,但由于初级成核速率相对很小,往往可以忽略不计,因此常用二次成核速率来表达。

9.2.3 晶体的生长

在过饱和溶液中已有晶核形成或加入晶种后,在过饱和度的推动下,晶核或晶种将长大,这种现象称为晶体生长。与结晶过程有关的晶体生长理论有很多,例如表面能理论、吸附层理论、形态学理论等,但至今还未能建立起统一的晶体生长理论。这里根据化工应用中得到较多认可的扩散学说,来介绍晶体生长的一般机理。根据晶体扩散学说,晶体的生长由三个步骤组成。

① 在扩散作用下,结晶溶质穿过靠近晶体表面的滞流层,从溶液中转移到晶体的表面。此过程为分子扩散过程,扩散过程的速度取决于液相主体浓度 c 与晶体表面浓度 c_i 之差。

$$\frac{dm}{dt}=k_d A(c-c_i) \tag{9-13}$$

式中 k_d——扩散传质系数;
   A——晶体表面积;
   c——液相主体浓度;
   c_i——溶液界面浓度。

② 溶质到达晶体表面,在微观力场作用下长入晶面,同时放出结晶热。这是一个表面反应过程,其速度取决于晶体表面浓度 c_i 与饱和浓度 c^* 之差。

$$\frac{dm}{dt}=k_r A(c_i-c^*) \tag{9-14}$$

式中 k_r——表面反应速率常数;
   A——晶体表面积;
   c^*——溶液饱和浓度;
   c_i——溶液界面浓度。

联立式(9-13) 和式(9-14),可得

$$\frac{dm}{dt}=\frac{A(c-c^*)}{\frac{1}{k_d}+\frac{1}{k_r}} \tag{9-15}$$

其中 $(c-c^*)$ 为总的传质推动力,即过饱和度;$\frac{1}{K}=\frac{1}{k_d}+\frac{1}{k_r}$ 为总传质系数,则有

$$\frac{dm}{dt}=KA(c-c^*) \tag{9-16}$$

放出的结晶热传递回到溶液中。通常结晶放热量并不大,并且单位时间放热量还受到晶体生长速度的控制,因此其对结晶过程的影响一般可忽略不计。

由于料液体系的不同及操作条件的差异,晶体生长速率的控制步骤会有所区别。当料液黏度较大、晶浆的混合均匀程度不够或晶体表面反应速率较高时,晶体的生长速率会由溶质向晶体表面的扩散速度控制。在此情况下,改善固液混合形式和强度,降低过饱和度及升高温度等措施会有助于提高晶体的生长速率。当料液中含有干扰杂质或晶体表面反应速度较慢时,晶体的生长速率会由表面反应速度控制,此时通过脱除杂质、改善料液环境和提高温度等方法,可以提高晶体的生长速度。但是,在提高温度的同时往往也就提高了溶质的饱和溶解度,降低了对应的过饱和度,这会影响到晶体的生长速度。

值得提起的是,McCabe 曾证明,悬浮在过饱和溶液中的同种晶体,所有几何相似的晶粒都以相同的速率生长。即晶体的生长速率与原晶粒的初始粒径无关,这也被称为 ΔL 定律。这一定律已经被很多实验结果所证实,适用于大多数结晶过程,目前已经被广泛用于晶

体生长速率的测定和结晶过程及设备的设计。

9.3 工业结晶过程

在生产中，要求获得的晶体产品纯净并且具有一定的粒径。影响晶体产品纯度的因素很多，在后面有专门的论述。晶体粒径包括平均粒径和粒径分布两方面的内容，它们取决于晶核数量、晶体生长速度和晶体生长的平均时间。溶液的过饱和度，是结晶过程的推动力，与晶核生成速率和晶体生长速率都有关系，因而对晶体产品的粒径及其分布有重要影响。随着过饱和度的降低，溶液中晶体的生长速率会变慢，但与之相比，晶核生成速率会变得更慢，因而所得的晶体会较大，晶形也较完整。在工业结晶器内，通常将过饱和度控制适当的介稳范围，以使结晶过程既具有较高的生产能力，又可得到一定粒径分布的晶体产品。

9.3.1 常用的工业起晶方法

要获得晶体产品，首先就要使溶液中产生晶核，即工业生产中的起晶。在初级成核条件下，溶液中溶质的过饱和度较高，晶体生长速度快，但容易形成大量的细小结晶，从而降低晶体产品的质量。因此，工业生产中往往会采用一定手段来对起晶过程进行调控，并将溶质浓度控制在养晶区，以利于大而整齐的晶体形成。常用的工业起晶方法有以下三种。

① 自然起晶法 通过蒸发溶剂、降温等手段使溶液浓度进入不稳区，在自然条件下形成晶核，当产生一定量的晶核后，通过稀释、升温等方法控制溶液浓度至介稳区，抑制新的晶核生成，使溶质在晶种表面生长。

② 刺激起晶法 通过浓缩、冷却等手段调整溶液浓度到刺激起晶区，对溶液进行搅拌、曝气或超声振动等刺激，使之形成一定量的晶核，此时溶液的浓度会有所降低，控制料液浓度进入并稳定在养晶区使晶体生长。

③ 晶种起晶法 将溶液蒸发后冷却至亚稳定区的较低浓度，加入一定量和一定大小的晶种，使溶质在晶种表面生长。该方法容易控制，所得晶体形状大小均较理想，是一种常用的工业起晶方法。采用的晶种直径通常小于 0.1mm，晶种加入量由实际的溶质量以及晶种和产品尺寸决定。

9.3.2 过饱和度的形成与维持

无论是晶核的形成，还是晶体的生长，都需要在过饱和溶液中进行，因而如何使料液产生过饱和并维持在一定过饱和度范围，是工业结晶生产的一项重要工作。工业生产中常用的方法有以下五种。

(1) 冷却结晶法

对于溶解度随温度变化较大的物系，可以通过调整料液温度来改变溶质的饱和溶解度，从而达到控制溶质过饱和度的目的。这一方法是典型的等溶剂结晶法，在整个结晶过程中溶剂基本上没有发生变化。为提高收率，这一方法也要求目的物在溶液体系中的溶解度随温度有一定幅度的变化，并且与杂质具有一定的区分度。

结晶过程中的冷却可以通过自然降温、间壁换热和直接接触制冷等方式进行。自然降温是使料液的热量在自然条件下散发出去，从而达到冷却结晶的目的。但这一方法存在降温速度缓慢、生产周期长等缺点，只适用于一些要求不高的场合，例如一些盐湖，夏天温度高，湖面上无晶体出现；而到冬天，气温降低，纯碱（$Na_2CO_3 \cdot 10H_2O$）、芒硝（$Na_2SO_4 \cdot$

$10H_2O$) 等物质就会从盐湖里析出来。生产中广泛应用的是间壁换热的方法，通过调整换热面积和冷却介质温度等途径，可以有效控制结晶物系的降温速度，并能实现封闭式操作，保证了设备的生产能力和产品的质量。但由于局部温差和换热面的存在，器壁表面往往会产生晶垢或晶疤，这不仅降低了设备的换热效果，还会延长设备的清理时间。直接往结晶料液中通入冷空气、液氮等冷却剂，可以实现降温，但由于成本和物料夹带等问题，直接接触制冷法很少在工业生产中应用。

(2) 蒸发浓缩结晶法

对于溶解度随温度降低变化不大的体系，或随温度升高溶解度降低的体系，可以通过蒸发除去部分溶剂来使溶液达到并维持一定的过饱和度。例如在青霉素生产中，通过丁醇-水共沸蒸馏，可以脱除部分溶剂水，从而实现青霉素盐的结晶。此外，沿海地区盐场"晒盐"，也是利用太阳能蒸发浓缩海水来获得氯化钠晶体的。

(3) 真空蒸发冷却法

通过抽真空使部分溶剂在负压下迅速蒸发，并实现绝热冷却，是结合冷却和部分溶剂蒸发两种方法的一种结晶方法。溶液在浓缩和冷却双重作用下达到过饱和，并能避免换热面的晶垢问题。此法设备简单，操作稳定，在工业结晶中应用较广。

(4) 反应结晶法

在一些特定的产品生产过程中，可以通过反应结晶法实现分离提纯操作。在相应料液体系中加入反应剂或调节 pH 值，可以使目的物溶质转化为新的产物，当该新产物的浓度超过其饱和溶解度时，即有晶体析出。此法适用于目的物溶质与产品具有反应转化关系，并且反应产物与反应物的饱和溶解度差异较大的情况。生产中可以将游离酸或碱转化为盐的形式来获得产品，例如在头孢菌素C酸（CPC）的浓缩液中加入醋酸锌，可以获得 CPC 锌盐晶体；也可以通过调节 pH 值到目的物的等电点，来使之结晶析出，例如用氨水调节 7-氨基头孢烷酸（7-ACA）浓缩液的 pH 值到其等电点 3.0，可以获得 7-ACA 晶体。

(5) 盐析结晶法

向结晶物系中加入特定组分以降低溶质的饱和溶解度，可以使目的物结晶析出。针对不同的物系，所加入的组分可以是水、乙醇、丙酮等液体，也可以是氯化钠、硫酸铵等固体，还可以是氨气等气体。所加入组分的特点就是在易溶于原物系溶剂的同时，能够降低目的物的溶解度。例如在联碱生产中，在同离子效应作用下，加入固体氯化钠并溶解到溶液，可以得到氯化铵晶体。在化工生产中常使用的组分为氯化钠，因此这种结晶方法习惯上被称为盐析结晶法。根据加入组分的不同，也可以有其他的叫法，例如往有机溶剂料液体系中加入水使溶质析出可称为"水析法"，而往水溶液体系中加入有机溶剂使溶质析出可称为"溶析法"。

在生化产品及药品生产中，盐析法应用得较多，尤其是溶析法在抗生素及其中间体的生产中有着广泛的应用。由于添加了新的组分，盐析结晶的母液需要更深入的处理，例如回收溶剂、脱盐等，这有时会带来一些工艺及设备问题。但与其他方法相比，盐析结晶法有着独特的优点：①能够在稳定的温度、压力条件下进行操作，适用于热敏及易挥发物料的结晶；②由于对不同组分的溶解度不同，适当选择的添加溶剂可以在析出目的物的同时，将杂质组分保留在母液中，从而提高产品的纯度；③可与冷却结晶或反应结晶等方法结合起来，提高目的物溶质的收率。

此外，通过超滤、纳滤、反渗透等膜过滤过程进行浓缩，可以脱除部分溶剂，实现类似蒸发浓缩的结晶操作。这些膜过滤往往以压差或浓差为推动力，利用膜层作为分离介质，实现对目的溶质的选择性截留，而溶剂及部分小分子组分将会透过。但在过滤过程中，膜表面会存在浓度梯度，影响其渗透通量，并且形成的局部高过饱和度，容易导致晶体大量析出而污染或堵塞过滤通道。目前膜浓缩主要结合盐析、降温和反应等方法用于结晶过程，例如通过纳滤可以提高 CPC 溶液的浓度，然后进行反应和溶析来获得 CPC 盐晶体。

9.3.3 简单结晶过程的计算

由于影响结晶过程的因素很多，并且作用的机理也较为复杂，到目前为止，还没有建立起普遍适用的动力学模型来准确描述晶体生长的过程。但是，根据给定的生产任务和操作规程，仍然可以通过物料衡算和能量衡算，对结晶过程的收率和放热量等状态数据进行准确计算。

无论冷却法、蒸发法还是真空冷却法，在结晶操作过程中，原料液的浓度是已知的。对于大多数料液，在结晶结束时，母液中晶体的溶解速度和生长速度是平衡的，母液中晶体溶质的浓度是处于饱和状态的。此时通过溶解度曲线可以查得母液中溶质浓度的具体数据。对于盐析结晶等复杂物系，则可以通过实验实测母液中晶体溶质的实际浓度。

考虑到水合晶体等溶剂与溶质结合形成晶体析出的过程，以及溶剂蒸发等现象，经过推导可以得到晶体的质量收率和热负荷的计算式：

$$Y = \frac{WR[c_1 - c_2(1-V)]}{1 - c_2(R-1)} \tag{9-17}$$

式中 c_1, c_2——原料溶液中结晶溶质浓度和最终母液中结晶溶质浓度，kg 溶质/kg 溶剂；
 V——溶剂蒸发量，kg 溶剂/kg 原料液中的溶剂；
 R——结合溶剂后晶体化合物与溶质的分子量之比；
 W——原料液中溶剂的量，kg 或 kg/h；
 Y——结晶溶质的产率，kg 或 kg/h。

对于绝热冷却结晶过程，存在部分溶剂蒸发时，有

$$V = \frac{q_c R(c_1 - c_2) + c_p(t_1 - t_2)(1 + c_1)[1 - c_2(R-1)]}{\lambda[1 - c_2(R-1)] - q_c R c_2} \tag{9-18}$$

式中 λ——溶剂的蒸发潜热，J/kg；
 q_c——结晶热，J/kg；
 t_1, t_2——溶液在结晶过程中的初始温度和终了温度，℃；
 c_p——溶液的定压热容，J/(kg·℃)。

结晶过程的热负荷 Q 为

$$-Q = Yq_c + (W + Wc_1)c_p(t_1 - t_2) - V\lambda \tag{9-19}$$

由式(9-19)可以估算绝热冷却结晶过程中达到生产要求指标时溶剂的蒸发量。此外，由于晶体生长速度的限制，在生产时最终结晶结束后放出的晶浆溶液中晶体溶质的浓度仍然是过饱和的，即存在一定的溶质过饱和度，因此由式(9-17)算出来的收率较实际收率要偏高一些。

9.4 晶体的质量控制

晶体的质量主要包括大小、形状和纯度三个方面。针对不同物料体系和产品质量要求，

通过对结晶工艺条件和晶体生长过程的分析，可以对晶体质量进行调控。在吸湿、升温或受压情况下，晶体产品在储存中常需注意结块的问题。对于质量不合格的晶体产品，往往还需要进行重结晶处理。

微观粒子的规则排列可按不同的方向发展，即各晶面可有不同的生长速率，由此可形成不同外形的晶体。同一晶系的晶体在不同结晶条件下可得到外形不同的晶体。晶体的外形、大小和颜色在很大程度上取决于结晶时的条件，如温度变化、溶剂种类、pH值、结晶速率、溶液的过饱和度、少量的杂质或添加剂以及晶体生长时的位置等。例如氯化钠在纯水溶液中的结晶为立方体，但若在溶液中加入少量尿素，则得到的结晶为八面体。又如碘化汞由于结晶温度的不同可以是黄色或红色。

9.4.1 晶体质量的内容及影响因素

(1) 晶体的大小

在均匀生长的条件下，当结晶操作前后溶液溶质浓度一定时，单位体积溶液中析出的晶体总质量也就确定了，此时晶体的大小往往由晶体的总个数来决定。除了晶体平均粒径尺寸，晶体大小还包括晶体的粒径分布。在通常生产过程中，希望得到大而均匀的晶体，以便于晶体的滤出、洗涤和干燥。但有些结晶过程却要求小的晶体粒径，如一些注射粉针用药品的晶体就要求较小的粒径，以便于晶体溶解。

影响晶体大小的因素主要有成核和生长两个方面的内容。关于晶体成核与生长的机理，前面已经讨论过。如果在高的过饱和度条件下进行结晶，将会发生较为严重的初级成核现象，使最后得到的晶体粒径偏小。例如红霉素结晶，在32℃条件下得到的晶体较小，且效价不稳；而在高于45℃条件下结晶，得到的晶体为长方体状大晶粒，效价也得到明显提高。高的晶浆浓度和搅拌强度会降低母液消耗和促进晶体生长，但也会导致二次成核严重，尤其会在结晶后期产生较多的小晶核，造成晶体粒径分布不均。保持恰当的搅拌强度有利于获得大尺寸的晶体，例如在六氨氯化镁反应结晶的过程中，随着搅拌强度的增大，产品的平均粒度出现了极大值（如图9-4）。搅拌强度过弱，加入的料液不能迅速均匀地分散到体系中，不论是在整个反应器水平上还是分子尺度水平上混合效果都不均匀，因此晶体生长会受到影响。此时提高搅拌强度，可使粒度逐渐增大。但是当强度增大到一定的程度时，剪切力会使大颗粒破碎发生二次成核，不利于晶体的粒度分布均匀。因此根据结晶过程的特点，在间歇结晶过程中，往往采用前快后慢的搅拌策略，既保证晶浆的充分混合接触，又避免过大的剪切和碰撞作用。

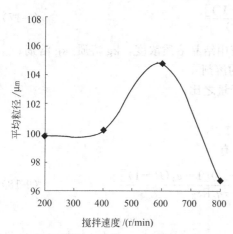

图9-4 搅拌速度与平均粒径的关系

为了得到大且粒度分布均匀的晶体，在结晶初期进行晶种起晶往往是一个有效的手段。添加晶种可以使结晶在较低的过饱和度下进行，有利于晶体的生长，例如在料液黏度较大的蔗糖溶液中，添加晶种可以获得大而均匀的晶粒。此外，在生产过程中，陈化也是消除产品细小晶粒大小的重要途径。由于不同大小的晶粒对应的饱和溶解度不同，晶浆中晶体的生长存在"马太效应"，即大晶粒会更趋于生大，而小晶粒会更趋于溶解。在结晶后期，让晶体维持较长时间的生长过程，不仅可以提高溶质的收率，还可以尽可能地消除细晶，并使晶粒尺寸分布均匀。

(2) 晶体的形状

晶体形状也可称为晶习，晶体在一定条件下可形成特定晶体形状，不同晶习的同一物质在物化性质上会有所不同。晶习是晶体生产的重要指标之一，它不仅对晶体的过滤、洗涤、干燥等后处理过程产生影响，还会影响到产品的堆积密度、机械强度、混合特性等指标。而对于一些药品，晶习还影响着药物的外观、溶解速率甚至化学活性。向溶液中添加或除去某种物质（晶习改变剂）可以改变晶习，使所得晶体的形状符合要求。例如在硫酸钙结晶过程中加入不同的晶习改变剂，可以分别获得棱柱状、蝶结状和球状的晶体，相应晶粒的尺寸也产生了一倍左右的差异，这对工业结晶有一定的意义。晶习改变剂通常是一些表面活性物质以及金属或非金属离子，常见的如三价离子 Cr^{3+}、Fe^{3+}、Al^{3+} 等是很有效的晶习改变剂，它们在结晶母液中的质量含量往往只需万分之一左右。

此外，通过改变过饱和度、溶剂体系、杂质种类与含量，也可以影响到晶体的形状。例如在对苯二酚结晶过程中，当以甲醇为溶剂时，可以获得 β 晶型的晶体，而以水、乙醇、异丙醇和正丙醇等作为溶剂时，得到的晶体为 α 晶型。

(3) 晶体的纯度

结晶的主要目的是分离提纯，因而晶体的纯度就成为衡量晶体质量的一个重要依据。从溶液中析出时，晶体本身是较为纯净的，而杂质出现在产品中的原因，往往有以下几个：①表面吸附。由于晶体粒子尺寸较小，晶浆中的晶体表面积很大，由于晶体表面的离子电荷未达到平衡，它们的残余电荷会吸引溶液中带相反电荷的离子，并最终带到产品中。在此情况下，升高溶液温度，可以减小晶体表面的吸附容量，从而降低产品中的杂质含量。②包藏与包埋。在结晶过程中，如果溶质过饱和度较高，晶体生长较快，则晶体表面吸附的杂质离子来不及被晶格离子取代，就被后来结晶上来的离子所覆盖，以至杂质离子陷入晶体的内部，此称为包藏。避免包藏杂质的办法最好是控制晶体生长速度。当晶体堆积在一起时，由于浸润性及表面张力的影响，母液会附着在晶体表面，并填充在晶体的毛细间隙中，如果形成晶簇，这种间隙会变成死端空间，此时母液会被包埋在晶体中，最终将杂质代入产品。对于这种情况，往往需要对晶体滤饼进行充分的洗涤，用适当的溶剂将母液顶洗出来。当死端包埋较为严重时，有时还需要进行重新打浆或重结晶操作。③生成杂质沉淀。在操作条件下，除了目的物溶质能够生成晶体，有时其他杂质也能达到过饱和而产生沉淀。杂质沉淀一旦产生，往往就很难再从产品中去除，因此要尽可能地避免这种现象。在生产过程中往往采用预先除去能生成沉淀的杂质、选择适当的溶剂物系、控制恰当的结晶条件等方法来避免杂质沉淀的生成。在一些产品的生产中，分步结晶法有时是一个不错的选择。分步结晶过程通常采用蒸发结晶或冷冻（冷却）结晶，此法适用于可析出组分的溶解度具有一定差异的情况。由于这种差异，溶解度小的组分便会优先析出，而溶解度大的便留于液相中。例如核工业中需要铪含量低于 0.01% 的锆，就是采用氟络合物的分步结晶法制得的。该法的优点是操作简单，不消耗试剂，其缺点是难于实现连续化生产。

9.4.2 产品的结块

晶体产品在储存、运输过程中，有时会发生结块现象，这不仅会影响产品的销售，还会影响产品的使用，例如氯酸钾结块后就很难处理，因为敲击粉碎会导致爆炸。无结块是晶体产品外观的一个基本要求，而一些医药产品甚至还对晶体的流动性提出了具体的要求。

目前解释结块现象的理论主要有结晶理论和毛细管吸附理论两类。结晶理论认为，由于物理或化学的原因，晶体表面发生溶解并重新结晶，晶粒的接触点处会被黏结在一起，形成晶桥，宏观表现为结块。毛细管吸附理论认为细小晶粒间会形成毛细管，在吸附力作用下，毛细管弯月面上的饱和蒸气压会低于外部的饱和蒸气压，这样水蒸气及物料内部存在的湿分就会在晶粒间传播，进而为晶粒表面的溶解创造条件，促使晶桥形成，出现结块现象。

影响晶体结块的因素很多，例如晶体自身的尺寸大小与分布、晶体的形状等，以及环境湿度、温度、压力和储存时间等。在不同情况下，产生晶体结块现象往往是多个因素共同作用的结果。就防止晶体结块而言，除了通过控制晶体自身质量来避免外，还可以通过改善储存环境和添加助剂来实现。添加适量的助剂可以有效改善晶体的表面性质，使之难以产生晶桥等粘连现象，从而使之保持分散的粉末状态。例如通过添加表面活性剂十五烷基磺酰氯可以有效防止碳酸氢铵的结块，添加乳酸可防止硫酸钡结块等。

9.4.3 重结晶

经过一次粗结晶后，得到的晶体通常会含有一定量的杂质。此时工业上常常需要采用重结晶的方式进行精制。重结晶是利用杂质和结晶物质在不同溶剂和不同温度下的溶解度不同，将晶体用合适的溶剂再次结晶，以获得高纯度的晶体的操作。

重结晶的操作过程包括：①选择合适的溶剂；②将经过粗结晶的物质加入少量的热溶剂中，并使之溶解；③冷却使之再次结晶；④分离母液；⑤洗涤。

在重结晶过程中，溶剂的选择是关系到晶体质量和收率以及生产成本的关键问题。选择适宜的溶剂时应注意以下几个问题：①选择的溶剂应不与重结晶目的物溶质发生化学反应。例如脂肪族卤代烃类化合物不宜用作碱性化合物重结晶的溶剂；醇类化合物不宜用作酯类化合物重结晶的溶剂，也不宜用作氨基酸盐酸盐重结晶的溶剂。②在溶解和析出条件下，选择的溶剂对重结晶的目的物溶质应具有较大的溶解度差异。例如采用冷却法重结晶时，目的物应易溶于高温溶剂而较难溶于低温溶剂。③选择的溶剂对重结晶目的物溶质中可能存在的杂质或溶解度很大，在目的物溶质析出时留在母液中；或是溶解度很小，在目的物溶质溶解时难溶，可直接经热过滤除去。④选择的溶剂沸点不宜太高，否则晶体干燥及溶剂回收困难。⑤在选择的溶剂中目的物溶质能够获得符合要求的晶型。⑥无毒或毒性很小，便于操作。⑦价廉易得。

由于溶质往往易溶于与其结构相近的溶剂中，在选择溶剂时可通过"相似相溶"原理进行初选。用于重结晶的常用溶剂有水、甲醇、乙醇、异丙醇、丙酮、乙酸乙酯、氯仿、冰醋酸、二氧六环、四氯化碳、苯、石油醚等。此外，甲苯、硝基甲烷、乙醚、二甲基甲酰胺、二甲亚砜等也常使用。其中二甲基甲酰胺和二甲亚砜的溶解能力大，但沸点较高，晶体上吸附的溶剂不易除去。乙醚虽是常用的溶剂，但是易燃、易爆，使用时危险性大。在选择重结晶溶剂时，适当采用混合溶剂形式有时会取得理想的效果。

9.5 结晶设备

结晶设备是实现结晶操作的工具，它直接影响到整个结晶生产过程，因此了解并合理地选择结晶设备就具有了重要意义。随着过饱和溶液形成方法的不同，结晶设备在结构上有所不相同，其简单的分类如下：

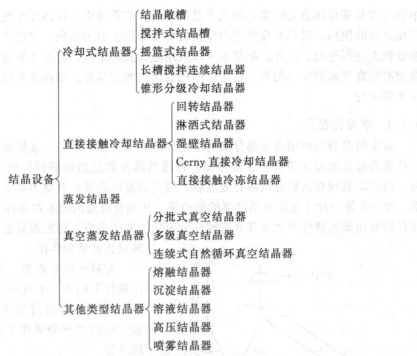

在操作方式上，结晶器有间歇结晶器和连续结晶器之分。作为通用型结晶设备，常见的结晶器有搅拌釜式、DTB（draft tube and baffle，导流筒-挡板）、DP（double propeller，双螺旋桨）等形式。

9.5.1 冷却结晶器

冷却结晶器中最为常用的结晶器是搅拌釜式结晶器，该类设备通过强制搅拌可使釜内温度和晶浆浓度分布均匀，从而得到粒径均匀的晶体。图 9-5 是常见的几种搅拌釜式冷却结晶器。冷却换热通常以夹套或盘管形式进行，其中夹套换热面平整光滑，并具有缓解晶垢的聚结和便于清理维护等特点，因此得到了较多采用。强制搅拌可以采用机械搅拌桨、气升、泵循环、摇篮式晃动、滚筒式转动等形式进行，为提高搅拌效果，还可以添加内套筒结构使晶浆在釜内形成内循环。为避免局部过饱和度过高引起的换热面晶垢聚结，在换热过程中料液与换热表面的温差一般控制在 10℃ 以内。

图 9-5 中（a）、（b）、（c）分别采用了机械搅拌、泵循环和气升来实现晶浆的混合，由于具有控制便捷、操作稳定等特点，机械搅拌得到了广泛应用。比较而言，气升混合在晶浆

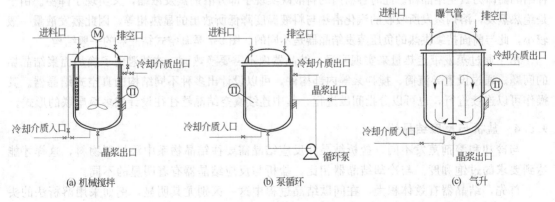

图 9-5　冷却结晶器

中引起的剪切作用最为轻柔,有利于晶体生长,但需要引入外部压缩气体;泵循环有利于外部换热器的使用,但晶浆在泵壳内受到的剪切作用也最为剧烈。在生产中,可以针对结晶物系的特点进行选取。此外,结晶釜可以采用敞口式的结构,而对于易氧化、有毒害以及对洁净度有较高要求的结晶物系,也可以使用封闭式的结晶釜。结晶釜可以单釜运转,也可以多级串联进行。

9.5.2 蒸发结晶器

蒸发结晶器是利用蒸发部分溶剂来达到溶液的过饱和度的,这使得其与普通料液浓缩所用的蒸发器在原理和结构上非常相似。普通的蒸发器虽然能够容许操作过程中有固形物沉淀,但难以实现对晶粒分级的有效控制,因此蒸发结晶器与普通的蒸发器往往还有着一些区别。图9-6是一种常见蒸发结晶器的结构图。如果所处理的物系对晶体大小有严格要求,则往往需要在蒸发器外单独设置具有较好分级功能的结晶器,蒸发器只是起到了提高并维持溶液过饱和度的作用。

与减压蒸发类似,蒸发结晶器也可在减压条件下操作。通过减压可以降低料液的沸点,从而可以通过多效蒸发来充分利用热量,NaCl生产曾采用了这种多效蒸发形式的结晶器。

与冷却结晶器的情况一样,在蒸发结晶器的换热面上也存在晶垢聚结的现象,因此需要定期清理设备。此外,由于采用的是加热蒸发,在换热器表面附件存在温度梯度,而当有晶垢存在时,这种梯度将会更为明显,此时要注意晶垢在换热面温度下的稳定性问题,以防止结焦或变性,避免设备使用和产品质量受到影响。

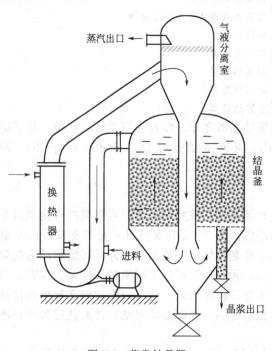

图9-6 蒸发结晶器

9.5.3 真空结晶器

在密闭绝热容器内,通过负压抽吸保持较高真空度,使容器内的料液达到沸点而迅速蒸发,并最终将温度降低到与压力平衡的值,这种结晶器即为真空结晶器。此时容器内的料液既实现了部分溶剂蒸发浓缩,又实现了降温。由于是绝热蒸发,溶剂蒸发所吸收的汽化潜热与料液温度降低所放出的显热相等,因此蒸发液量一般较小,此与前面持续供热的负压蒸发结晶器是不同的。图9-7是真空式结晶器的一般结构。

由于通过蒸发带走热量来实现降温,结晶器内不需要换热面,这就避免了换热面聚结晶垢的问题。通过设置导流筒、搅拌桨等内部构件,可以设计出多种不同结构的真空式结晶器。其操作可以连续进行,也可以分批间歇进行,其中连续真空结晶器往往设计成多级串联的形式。

9.5.4 盐析与反应结晶器

与冷却和溶剂蒸发不同,盐析结晶和反应结晶需要往结晶物系中添加新物料,这样才能达到要求的过饱和度。与冷却结晶器相比,盐析与反应结晶器有着明显的不同。

首先,结晶器有效体积大,在间歇结晶过程中这一区别尤其明显,例如采用溶析法的头孢菌素C盐结晶,加入的溶剂量达到了原浓缩液的1/3到一半,这就要求结晶器要预留出容纳新添加的物料的体积。

其次，由于传质速度问题，在新添加物料时很容易会引起局部浓度过高问题，这就要求该物料在反应器内能够与原有物料实现充分而均匀的混合。通常在反应器内设置足够强度的搅拌，尤其当所投物料为固体时，但也要避免剪切力过强而引起剧烈的二次起晶。当所投物料局部浓度过高会破坏目的物结构或产生新杂质时，往往还要在投料口设置分布器，例如使用氨水调 pH 使 7-ACA 结晶析出，但 7-ACA 在碱性条件下会分解，此时就需要在加强搅拌混合的同时，在氨水入口设置分布器，并严格控制氨水添加速度。

9.5.5 结晶器的选择

结晶器是结晶过程得以实现的场所，对结晶过程的顺利实施有着直接的影响。不同结晶物系有着不同的特点，而不同产品又有着不同的质量指标，此外还要考虑生产进度与成本等，因此影响结晶器选择的因素比较多。虽然目前已进行了很多的研究，但由于很多随机因素会对整个结晶过程产生影响，

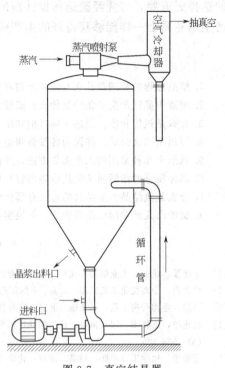

图 9-7 真空结晶器

因此对于大部分产品来说，准确地对结晶过程进行定量预测与控制仍然无法实现。这也就使得选择结晶器时，除了一些通用的原则可参考外，在很大程度上依靠实际经验。

物系的特性是要考虑的首要因素。过饱和度是结晶进行的推动力，所处理物系产生过饱和度的方式决定了反应器的一些特征参数。如果溶质在料液中的溶解度受温度影响比较大，可考虑选用冷却结晶器或真空结晶器；如果温度对溶质的溶解度影响很小时，可考虑选用蒸发结晶器；当温度对溶质的影响一般，为提高收率，则可采用蒸发与冷却结合的结晶器形式；当过饱和度的产生方式为盐析或反应时，在选用相应反应器的同时，往往也要分析生成物的溶解度情况，要求结晶器具有冷却或蒸发等功能。

在选择结晶器时，还要考虑该生产过程的生产能力和生产方式。一般说来，如果生产量较小，可采用间歇生产式结晶器；如果生产量较大，则往往考虑采用连续结晶器进行生产。此外，通常连续结晶器的体积较间歇式结晶器的要小，但对操作过程的控制要求也高。

当对产品的晶体粒径有具体要求时，往往需要采用具有分级功能的结晶器；当杂质在操作条件下也析出，但析出的比例与目的溶质的不同时，则可通过分步结晶以获得不同质量等级的产品；通过对剪切强度和料液循环路径的要求，可以采用不同的搅拌混合方式，例如搅拌可采用不同桨叶形式的机械搅拌、气升搅拌、泵循环搅拌等，也可通过添加内导流筒实现晶浆的内循环，或通过外管路实现晶浆的外循环。

除此之外，设备的造价、维护难易程度和运行成本等也是选择结晶器时要考虑的问题。例如采用有换热面的结晶器，如果结晶过程中晶垢或其他组分结垢现象严重，则一般不采用连续结晶器；而当对产品的质量和收率要求不是很严格时，可采用简单的敞口结晶槽进行操作，以节省费用。

虽然目前已经开发出了结构繁多的结晶器，但是由于结晶过程的复杂性和影响因素的多样性，在实际生产中很难选择最佳的结晶器。甚至有观点认为结晶操作条件的优化比结晶器

的选择更重要,与凭经验选择设计新的结晶器相比,通过对操作条件的优化,在简单选择的通用结晶器上一样能够获得好的生产效果。

习 题

1. 结晶过程的原理是什么?结晶分离有什么特点?
2. 溶液中晶核产生的条件是什么?成核方式有哪些?
3. 什么是过饱和度?简述不同过饱和度对结晶过程的影响。
4. 写出凯尔文公式,并说明各参数间的关系。
5. 试给出几种常用的工业起晶方法,并说明维持晶体生长的条件。
6. 晶体质量的指标通常包括哪些内容?生产中如何获得高质量的晶体产品?
7. 什么是重结晶?重结晶的意义有哪些?
8. 试给出几种常用结晶器形式,并说明相应结晶设备操作原理。

参 考 文 献

[1] 丁绪淮,谈遒. 工业结晶. 北京:化学工业出版社,1985.
[2] 顾觉奋. 分离纯化工艺原理. 北京:中国医药科技出版社,1994.
[3] 孙彦. 生物分离工程,第 2 版. 北京:高等教育出版社,2005.
[4] 赵建海,王相田,宋兴福等. 反应结晶过程中六氨氯化镁的粒度分布. 华东理工大学学报:自然科学版. 2005,31(3):323-326.
[5] 王静康. 化学工程手册:结晶. 北京:化学工业出版社,1996.
[6] 陈葵,朱家文,纪利俊等. 红霉素的动态溶析结晶过程. 华东理工大学学报:自然科学版,2006,32(8):897-901.
[7] Wang L Y, Zhang F T, Lei A Z. Study on ATP separation by ion-exchange resin. Frontiers on Separation Science and Technology. World Scientific Publishing Co. (ICSST-04),2004:529-533.
[8] 刘家祺. 分离过程与模拟. 北京:清华大学出版社,2007.
[9] 叶铁林. 化工结晶过程原理及应用. 北京:北京工业大学出版社,2006.

第10章 综合实例

本章通过分析典型的通用化学品——乙二醇和精细化学品——头孢菌素 C 生产过程中涉及的分离单元及选择依据，对现代分离技术中常见的分离过程进行比较，简述分离过程的选择标准。

10.1 工业实例 1：乙二醇的生产

10.1.1 概述

乙二醇（ethylene glycol，EG），又称甘醇或亚乙基二醇，是一种重要的石油化工基础有机原料。其无色，略有甜味，高沸点，黏稠性液体。能与水、乙醇、丙酮等多种有机溶剂以任何比例混合，但不溶于乙醚。相对分子质量为 62.07，凝固点为 -13.0℃。自从发现乙二醇可和对苯二甲酸（PTA）反应生成聚对苯二甲酸乙二醇酯以来，其用量大大增加。

目前，乙二醇主要用来制造聚酯纤维和聚酯塑料，这也是世界范围内乙二醇最重要的市场，占乙二醇总消费量的 40% 以上；其次是防冻剂，用量占乙二醇总消费量的 35%。作为化学试剂，乙二醇主要用于气相色谱的固定液，用于分析低沸点含氧化合物、胺类化合物、氮和氧杂环化合物等。除了上述用途外，乙二醇还可用于制造玻璃纸、增塑剂、不饱和聚酯树脂、液压传动液体、非离子表面活性剂和炸药等，可用作过硼酸铵的溶剂和介质，用于生产特种溶剂乙二醇醚等，用途十分广泛。

10.1.2 乙二醇的生产方法概述

自从 1859 年 Wurtz 以乙二醇二乙酸酯与氢氧化钾作用制得乙二醇以来，国内外已开发了多种可行的生产工艺和制备方法。如第一次世界大战期间，德国采用二氯乙烷水解法生产乙二醇；20 世纪 20 年代，随着汽车工业的发展，防冻剂的用量急剧增长，美国采用氯乙醇法大规模生产乙二醇；50 年代，由于聚酯树脂的开发成功，使得以石油为基础的乙烯、环氧乙烷（etheylene oxide，EO）合成乙二醇的技术有了突破，再次促进了乙二醇的生产。近年来，由于石油的大量消耗和石油价格的大幅上涨，人们开始研究新的合成制备乙二醇的工艺。

据文献报道，合成乙二醇的工艺大致可分为乙烯直接水合法、甲醛羰基化法、甲醛缩合法、环氧乙烷水合法、碳酸乙烯酯法、甲醛电解加氢二聚法、合成气氧化偶联法等。其中，早期的生产工艺，如乙烯直接水合法（哈尔康法、仓敷人丝法、帝人法）、甲醛羰基化法都需要以强酸为催化剂，对设备的材质要求高，且对设备的腐蚀严重，会造成严重的污染问题，因此，现在工业上已经不采用这些方法。一些新兴的合成工艺，如合成气氧化偶联法、甲醛缩合法、甲醛电解加氢二聚法都尚处于实验或中试阶段，还没有得以大面积的工业化应用。由乙烯直接氧化生产环氧乙烷，再由环氧乙烷直接水合生产乙二醇的方法，因其具有反应简单、条件温和、原料易得、产品得率高等优点，成为当今生产乙二醇唯一大规模工业化的方法。

世界上环氧乙烷-乙二醇生产技术基本上由美国联合碳化物（UCC）公司、哈康-科学设计（Halcon-SD）公司、英荷壳牌（Shell）公司三家所垄断，而三家公司采用的技术路线相似，都是以直接水合法为基础。所以下面分离过程的分析以直接水合法的流程为例。

10.1.3 乙二醇的直接水合法生产流程

以乙烯和氧气为原料，在银催化剂的作用下，以甲烷（或氮气）为致稳剂，以氯代烷为抑制剂，直接氧化反应生成环氧乙烷，环氧乙烷经水吸收、解吸（再吸收）精制得环氧乙烷成品。需生产乙二醇时，则把环氧乙烷再吸收液（SD工艺）或精制前的环氧乙烷粗品（Shell工艺）或环氧乙烷成品（UCC工艺）与水以一定的摩尔比在无催化剂下加压加热水合，生成的乙二醇水溶液经蒸发、提浓、干燥、分馏得到乙二醇成品及二元醇副产品。乙二醇的制造过程大致可分为3部分，示意流程如图10-1，详细的工艺流程图见图10-2。

原料为水和环氧乙烷摩尔比（简称水比）为22：1的溶液，在管式反应器中，于150～200℃、1.5～2.5MPa的条件下反应20min，直接液相水合制得乙二醇，同时副产物为二乙二醇（diethylene glycol，DEG）、三乙二醇（triethylene glycol，TEG）和多乙二醇。工业生产中主要产物摩尔比大致为EG：DEG：TEG=100：10：1。反应所得的乙二醇稀溶液通过热交换器被冷却后进入膨胀器，在此将乙醛、巴豆醛等易挥发组分吹出，液体流入储槽，再用泵送去蒸发提浓，经多效蒸发后的液体进入脱水塔脱除水分，塔顶粗乙二醇进入精制塔，塔顶得到纯的乙二醇，塔底得到多缩乙二醇，再进入填料塔得到各种组分。

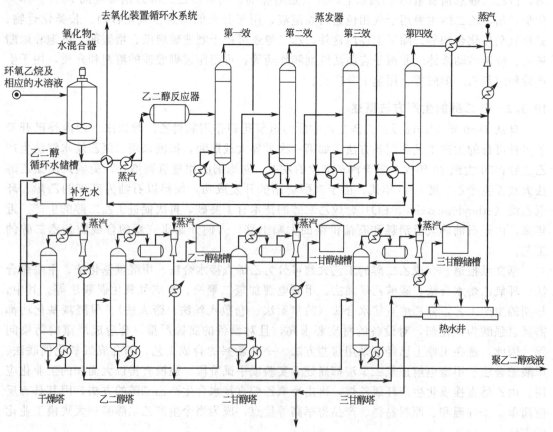

图10-1 环氧乙烷加压水合制乙二醇流程示意图

反应的主要方程式如下：
主反应

$$\text{CH}_2\text{—CH}_2 + \text{H}_2\text{O} \longrightarrow \text{CH}_2\text{—CH}_2$$
$$\quad\ \ \backslash\text{O}/ \qquad\qquad\qquad\ \ |\quad\ \ |$$
$$\qquad\qquad\qquad\qquad\qquad\text{OH}\ \ \text{OH}$$

副反应

$$\text{CH}_2\text{—CH}_2 + \text{CH}_2\text{—CH}_2 \longrightarrow \text{CH}_2\text{—CH}_2\text{—O—CH}_2\text{—CH}_2$$
$$\ \ \backslash\text{O}/ \quad\quad\ \ \ |\quad\ \ |\qquad\qquad\qquad |\quad\quad\quad\quad\quad\quad\quad\ \ |$$
$$\qquad\qquad\quad\text{OH}\ \ \text{OH}\qquad\qquad\quad \text{OH}\qquad\qquad\qquad\quad\ \text{OH}$$

$$\text{CH}_2\text{—CH}_2 + \text{CH}_2\text{—CH}_2\text{—O—CH}_2\text{—CH}_2 \longrightarrow \text{CH}_2\text{—CH}_2\text{—O—CH}_2\text{—CH}_2\text{—O—CH}_2\text{—CH}_2$$
$$\ \ \backslash\text{O}/ \qquad |\qquad\qquad\qquad\qquad\qquad |\qquad\qquad\qquad |\qquad\qquad\qquad\qquad\qquad\qquad\qquad |$$
$$\qquad\qquad\quad\text{OH}\qquad\qquad\qquad\qquad\ \text{OH}\qquad\qquad\ \text{OH}\qquad\qquad\qquad\qquad\qquad\qquad\text{OH}$$

此外在环氧乙烷水合过程中，尚可能进行如下副反应：

$$\text{CH}_2\text{—CH}_2 \xrightarrow{\text{异构化}} \text{CH}_3\text{—CHO} \xrightarrow{\text{氧化}} \text{CH}_3\text{—COOH}$$
$$\ \ \backslash\text{O}/$$

10.1.4　流程中涉及的分离过程

乙二醇的生产工艺中涉及以下的分离过程：

① 吸收　主要用于原料环氧乙烷的精制。

② 离子交换　离子交换设备在乙二醇的生成中主要用于制备去离子水。去离子水主要用于主反应过程和反应器后四效蒸发浓缩器的回流液。

③ 蒸发　反应生成的乙二醇与副产物的浓缩，对应的设备是四效蒸发浓缩器。

④ 干燥（脱水）　采用加热的方式在脱水塔中完成反应生成的乙二醇与副产物中的水分脱除。

⑤ 精馏　用于蒸发浓缩、脱水后粗乙二醇（乙二醇与副产物）的精制。

⑥ 过滤　生产过程中采用砂过滤器处理工艺用水。

这些分离过程主要是用于原料——环氧乙烷和水，及产品——乙二醇的精制。对于原料的处理和产品的精制，还可以采用吸附、萃取、渗透汽化、反渗透等分离技术代替。但在分离方法的更换前，必须经过必要的中试试验和技术经济分析，以确定过程是否可行。

10.1.5　安全、能耗和环保问题

乙二醇车间的物料都是易燃、易爆和有毒的物质，根据安全生产的要求，需采取如下的防爆措施：

① 控制配料使可燃气体与空气或氧气的混合浓度在爆炸极限之外；

② 严格控制反应温度；

③ 设备接地线，消除产生静电的各种因素；

④ 压力设备上要有防爆膜和安全阀；

⑤ 防止环氧乙烷储存时聚合爆炸。

直接水合法的工艺由于要蒸发大量的水，能耗较高，目前，通过改进吸收、蒸发工艺，及采用新型的吸收剂等方法对节能有一定效果。例如，采用超临界流体萃取技术回收吸收塔出来的环氧乙烷水溶液，用碳酸乙烯酯代替水作为环氧乙烷的吸收剂，采用新型的膜式吸收器等等。

整个工艺流程的废液主要是脱水塔中产生含少量乙二醇和醛的废水，目前工业上只是作为废液排放，可以考虑用渗透汽化等技术进行浓缩回收。

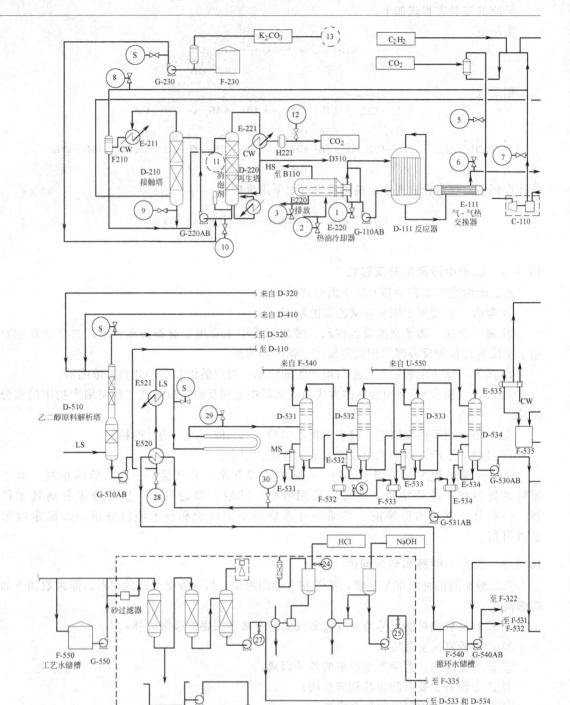

图 10-2 环氧乙烷和乙

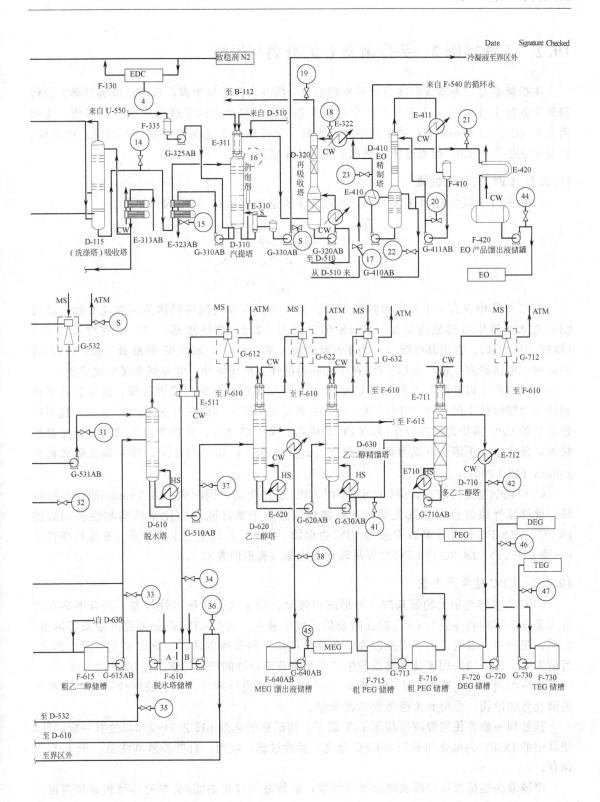

二醇装置工艺流程图

10.2 工业实例2：头孢菌素C的分离与提纯

头孢菌素是继青霉素后在自然界发现的又一类β-内酰胺抗生素，目前已成为世界上销售额最大的抗生素之一。工业上生产半合成头孢菌素类抗生素的关键在于生产其母核，头孢菌素C（Cephalosporin C）是生产中最重要的一个母核7-氨基头孢烷酸（7-ACA）的前体。目前工业生产中CPC均通过顶头孢霉菌发酵法来获得。

10.2.1 CPC的物化性质

CPC的分子式为$C_{16}H_{21}N_3O_8S$，相对分子质量为415.4，其结构式如下：

CPC分子中含有一个氨基和两个羧基，为一个具有β-内酰胺结构的两性化合物。通常CPC在水溶液中可形成内铵盐，其pK值分别为<2.6（侧链羧基）、3.1（核羧基）、9.8（侧链NH_3^+基）。在甲基吡啶（克力丁）-醋酸缓冲液（pH 7）和吡啶-醋酸盐（pH 4.5）缓冲液中，电泳趋向正极，表明CPC在中性和偏酸性下呈现酸性，能与碱金属生成盐类。

一般生产中以盐的形式来获得CPC产品，可以是锌盐、钠盐或钾盐等。其中锌盐在早期的化学裂解法生产7-ACA时用到，而后两者则可用于生物酶裂解法生产7-ACA。这里以最常见的CPC钠盐为例进行介绍。CPC的钠盐含两个结晶水，外观为白色或淡黄色结晶性粉末，溶于水，不溶于有机溶剂，比旋度$[\alpha]_D^{20}+103°$（C0.9，H_2O），紫外最大吸收波长260nm（$E_{1cm}^{1\%}200$；$\varepsilon_{max}900$）。

CPC化学稳定性较差，pH大于11时CPC迅速失活，同时失去在260nm的紫外吸收峰，此外紫外照射也可使其失活。在生物合成过程中常伴随产生化学结构与性质相近的DCPC、DOCPC和青霉素N等多种CPC类似物，DCPC是其中的主要杂质。在酸性条件下（一般pH<1），DCPC比CPC更容易转化成内酯（头孢菌素C_c）。

10.2.2 CPC盐生产工艺

CPC为水溶性很大的氨基酸，可形成内铵盐。由于其化学稳定性较差，并且混杂在含有大量化学结构和性质与CPC相近的杂质的发酵液中，这为CPC的分离提纯带来了困难。此时，膜分离、吸附、离子交换以及结晶等任何单一的分离方法，均难以满足要求。因此，目前工业生产中均采用多技术集成的生产工艺来获得合格的产品，该工艺如图10-3所示。

由发酵岗位得到高效价头孢菌素C发酵液，经过预处理后，在过滤岗位除去发酵液中的菌丝等固形物，可得到头孢菌素C澄清液。

预处理一般先使发酵液冷却至15℃以下，用硫酸酸化至pH 2.5～3.0，放置一定时间，使其中的DCPC内酯化而易于和CPC分离，然后过滤，收集、合并滤液和洗液，于10℃下保存。

澄清液在提炼岗位经两次树脂吸附解吸，解析液再经过纳滤/反渗透和薄膜蒸发器进一步浓缩，得到精制的浓缩头孢菌素C液。经过结晶、过滤、洗涤和干燥，在包装岗位得到头C钠盐干粉。经检测合格，包装入库备用。

在CPC盐生产中，CPC发酵液可采用膜滤设备过滤澄清，考虑到产品质量与生产的综

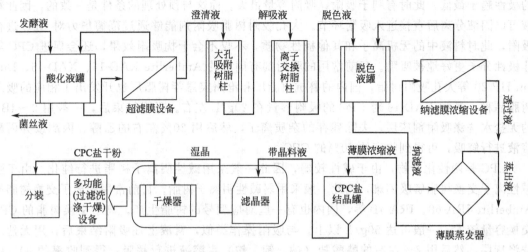

图 10-3　CPC 盐生产工艺

合成本，一般采用微孔膜滤系统。如果生产 CPC 钠/钾盐，考虑到浓缩倍数、收率和综合成本等因素，一般采用纳滤系统对解析液进行浓缩，然后使用薄膜蒸发浓缩系统进行进一步浓缩。

10.2.3　CPC 的生产环节

(1) 发酵液的预处理与固液分离

产 CPC 的菌体为顶头孢霉菌（*Cephalosporium acremonium*），菌体大小通常在 1～10μm，是发酵液中主要的固形物。放罐后，发酵液中一般含有 20mg/mL 的 CPC 酸和 10%左右的 DCPC 等杂质。此外，发酵液中还往往带有未被菌体吸收的乳化油粒和少量未分解完全的固形颗粒。通常 CPC 发酵液湿固含量在 35%（质量分数）左右，干固含量在 10%（质量分数）左右。

除加入草酸、甲醛、消泡剂和絮凝剂等物质对发酵液进行常规预处理外，由于在酸洗条件下 DCPC 可内酯化而易和 CPC 分离，因此预处理时一般在降温至 10℃ 以下，加硫酸调 pH 2.5～3.0 并保持一定时间进行酸化。

早期的 CPC 发酵液过滤澄清工艺使用板框和真空转鼓，但由于存在滤液质量差、收率不稳定、环境污染等问题，目前已逐渐被膜过滤工艺所取代。目前工业生产中采用的过滤澄清方法主要有微滤或超滤两种膜过滤方法，其中后者由于能够截留大部分的蛋白质，从而提高滤液质量以利于下游生产过程，因此获得了较广泛的应用。其中采用陶瓷膜过滤的通量变化曲线如图 10-4。

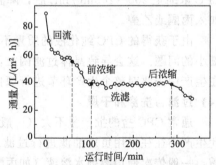

图 10-4　膜过滤过程中通量的变化曲线

由图可见，在全回流条件下，膜通量衰减，最后稳定在一定值；在洗滤阶段，膜通量能够保持基本稳定或略有上升；而在前、后浓缩阶段，膜通量则迅速降低。

(2) 吸附与离子交换

过滤后得到的澄清液中除含有大量有机杂质外，还含有大量的无机离子。因此生产中常采用大孔吸附和离子交换结合的方法来对 CPC 进行分离和纯化。在 pH 2.5～3.0 时，CPC

的极性趋于最低，此时有利于吸附，吸附容量最大。而这与预处理的条件是一致的，因此料液可以固液分离后直接进入吸附环节。大孔吸附树脂吸附剂能够通过范德华力对CPC进行吸附，此时料液中的无机离子和其他极性物质，不仅不会干扰吸附效果，还会促进CPC等非极性分子更好地被吸附。目前常用的吸附剂有国外的Amberlite XAD-16、XAD-16、Dinion HP 20等大孔吸附树脂，国内的鲁抗树脂厂和沧州宝恩等树脂厂也开发出了相应的吸附树脂品种，其中XAD-16对CPC的吸附容量在20g/L左右。吸附结束后，一般用2～4BV的无盐水洗涤吸附剂床层，去除残存的杂质离子，然后用20%左右的乙醇、丙酮或异丙醇溶液进行解吸，可得到收率约90%的CPC。

CPC是两性化合物，由于碱性较弱，因此一般采用碱性阴离子树脂进行纯化。由于强碱性离子交换树脂解吸困难，因此一般采用弱碱性阴离子树脂。目前常用的离子交换树脂有Amberlite IRA-68、IRA-4B等，国内也有一些对应型号的树脂生产。离子交换树脂的CPC交换容量较大，一般可达50g/L以上。与吸附操作类似，料液上柱吸附结束后，用无盐水洗涤床层，然后用2%左右的醋酸盐（钠、钾、铵）水溶液进行解吸，得到收率约90%的CPC纯化液。

吸附与离子交换两步，通常生产中采用间歇式的柱系统进行，但目前也有采用连续交换系统的应用报道。

(3) 浓缩与结晶

CPC可与Cu^{2+}、Zn^{2+}、Fe^{2+}、Pb^{2+}等二价重金属离子形成难溶性络盐微晶沉淀，因此可以利用这一特性在离子交换的解吸液中加入相应重金属盐来获得晶体沉淀，其中以锌盐为产品形式的最为常见。此外，为提高CPC收率，往往还要在结晶液中加入30%左右的丙酮或乙醇，此时结晶收率一般也在90%左右。由于重金属盐选择性较差，且具有一定生物毒性，因此只有纯化后的料液才能获得合格的产品，并且该重金属产品一般也只能用于化学法进行深入加工。

由于CPC钠盐或钾盐的水溶性较大，因此如果要获得这两类盐，就需要对离子交换的解吸液进行浓缩，以获得高浓度的CPC溶液。早期的浓缩方法是采用真空薄膜法进行，目前生产中一般采用纳滤浓缩法，以节省能耗，同时避免加热过程中产生的CPC降解失活。CPC浓缩至200～240mg/mL后，降温即可析出结晶。为提高收率，往往也要在结晶料液中加入丙酮或乙醇。

由于获得的CPC纯化液的质量不同，以及结晶操作条件的差异，往往存着CPC盐晶体细小的问题。这会导致晶体过滤困难，不仅影响到生产进度，还会影响到产品的质量。因此在生产中需要对整个生产环节进行深化控制。

(4) 过滤、洗涤和干燥

通常CPC盐的批产量不大（一般在1000kg/批以内），考虑到含有有机溶剂等因素，因此生产中往往采用负压抽滤进行过滤。为除去晶体滤饼中持有的母液及晶粒表面吸附的杂质，一般依次使用溶剂水溶液（如丙酮水或乙醇水）、纯溶剂进行洗涤，这样在达到洗涤目的的同时，尽量避免在有机溶剂中难溶的杂质析出。由于CPC在高温下会降解失活，因此生产中可以采用双锥进行真空干燥，干燥温度一般不高于45℃。

单独分开进行的过滤洗涤和干燥，往往需要繁琐的人工操作，不仅劳动强度大，而且存在着产品和工作环境易受污染的缺点。为此，目前生产企业中普遍采用了"三合一"设备，该设备设有过滤面和加热面，能够在同一台设备中完成过滤、洗涤、干燥三种功能操作，避免了物料转移，获得了较好的生产效果。

10.2.4 工艺特点

CPC 的分离与提纯工艺，涉及了预处理、过滤、吸附、离子交换、结晶和干燥等多个技术环节，通过对各项技术的集成，取长补短，使 CPC 在质量和收率上均获得了满意的结果，其中 CPC 的工艺总收率可达到 60％以上。在质量上，经预处理和膜过滤，可以得到 CPC 纯度 60％左右的澄清液；经过大孔吸附，可以得到 CPC 纯度为 75％左右的解吸液；经过离子交换，可以得到 CPC 纯度为 90％左右的解吸液。这为获得高质量的 CPC 产品提供了保证。

但是，由于工艺中用到的膜过滤、吸附和离子交换等设备每个生产周期均需要再生恢复，因此会产生较多的工业污水。此外，生产中用到的大量有机溶剂也增加了生产成本和三废排放。这对溶剂回收和三废治理提出了较高要求。

习　题

1. 乙二醇生产具有什么特点？请画出流程框图。
2. 乙二醇生产中使用了哪些分离手段？并请分别简要说明使用这些分离手段的目的和意义。
3. 头孢菌素 C 生产具有什么特点？请简述其生产工艺流程。
4. 头孢菌素 C 盐的生产主要使用了哪些分离手段？使用这些分离手段的意义是什么？并请分析说明这些分离手段组合的顺序关系。
5. 就你熟悉的化工产品，写出其生产工艺，说明并分析其中所用到的分离方法。

参 考 文 献

[1] 张文华，杨孝民，张洪滨. 乙二醇及其应用. 化学工程师，1997，6：30-31.
[2] 米勒 SA 主编. 乙烯及其工业衍生物：上册. 吴祉龙等译. 北京：化学工业出版社，1980：617.
[3] 郑宁来. 乙二醇生产技术发展评价. 中国石油和化工，1999，(4)：52-56.
[4] 张英，葛欣. 乙二醇生产技术的演变及前景. 化工技术经济，1997，1：19-21.
[5] Suzuki Shigeto. Process for the production of ethylene glycol. US 4087470，1976.
[6] Goetz Richard W. Glycol aldehyde and ethylene glycol processes. US 4200765，1980.
[7] Knifton John F，Preparation of glycols and ethers. US 4315994，1982.
[8] 《化工百科全书》编辑委员会，化学工业出版社《化工百科全书》编辑部编. 化工百科全书：第 18 卷. 北京：化学工业出版社，1998：754-762.
[9] 张旭之，王松汉，戚以政. 乙烯衍生物工学. 北京：化学工业出版社，1995：200-207.
[10] 化学工业出版社组织编写. 化工生产流程图解：下册. 第 3 版. 北京：化学工业出版社，1997：278-281.

第 11 章　Aspen Plus 在化工分离计算中的应用

11.1　Aspen Plus 简介

Aspen Plus 是大型通用流程模拟系统，美国 AspenTech 公司的产品。全球各大化工、石化、炼油等过程工业制造企业及著名的工程公司都是 Aspen Plus 的用户。官方网站：http://www.AspenTech.com/。

Aspen Plus 是大型通用流程模拟系统，源于美国能源部20世纪70年代后期在麻省理工学院（MIT）组织的会战，开发新型第三代流程模拟软件。该项目称为"过程工程的先进系统"（Advanced System for Process Engineering，ASPEN），并于1981年底完成。1982年为了将其商品化，成立了 AspenTech 公司，并称之为 Aspen Plus。AspenTech 公司在随后的时间里又先后兼并了20多个在各行业中技术领先的公司，成为为过程工业提供从集散控制系统（DCS）到企业资源计划（ERP）全方位服务的公司。AspenONE™作为第一流的领先产品，将 AspenTech 公司的所有产品统一起来。AspenTech 于1994在纳斯达克上市。

AspenTech 软件经过20多年不断的改进、扩充和提高，已先后推出了十多个版本，成为举世公认的标准大型流程模拟软件，应用案例数以百万计。全球各大化工、石化、炼油等过程工业制造企业及著名的工程公司都是 Aspen Plus 的用户。

11.1.1　Aspen Plus 的主要功能和特点

Aspen Plus 的主要功能和特点如下。

① 具有方便灵活的用户操作环境，数据输入方便、直观，所需数据均以填表方式输入，内装在线专家系统 Model Manager 自动引导帮助用户逐步完成数据的输入工作。

② 配有最新且完备的物性模型库，具有物性数据回归、自选物性及数据库管理等功能。

③ 备有全面、广泛的化工单元操作模型库，能方便地构成各种化工生产流程。

④ 应用范围广泛，可模拟分析各类过程工业，如：化工、石油化工、生物化工、合成材料、冶金等行业。

⑤ 模拟计算以交互方式分析计算结果，按模拟要求修改数据，调整流程。

⑥ 强大的流程分析与优化功能。提供了一些重要的模拟分析工具，如：流程优化、灵敏度分析、设计规定及工况研究等。具有技术经济估算系统，可进行设备投资费用、操作费用及工程利润估算。

⑦ DXF 格式接口可以将 Model Manager 中的流程图按 DXF 标准格式输出，再转换成其他 CAD 系统如 AUTOCAD 所能调用的图形文件。

⑧ 与 AspenTech 公司其他产品的有效集成。

⑨ 具有与 Excel、VB 及其他 Aspen 软件的通信接口。

11.1.2　Aspen Plus 的物性数据库

① Aspen Plus 共含5000个纯组分数据。

② 40000个二元交互参数可用于5000个二元混合物，1000多个水相离子反应的反应

常数。

③ 与世界上最大的热力学实验物性数据库 DETHERM（含 250000 多个混合物的气液平衡、液液平衡以及其他物性数据）的接口。

④ 可以建立自己的专用物性数据库。在 Aspen Plus 中，有专用于 NRTL、WILSON 和 UNIQVAC 方法的二元交互参数库，如 VLE-IG、VLE-RK、VLE-HOC、VLE-LIT 及 LLE-ASPEN、LLE-LTI；亨利系数的二元参数库，有 HENRY 及 BINARY；Aspen Plus 的电解质专家系统，有内置电解质库，包括几乎所有常见的电解质应用中化学平衡常数及各种电解质专用二元参数。只要启动电解质热力学方法，这些参数便会自动检索。

其中的纯组分数据库有：

① Aqueous　适用于电解质（水溶剂），含 900 种离子参数。

② ASPEN PCD　含 472 个有机和无机化合物参数（主要为有机物）。

③ INORGANIC　含约 2450 个化合物物性数据（绝大多数为无机物）。

④ PURE10　基于 DIPPR 的数据库，含 1727 个（绝大多数为有机物）化合物参数，是 ASPEN PLUS 的主要数据库。

⑤ SOLIDS　含 3314 种固体化合物参数，主要用于固体和电解质的处理。

⑥ COMBUST　专用于高温、气相计算，含 59 种燃烧产物中典型组分的参数。

11.1.3　Aspen Plus 的热力学模型

Aspen Plus 的热力学模型适用体系为：

① 非理想体系——采用状态方程与活度系数相结合的模型；

② 原油和调和馏分；

③ 水相和非水相电解质溶液；

④ 聚合物体系。

Aspen Plus 的热力学状态方程有：

① Benedict-Webb-Rubin-Lee-Starling（BWRS）；

② Hayden-O'Connell；

③ 用于 Hexamerization 的氢-氟化物状态方程；

④ 理想气体模型；

⑤ Lee-Kesler（LK）；

⑥ Lee-Kesler-Plocker；

⑦ Peng-Robinson（PR）；

⑧ 采用 Wong-Sandler 混合规则的 SRK 或 PR；

⑨ 采用修正的 Huron-Vidal-2 混合规则的 SRK 或 PR；

⑩ 用于聚合物的 Sanchez-Lacombe 模型。

Aspen Plus 的热力学活度系数模型有：

① Eletrolyte NRTL；

② Flory-Huggins；

③ NRTL；

④ Scatchard-Hilde-Brand；

⑤ UNIQUAC；

⑥ UNIFAC；

⑦ van Laar；

⑧ WILSON。

Aspen Plus 的其他热力学模型还有：

① API 酸水方法；
② Braun K-10；
③ Chao-Seader；
④ Grayson-Streed；
⑤ Kent-Eisenberg；
⑥ 水蒸气表。

11.1.4 Aspen Plus 的物性分析工具

① 物性常数估算方法　可用于分子结构或其他易测量的物性常数（如正常沸点）估算其他物性计算模型的常数。

② 数据回归系统　用于实验数据的分析和拟合。

③ 物性分析系统　可以生成表格和曲线，如蒸气压曲线、相际线、t-p-x-y 图等。

④ 原油分析数据处理系统　用精馏曲线、相对密度和其他物性曲线特征化原油物系。

⑤ 电解质专家系统　对复杂的电解质体系可以自动生成离子或相应的反应。

11.1.5 Aspen Plus 的单元模型库

① RADFRAC　用于精馏、吸收、萃取精馏和共沸精馏的严格法模拟；RADFRAC 可以处理有双液相、固相以及带有化学反应和电化学反应的情况。

② PETROFRAC　用于炼油厂的预闪蒸塔、常减压塔、催化裂化主馏分塔和延迟焦化分馏塔等。

③ 各种反应过程　产率反应器（RYIELD）、化学计量反应器（RSTOIC）、化学平衡反应器（REQUIL）、基于 Gibbs 自由能最小化的平衡反应器（RGIBBS）、连续搅拌槽式反应器（RCSTR）、活塞流反应器（RPLUG）和间歇反应器（RBATCH）。

④ 固体处理模型　破碎机、筛分、织物过渡器、文丘里洗涤器、静电沉降器、水力旋流器、离心过滤器、旋风过滤器、洗矿机、结晶器和逆流洗涤器。

⑤ 严格的设备尺寸和性能计算　泄压阀、换热器、泵和压缩机、管线以及板式塔和填料塔。

⑥ 可以结合用户建立的设备计算模块。

11.2　Aspen Plus 基本操作

11.2.1　Aspen Plus 的启动

在程序菜单中打开 Aspen Plus User Intergace 启动 Aspen Plus。

在弹出的对话框中，用户可以选择 Blank Simulation（新流程）、Template（模板）和 Using an Existing Simulation（打开一个已有的流程）。

确定用户服务器的位置，使用缺省项，点 OK 键，进入 Aspen Plus 主界面。

图 11-1 为 Aspen Plus 的主界面，使用该工作页面可建立、显示模拟流程图及 PFD-STYLE 绘图。从主窗口可打开其他窗口，如绘图窗口（Plot）、数据浏览窗口（Data Browser）等。文件菜单有如下常见的选项：新建（New）、打开（Open）、存储（Save）等等。输出选项（Export），允许你输出报告、摘要、输入和运行过程中提供的任何信息。

在图 11-1 中的几个图标被反复强调使用，所以值得予以介绍。在顶部行中可找到眼镜，该图标打开数据浏览器（Data Browser），由它提供要被完成的窗口的清单。"N→"图标可用于进行下一步骤。通过点击该图标，填写出现的窗口，再次点击该图标，你可方便地进入问题的数据输入阶段。图标 >> 可用于从一个窗口进入另一个窗口，而且这包括所有窗口，即使这些窗口已经完成。

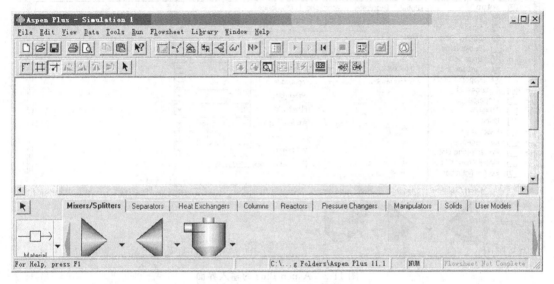

图 11-1　Aspen Plus 的主界面

Data Browser（数据浏览器）是 Aspen Plus 主运行环境中最重要的一个页面。它具有已经定义的可用模拟输入、结果和对象的树状层次图（图 11-2）。用 Data Browser 按钮打开此页面，可以在运行类型的下拉条中看到 6 个不同的选项。Aspen Plus 几大主要的功能基本上可以通过直接选择不同的运行类型来实现，也可以在 Data Browser 页面中的其他选项设定中完成。下面就着重介绍该流程模拟软件的六个主要功能：建立基本流程模拟模型、灵敏度分析、设计规定、物性分析、物性估计以及物性数据回归。

11.2.2　Aspen Plus 的流程设置

Flowsheet 是 Aspen Plus 最常用的运行类型，可以使用基本的工程关系式，如质量和能量平衡、相态和化学平衡以及反应动力学去预测一个工艺过程。在 Aspen Plus 的运行环境中，只要给出合理的热力学数据、实际的操作条件和严格的平衡模型，就能够模拟实际装置的现象，帮助设计更好方案和优化现有的装置和流程，提高工程利润。

Aspen Plus 中用单元操作模块来表示实际装置的各个设备，主要包括：混合器/分流器、分离器、换热器、蒸馏塔、反应器、压力变送器、手动操作器、固体处理装置、用户模型。选择相应合理的模型对于整个模拟流程是至关重要的，应按照所模拟反应器的特点加以选择。定义的步骤是：选择单元操作模块，将其放置到流程窗口中；用物流、热流和功流连接模块；最后检查流程的完整性。

鼠标的使用如下：①单击左键——选择对象/域；②单击右键——为选择的对象/域或入口/出口弹出菜单；③双击左键——打开数据浏览器对象的页面。

在流程中放置一个单元模块的方法：①在模型库中单击一个模型类别标签；②选择一个

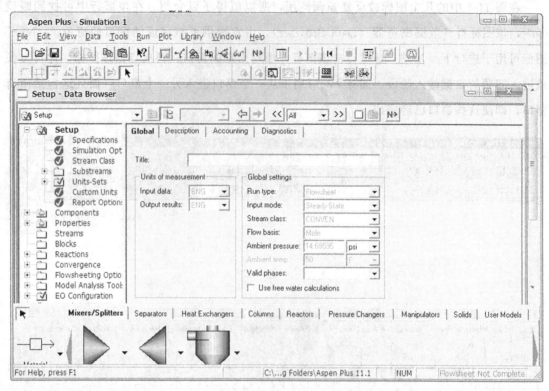

图 11-2 Aspen Plus 的输入界面

单元操作模型，单击下箭头选择一个模型图标；③在模块上单击并拖拉它到你期望放置的流程位置上，然后释放鼠标。

在画好流程的基本单元后，就可以打开物流区，用物流将各个单元设备连接起来。

在流程中放置物流的方法：①在模型库中的 STREAMS 图标上单击；②如果你想选择一个不同的物流类型（物料，热或功），单击靠近图标的下箭头，然后选择不同的类型；③选择一个高亮显示的出口做连接；④重复第③步连接物流的另一端；⑤若把一个物流的末端作为工艺物流的进料，或者作为产品来放置，则单击工艺流程窗口的空白部分；⑥单击鼠标右键停止建立物流。

进行物流连接时，系统会提示在设备的哪些地方需要物流连接，在图中以红色的标记显示。在红色的标记处，确定所需要连接的物流，当整个流程结果确定以后，红色标记消失，按 Next 按钮，系统提示需要做的工作。

若要在数据浏览器中显示一个物流或单元模块显示的输入表，在该对象上双击鼠标左键。若对单元模块和物流改名、删除、改变图标、提供输入数据或浏览结果，则：①通过在模块或物流上单击鼠标左键，选择对象；②当鼠标指针在所选择的对象图标之上时，单击鼠标右键，弹出该对象的菜单；③选择相应的菜单项。

11.2.3 物流数据及其他数据的输入

① 当流程的参数没有完全输入时，系统自动打开数据浏览器（Data Browser）使用户了解哪些参数需要输入，并以红色标记显示。

② 在组分（Components）一栏中，输入流程的组分，也可以通过查找功能从 Aspen 数据库中确定需要的组分。

③ 在物性计算方法栏（Properties-Specifications）确定整个流程计算所需的热力学方法。

④ 设置物流的参数，包括压力、温度、浓度等。设定设备的参数，如塔板数、回流比。

⑤ 当数据浏览器的红色标记没有以后，按 Next 按钮，系统提示所有的信息都输入完毕，可以进行计算了。

11.2.4 结果的输出

Aspen Plus 的缺省文件扩展名是 apw，备份文件扩展名是 bkp，模板文件扩展名是 apt。

当 Aspen Plus 对整个流程计算完毕以后，在数据浏览器中的结果汇总（Results Summary）中可以看到模拟的结果，也可以在物流（Streams）中看到输出物流的计算结果。更为详细的内容可通过生成数据文件获取，该数据文件以文本形式保存，便于其他软件调用编辑。获取数据文件的步骤如下：

① 点击 File，在其下拉菜单中选取 Export。

② 在弹出的 Export 对话框中，选择文件的保存类型为 "Report File"。

③ 在文件名中输入文件名，点击保存，就可以在相关文件夹中找到此文件。

11.2.5 灵敏度分析和设计规定

此功能在 Data Browser 页面下的 Sensitivity Form 表单中设定，其目的是测定某个变量对目标值的影响程度。分别定义分析变量（Sampled variables）和操纵变量（Manipulated variables），设定操纵变量的变化范围，即可执行灵敏度分析。这一功能可以直观地发现哪一个变量对目标值起着关键性的作用。

在灵敏度分析的基础上，当确定了一个关键因素，并且希望它对系统的影响达到一个所希望的精确值时，就可通过设计规定来实现。因而除了要设置分析变量和操纵变量外，还要设定出一个明确的希望值。Aspen Plus 让以前繁琐的实验求证过程变得简单。设定设计规定后，必须迭代求解回路，此外带有再循环回路的模块本身也需要循环求解。对于带有设计规定的流程，需按以下三个步骤来模拟。

① 选择撕裂流股　一股撕裂流股就是由循环确定的组分流、总摩尔流、压力和焓的循环流股，它可以是一个回路中的任意一股流股。

② 定义收敛模块使撕裂流股、设计规定收敛　由收敛模块决定如何对撕裂流股或设计规定控制的变量在循环过程中进行更新。

③ 确定一个包括所有单元操作和收敛模块在内的计算次序　当然，如果既没有规定撕裂流股，也没有规定收敛模块和顺序，Aspen Plus 会自动确定它们。

11.2.6 物性分析和物性估算

在运行流程之前，确定各组分的相态及物性是否同所选择的物性方法相适应是很重要的。物性分析功能就可以帮助解决这样的问题。如果对某种物质的物理属性不是很清楚，想借助 Aspen Plus 强大的物性数据库来获得这些的信息也是可以的。

可通过三种方式使用物性分析：①单独运行，即将运行类型设置为 Property Analysis；②在流程图中运行；③在数据回归中运行。可使用 Tools 菜单下的 Analysis 命令来交互进行物性分析，也可在 Data Browser 的 Analysis 文件夹中使用窗口手动生成。进行物性分析的内容包括：纯组分物性、二元系统物性、三元共沸曲线图以及流程模型中的物流物性等。

Aspen Plus 在数据库中为大量组分存储了物性参数。如果所需的物性参数不在数据库中，可以直接输入，用物性估计进行估算，或用数据回归从实验数据中获取。与物性分析一样,物性估计也有三种运行方式,其中单独使用时只需将运行类型设置为 Property Estimation 即可。估计物性所必需的参数有:标准沸点温度(TB)、相对分子质量(MW)和分子结构。另外,由于估计选项设定的不同,还可能要对纯组分的常量参数、受温度影响的参数以及二元参数、UNIFAC 参数进行规定。总之,为了获得最佳的参数估计,应尽可能地输入所有可提供的实验数据。

11.2.7 物性数据回归

通过这一功能,你可以用实验数据来确定 Aspen Plus 模拟计算所需的物性模拟参数。Aspen Plus 数据回归系统,将物性模型参数与纯组分或多组分系统测量数据相匹配,进而进行拟合。可输入的实验物性数据有:气-液平衡数据、液-液平衡数据、密度值、热容值、活度系数值等。

数据回归系统会基于所选择的物性或数据类型,指定一个合理的标准偏差缺省值。如果不满意该标准偏差,最好自行设定,以提高准确度。回归的结果保存在 Data Browser 页的 Regression 文件夹的 Results 中。如果回归参数的标准偏差是零或是均方根残差很大,说明回归的结果不好。这时,需要将数据绘制成曲线,查看一下每一个数据点是如何拟合的。

在合理回归数据之后,在流程中使用它们时,先将模拟的运行类别设为 Flowsheet,然后打开 Tools 菜单的 Option 选项,在 Component Data 表页中选择将回归结果和估算结果复制到物性表的复选框即可。

11.3 Aspen Plus 塔设备计算中的单元模块

Aspen Plus 中的塔设备(Columns)单元共有 9 种模块(如图 11-3):DSTWU、Distl、RadFrac、Extract、MultiFrac、SCFrac、PetroFrac、RateFrac 和 BatchFrac。

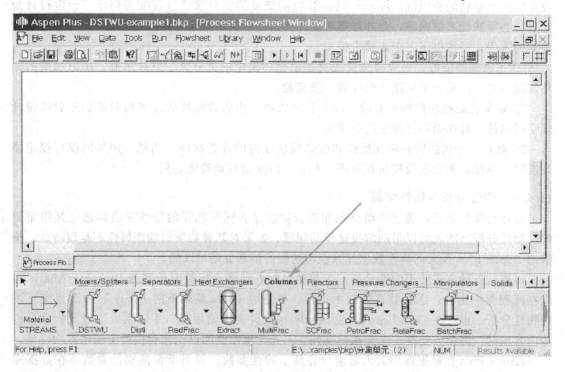

图 11-3　Aspen Plus 中的塔设备单元操作模块

11.3.1 DSTWU 模块

DSTWU 模块用 Winn-Underwood-Gilliland 捷算法进行精馏塔的设计，根据给定的加料条件和分离要求计算最小回流比、最小理论板数、给定回流比下的理论板数和加料板位置。DSTWU 模型的连接图如图 11-4。

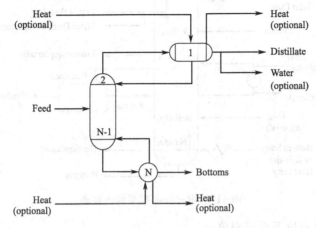

图 11-4 DSTWU 模型的连接图

DSTWU 模型有四组模型设定参数。

① 塔设定（Column specifications）
a. 塔板数（Number of stages）。
b. 回流比（Reflux ratio），用＞0 表示实际回流比；＜－1 时，绝对值＝实际回流比/最小回流比。

② 关键组分回收率（Key component recoveries）
a. 轻关键组分在馏出物中的回收率，指馏出物中的轻关键组分/进料中的轻关键组分。
b. 重关键组分在馏出物中的回收率，指馏出物中的重关键组分/进料中的重关键组分。

③ 压力（Pressure）
a. 冷凝器（Condenser）。
b. 再沸器（Reboiler）。

④ 冷凝器设定（Condenser specifications）
a. 全凝器（Total condenser）。
b. 带气相馏出物的部分冷凝器（Partial condenser with vapor distillate）。
c. 带气、液相馏出物的部分冷凝器（Partial condenser with vapor and liquid distillate）。

DSTWU 模型有两个计算选项：
a. 生成回流比-理论板数关系表（Reflux ratio vs. Number of theoretical stages）
b. 计算等板高度（Calculate HETP）

"生成回流比-理论板数关系表"对选取合理的理论板数很有参考价值。在实际回流比对理论板数栏目中输入我们想分析的理论板数的最小值（Initial number of stages）、最大值（Final number of stages）和增量值（Increment size for number of stages）。计算完成后的结果中会包括回流比剖形（Reflux ratio profile），据此可以绘制回流比-理论板数曲线。

11.3.2 RadFrac 模块

RadFrac 模块同时联解物料平衡、能量平衡和相平衡关系，用逐板计算方法求解给定塔设备的操作结果。RadFrac 模块用于精确计算精馏塔、吸收塔（板式塔或填料塔）的分离能力和设备参数。RadFrac 模型的连接图如图 11-5 所示。

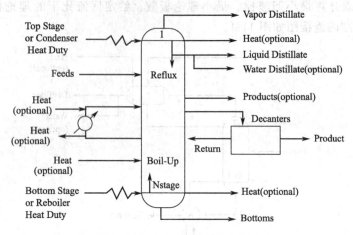

图 11-5　RadFrac 模型的连接图

RadFrac 模型具有以下设定表单：
① 配置（Configuration）；
② 流股（Streams）；
③ 压强（Pressure）；
④ 冷凝器（Condenser）；
⑤ 再沸器（Reboiler）；
⑥ 三相（3-Phase）。

配置表单包含以下项目：
① 塔板数（Number of Stages）；
② 冷凝器（Condenser）；
③ 再沸器（Reboiler）；
④ 有效相态（Valid Phase）；
⑤ 收敛方法（Convergence）；
⑥ 操作设定（Operation Specifications）。

冷凝器配置从四个选项中选择一种：
① 全凝器（Total）；
② 部分冷凝-气相馏出物（Partial-Vapor）；
③ 部分冷凝-气相和液相馏出物（Partial-Vapor-Liquid）；
④ 无冷凝器（None）。

再沸器配置从三个选项中选择一种：
① 釜式再沸器（Kettle）；
② 热虹吸式再沸器（Thermosyphon）；
③ 无再沸器（None）。

有效相态从四个选项中选择一种：
① 气-液（Vapor-Liquid）；
② 气-液-液（Vapor-Liquid-Liquid）；

③ 气-液-冷凝器游离水（Vapor-Liquid-FreeWaterCondensor）；
④ 气-液-任意塔板游离水（Vapor-Liquid-FreeWaterAnyStage）。

收敛方法从六个选项中选择一种：
① 标准方法（Standard）；
② 石油/宽沸程（Petroleum/Wide-Boiling）；
③ 强非理想液相（Strongly Non-ideal Liquid）；
④ 共沸体系（Azeotropic）；
⑤ 深度冷冻体系（Cryogenic）；
⑥ 用户定义（Custom）。

操作设定从十个选项中选择：
① 回流比（Reflux Ratio）；
② 回流速率（Reflux Rate）；
③ 馏出物速率（Distillate Rate）；
④ 塔底物速率（Bottoms Rate）；
⑤ 上升蒸汽速率（Boilup Rate）；
⑥ 上升蒸汽比（Boilup Ratio）；
⑦ 上升蒸汽/进料比（Boilup to Feed Ratio）；
⑧ 馏出物/进料比（Distillate to Feed Ratio）；
⑨ 冷凝器热负荷（Condenser Duty）；
⑩ 再沸器热负荷（Reboiler Duty）。

在流股表单中设置以下参数：
① 进料流股（Feed Streams） 指定每一股进料的加料板位置。
② 产品流股（Product Streams） 指定每一股侧线产品的出料板位置及产量。

在压强表单中设置以下参数。
从三种方式（View）中选择一种：
① 塔顶/塔底（Top/Bottom） 指定塔顶压力、冷凝器压降和塔压降。
② 压力剖型（Pressure Profile） 指定每一块塔板压力。
③ 塔段压降（Section Pressure Drop） 指定每一塔段的压降。

冷凝器设定有两组参数：
① 冷凝器指标（Condenser Specification） 仅仅应用于部分冷凝器。只需指定冷凝温度（Temperature）和蒸气分率（Vapor Fraction）两个参数之一。
② 过冷态（Subcooling）
a. 过冷选项（Subcooling option） 回流物和馏出物都过冷（Both reflux and liquid distillate are subcooled）/仅仅回流物过冷（Only reflux is subcooled）。
b. 过冷指标（Subcooling specification） 过冷物温度（Subcooled temperature）/过冷度（Degrees of subcooled）。

如选用了热虹吸再沸器，则需要进行设定：
① 指定再沸器流量（Specify reboiler flow rate）；
② 指定再沸器出口条件（Specify reboiler outlet condition）；
③ 同时指定流量和出口条件（Specify both flow and outlet condition）。

RadFrac 的计算结果从三部分查看：

① 结果简汇（Results summary）；
② 分布剖形（Profiles）；
③ 流股结果（Stream results）。

结果简汇给出塔顶（冷凝器）和塔底（再沸器）的温度、热负荷、流量、回流比和上升蒸汽比等参数，以及每一组分在各出物流中的分配比率。

分布剖形给出塔内各塔板上的温度、压力、热负荷、相平衡参数，以及每一相态的流量、组成和物性。据此可确定最佳加料板和侧线出料板位置。

RadFrac 模型带有内部的设计规定功能，通过设计规定（Design Specs）和变化（Vary）两组对象进行设定。可以设置多个设计规定对象和多个变化对象，但要注意两者间的依赖关系和自由度必须吻合，否则不能收敛。设计规定对象通过以下三张表单设置规定指标：

① 规定（Specification）；
② 组分（Components）；
③ 进料/产物流股（Feed/Product Streams）。

在规定表单中输入以下指标：
① 类型（Type） 有 36 种变量类型供选用。
② 目标（Target） 设定规定变量的目标值。
③ 流股类型（Stream type） 产物（Product）/内部（Internal）/倾析器（Decanter）。

在组分表单中输入定义目标值的组分（Components）（分子）和基准组分（Base Components）（分母）。从左侧可用组分（Available components）框中选择需用组分到右侧的选用组分（Selected Components）框中。

在进料/产物流股表单中选择定义设计规定目标值的流股名称。

在变化对象的 Specification 表单中输入调节变量及其调节范围的上、下限值。

RadFrac 模块可以设定实际塔板的板效率（Efficiencies）。用户可选用蒸发效率（Vaporization Efficiencies）或墨弗里效率（Murphree Efficiencies），并选择指定单块板的效率、单个组分的效率，或者塔段的效率。

报告（Report）中有一项对塔板设计非常重要，即性质选项（Property options）里的包括水力学参数（Include hydraulic parameters）选项。另外剖形选项（Profile options）里包括哪些塔板（Stages to be included in report）也很有用。

选择了包括水力学参数（Include hydraulic parameters）选项后，剖形结果中将给出指定塔板上的气、液两相的体积流量、密度、黏度和表面张力等塔板设计所需的参数。

塔板设计（Tray sizing）计算给定板间距下的塔径。可将塔分成多个塔段分别设计合适的塔板。在 Specification 表单中输入该塔段（Trayed section）的起始塔板（Starting stage）和结束塔板（Ending stage）序号、塔板类型（Tray type）、塔板流型程数（Number of passes），以及板间距（Tray spacing）等几何结构（Geometry）参数。

塔板类型提供了五种塔板供选用：
① 泡罩塔板（Bubble Cap）；
② 筛板（Sieve）；
③ 浮阀塔板（Glitsch Ballast）；
④ 弹性浮阀塔板（Koch Flexitray）；
⑤ 条形浮阀塔板（Nutter Float Valve）。

结果（Results）表单中给出计算得到的塔内径（Column diameter）、对应最大塔内径的塔板序号（Stage with maximum diameter）、降液管截面积/塔截面积（Downcomer area / Column area）、侧降液管流速（Side downcomer velocity）、侧堰长（Side weir length）。

剖形（Profiles）表单中给出每一块塔板对应的塔内径（Diameter）、塔板总面积（Total area）、塔板有效区面积（Active area）、侧降液管截面积（Side downcomer area）。

塔板核算（Tray rating）计算给定结构参数的塔板的负荷情况，可供选用的塔板类型与"塔板设计"中相同。

"塔板设计"与"塔板核算"配合使用，可以完成塔板选型和工艺参数设计。

"塔板核算"的输入参数除了从"塔板设计"带来的之外，还应补充塔盘厚度（Deck thickness）和溢流堰高度（Weir heights），多流型塔板应对每一种塔盘都输入堰高。

在塔板布置（Layout）表单中输入：

① 浮阀的类型（Valve type）、材质（Material）、厚度（Thickness）、有效区浮阀数目（Number of valves to active area）；

② 筛孔直径（Hole diameter）和开孔率（Sieve hole area to active area fraction）。

在降液管（Downcomer）表单中输入：

① 降液管底隙（Clearance）；

② 顶部宽度（Width at top）；

③ 底部宽度（Width at bottom）；

④ 直段高度（Straight height）。

塔板核算结果在结果（Results）表单中列出，有三个参数应重点关注：

① 最大液泛因子（Maximum flooding factor），应该小于 0.8；

② 塔段压降（Section pressure drop）；

③ 最大降液管液位/板间距（Maximum backup / Tray spacing），应该在 0.25～0.5 之间。

填料设计（Pack sizing）计算选用某种填料时的塔内径。在 Specification 表单中输入填料类型（Type）、生产厂商（Vendor）、材料（Material）、板材厚度（Sheet thickness）、尺寸（Size）、等板高度（Height equivalent to a theoritical plate）等参数。

填料类型共有 40 种填料供选用，以下是 5 种典型的散堆填料：

① 拉西环（RASCHIG）；

② 鲍尔环（PALL）；

③ 阶梯环（CMR）；

④ 矩鞍环（INTX）；

⑤ 超级环（SUPER RING）。

以下是 5 种典型的规整填料：

① 带孔板波填料（MELLAPAK）；

② 带孔网波填料（CY）；

③ 带缝板波填料（RALU-PAK）；

④ 陶瓷板波填料（KERAPAK）；

⑤ 格栅规整填料（FLEXIGRID）。

结果（Results）表单中给出计算塔内径（Column diameter）、最大负荷分率（Maximum fractional capacity）、最大负荷因子（Maximum capacity fractor）、塔段压降（Section pressure drop）、比表面积（Surface area）等参数。

填料核算（Pack rating）计算给定结构参数的填料的负荷情况，可供选用的填料类型与"填料设计"中相同。"填料设计"与"填料核算"配合使用，可以完成填料选型和工艺参数设计。

RadFrac 模块用于吸收计算时：

① 在 Configuration 表单中将冷凝器和再沸器类型选为"None"；

② 在 Streams 表单中将塔底气体进料板位置设为塔板总数加 1，并将加料规则（Convention）设为"Above-Stage"；

在收敛（Convergence）项目中：

① 将基本（Basic）表单里的算法（algorithm）设置为"Standard"，并将最大迭代次数（maximum iterations）设置为 200；

② 将高级（Advance）表单里的第一栏吸收器（Absorber）设置为"yes"。

脱吸是吸收的逆过程，脱吸计算与吸收计算的模型参数设置相同，只是物料初始组成不同。

11.4 Aspen Plus 应用实例

11.4.1 二元混合物连续精馏的计算

二元精馏是最为简单的一种精馏操作，其设计和操作计算是多元精馏计算的基础。二元精馏的设计可采用简捷法和逐板计算法，Aspen Plus 则采用 Winn-Underwood-Gilliland 简捷法进行设计，对应 "Colums" 中 "DSTWU" 模块。由于简捷法的计算误差较大，所以需要用严格精馏模型对设计结果进行验证，采用 "Colums" 中的 "RadFrac" 模块。

例 11-1 用一常压操作的连续精馏塔，分离含苯为 0.44（摩尔分数，以下同）的苯-甲苯混合液，要求塔顶产品中含苯不低于 0.975，塔底产品中含苯不高于 0.0235。操作回流比为 3.5。试用 Aspen Plus 计算原料液为 20℃ 的冷液体时的理论板层数和加料板位置。

解：① 绘制流程图。选择单元模块区中 "Colums" 下的 "DSTWU" 模块，该模块采用 Winn-Underwood-Gilliland 简捷法计算给定分离任务所需的理论板数。之后将鼠标移到流程区单击，在流程图区域内将出现一个塔。然后再将鼠标移到物流、能流区并单击，这时将在塔图形上出现需要连接的物流（用红色表示）。将鼠标移到红色标记前后，通过拖动来连接进出该精馏塔的物流。如图 11-6 所示。

② 为项目命名。单击 "N→"，则系统弹出项目建立对话框，在 "Title" 中输入模拟流程名称 "精馏塔设计"，在 "Units of measurement" 中选择输入输出数据的单位制，一般选择米制。如图 11-7 所示。

③ 输入组分。单击 "N→"，系统弹出模拟流程组分对话框。点击 "Find" 按钮，分别输入苯和甲苯的英文名称 "BENZENE" 和 "TOLUENE"，在系统数据库中搜索这两种物质，查找到以后点击 "add" 按钮将它们添加到系统模拟组分列表中。如图 11-8 所示。

④ 制定物性计算方法。单击 "N→"，系统弹出物性计算方法对话框。由于苯和甲苯性质较为接近，可以认为是理想体系，因此在对话框中选择 "IDEAL" 方法。

⑤ 输入物流属性。单击 "N→"，系统弹出物流属性输入对话框。在本设计中，只需要指定进料状况，出料状况是根据分离要求计算出来的。在进料参数对话框中，输入温度 20℃，压力 1atm，流量 100kmol/h（该值可任意给定，不影响理论板数的计算），摩尔分数（苯：0.44，甲苯：0.56）。如图 11-9 所示。

⑥ 输入塔参数。单击 "N→"，系统弹出塔设备属性输入对话框。输入回流比 3.5，指

第 11 章　Aspen Plus 在化工分离计算中的应用

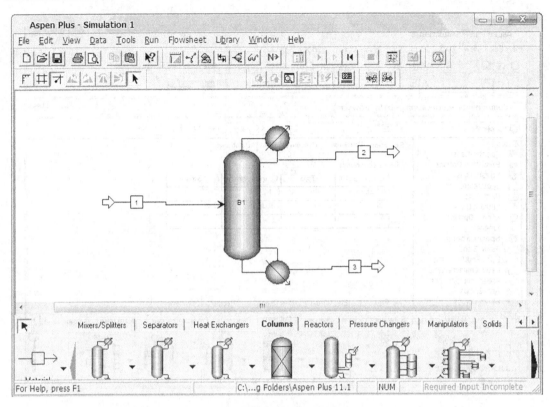

图 11-6　流程图

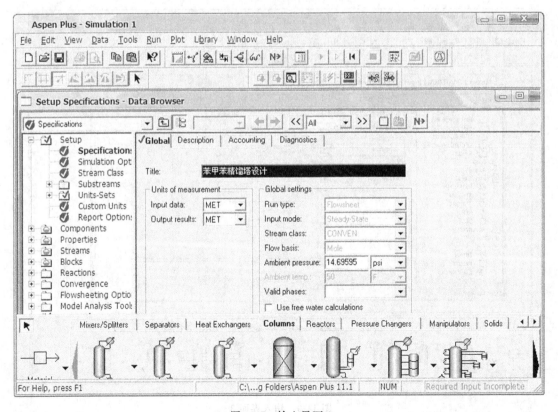

图 11-7　输入界面 1

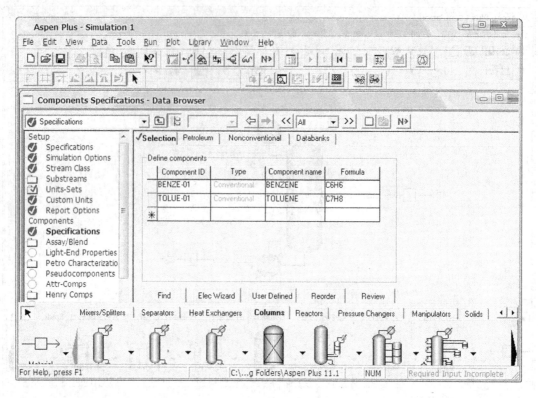

图 11-8　输入界面 2

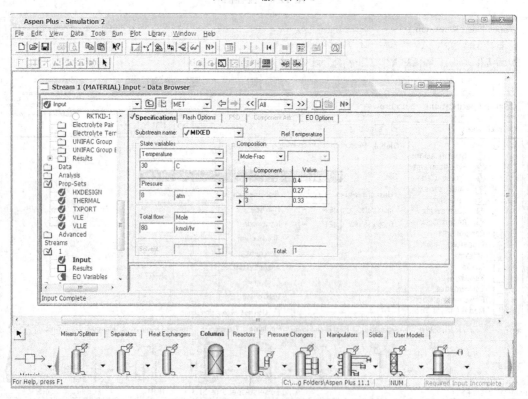

图 11-9　输入界面 3

第 11 章　Aspen Plus 在化工分离计算中的应用

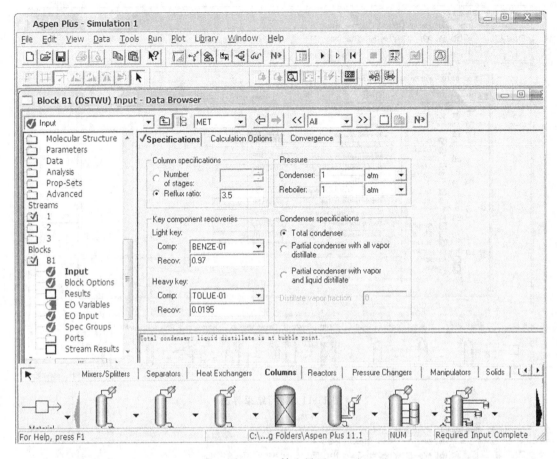

图 11-10　输入界面 4

定塔顶冷凝器和塔釜再沸器的操作压力 1atm（图 11-10）。根据产品组成要求，利用下列公式计算各组分在塔顶的回收率：$Dx_D/Fx_F=0.97$，$D(1-x_D)/F(1-x_F)=0.0195$，选全凝器。

⑦ 计算至此，已填写完毕所有需要输入的信息，输入区的红色标记将消失。然后点击"N→"，系统开始计算，计算完成后，可以点击"Results Summary"查看计算结果，见图 11-11，通过《和》将模拟结果前后翻页。该分离要求下的最小回流比为 1.12，最小理论板数为 8.17，实际所需理论板数为 10.43，加料板位置为 6.32。

例 11-2　根据例 11-1 所得计算结果，利用严格精馏塔模型，重新计算产品状态。

解：例 11-1 反映的是设计问题，即已知输入和输出求设备参数。而本例反映的是操作型问题，即已知输入和设备参数求输出。一般来说，由于设计型问题属于试差过程，计算量较大，往往采用简捷法压缩计算量，这样势必导致计算结果具有一定的误差。而操作性问题为正常的方程组求解问题，往往建立较为复杂的精确模型，计算结果较为可靠。因此，为保证结果的准确性，设计结果通常还需要采用操作计算进行核算，本例实际上就是对例 11-1 的核算过程。

这一计算过程同例 11-1 的重要区别是设备计算模块不同，这里采用单元模块区中"Columns"下的"RadFrac"模块，该模块采用严格的两相和三相精馏塔模型图 11-12。这里需要指定理论板数、塔顶冷凝器和塔釜再沸器类型，并指定塔顶产品采出量和回流比。

之后，还需要指定进料板位置和产品采出位置，如图 11-13 所示。最后，再给定塔内压力分布，如图 11-14 所示。

现代分离技术

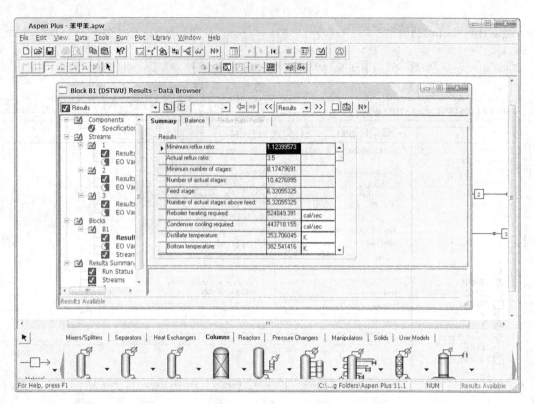

图 11-11　运行结果界面

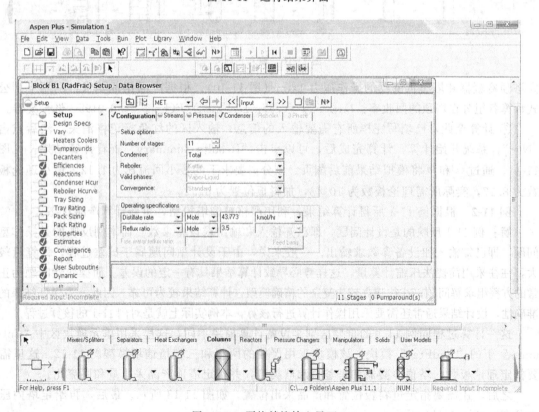

图 11-12　严格精馏输入界面 1

第 11 章　Aspen Plus 在化工分离计算中的应用

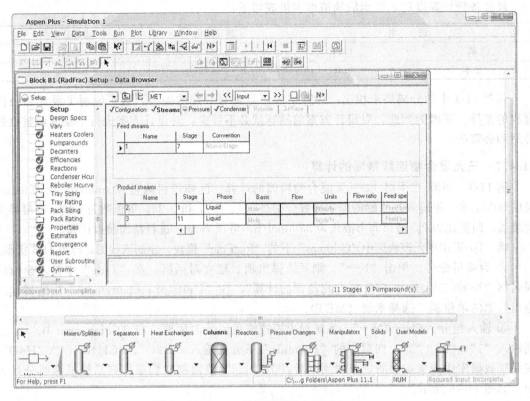

图 11-13　严格精馏输入界面 2

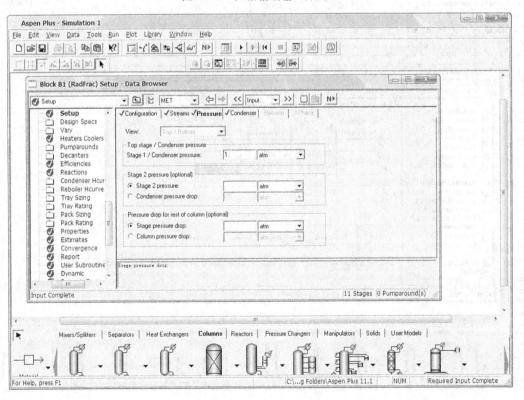

图 11-14　严格精馏输入界面 3

经过系统计算以后，得到的物流摩尔组成如下：

	进料	塔顶采出	塔釜采出
苯	0.44	0.9577	0.0291
甲苯	0.56	0.0423	0.9708

与例 11-1 中的分离要求相比，计算结果还是具有一定的差异，这正说明了设计和模拟过程的差异。正因为如此，对设计方案的核算就必不可少，对设计方案进行小幅度调整也是必然和必需的。

11.4.2 三元混合物连续精馏的计算

例 11-3 甲醇-二甲醚-水-三元混合物精馏的计算：已知进料流量 80kmol/h、压力 8atm、温度 30℃，水、甲醇和二甲醚的摩尔分数分别是 0.4、0.27 和 0.33，塔板数为 5 块，冷凝器为全凝器，回流比为 2，塔顶馏出液量为 25 kmol/h，塔顶 7atm，进行精馏模拟计算。

解：① 采用单元模块区中"Columns"下的"RadFrac"模块，绘制流程图，与图 11-6 类似。

② 为项目命名。单击"N→"，则系统弹出项目建立对话框，在"Title"中输入模拟流程名称"甲醇-二甲醚-水-三元混合物精馏的计算"，在"Units of measurement"中选择输入输出数据的单位制，选择米制（MET）。

③ 输入组分。单击"N→"，系统弹出模拟流程组分对话框。在"Compenent ID"下分别输入"1"、"2"、"3"，在对应的"Formula"下分别输入"H2O"、"CH4O"、"C2H6O"，在系统数据库中搜索这物质，查找到以后点击"add"按钮将它们添加到系统模拟组分列表中。如图 11-15 所示。

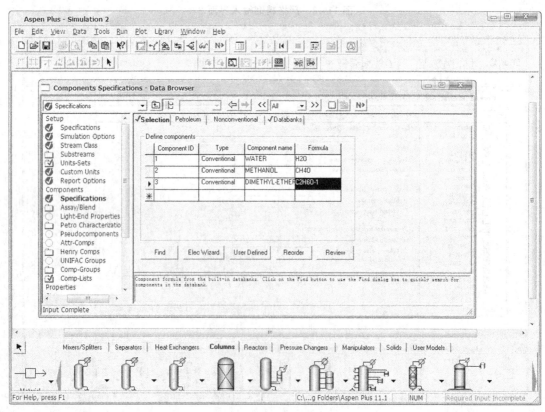

图 11-15 输入模拟流程组分

第 11 章 Aspen Plus 在化工分离计算中的应用

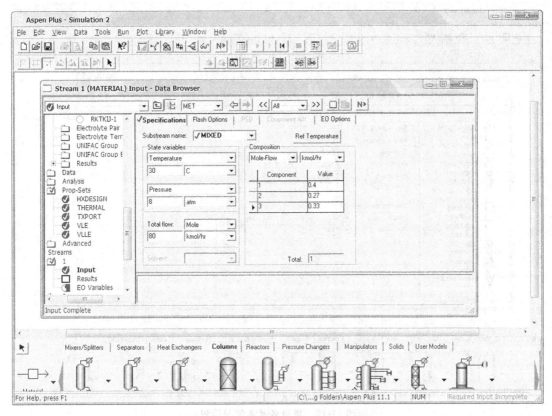

图 11-16　输入物料基本情况设置

④ 制定物性计算方法。单击"N→"，系统弹出物性计算方法对话框，在对话框中选择"PENG-ROB"方法（实际应用中，具体的物流特性估算方法应根据具体的情况，结合热力学知识进行选择，否则会出错）。

⑤ 输入物流属性。单击"N→"，系统弹出物流属性输入对话框。主要有进料流量 80kmol/h、压力 8atm、温度 30℃和水、甲醇和二甲醚的摩尔分数 0.4、0.27 和 0.33，如图 11-16 所示。

⑥ 输入塔参数。单击"N→"，系统弹出塔设备属性输入对话框。输入塔板数 5 块，冷凝器为全凝器，回流比为 2，塔顶馏出液量为 25 kmol/h，以及其他各参数，如图 11-17 所示。

⑦ 单击"N→"，输入加料板位置及出料物流的气、液状态；再单击"N→"，输入塔压情况，计算完成后，可以点击"Results Summary"查看计算结果。

11.4.3　乙醇-水-苯恒沸精馏的计算

精馏操作是依据液体混合物中各组分的挥发度不同来进行分离的，如果待分离液体形成恒沸物，导致两组分间的相对挥发度近似等于 1，则不能用普通的精馏方法实现分离。这时，可在原混合物中加入第三种组分（称为夹带剂或恒沸剂），使该组分与原有的一个或两个组分形成新的恒沸物，从而促使原液体用普通精馏的方法来分离，称为恒沸精馏。乙醇-水混合物的分离是最为常见的恒沸精馏流程之一，如图 11-18 所示。

工业乙醇与苯进入恒沸精馏塔中，形成的乙醇-水-苯三元恒沸物由塔顶蒸出。由于该恒沸物中含较多的水分，所以塔釜采出近于纯态的乙醇。塔顶蒸汽进入冷凝器后，一部分回

225

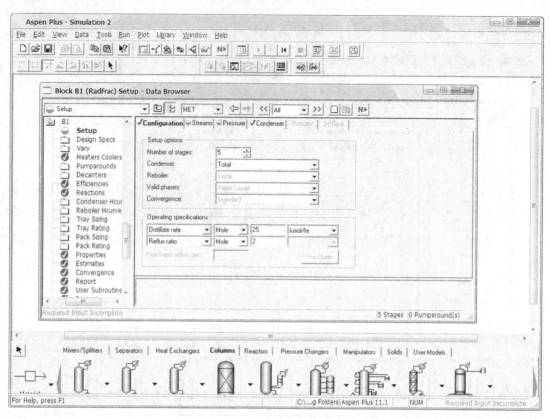

图 11-17 塔设备基本情况设置

流，另一部分进入分层器。分层器的轻相返回恒沸塔补充回流，重相进入苯回收塔。回收塔顶部蒸汽进入冷凝器，塔釜产品为稀乙醇。有时也将回收塔的塔釜出料再送入一个乙醇回收塔，塔釜最终引出的几乎为纯水。由于流程中的苯是循环使用的，所以只需定期补充少量的苯即可维持恒沸塔的操作。

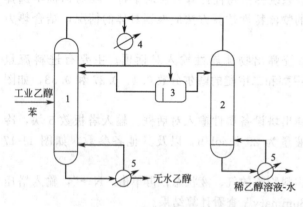

图 11-18 无水乙醇恒沸精馏流程示意图
1—恒沸精馏塔；2—回收塔；3—分层器；
4—冷凝器；5—再沸器

例 11-4 现有乙醇-水原料，其中乙醇流量为 21.043 kmol/h，水流量为 3.426 kmol/h。利用图 11-18 所示工艺获取无水乙醇，要求产品中乙醇摩尔分数不低于 0.99。已知恒沸塔理论板数为 20，在第 6 块板处进料，塔顶采出流量为 28.60kmol/h，回流量为 82.51kmol/h；回收塔理论板数为 15，从塔顶进料，塔釜热负荷为 80kW，要求塔釜出料中的苯摩尔分数小于 0.01。试利用 Aspen Plus 对该流程进行模拟，并确定夹带剂苯的适宜用量。

解：① 绘制流程图。恒沸塔 DIST1 和回收塔 DIST2 均使用 "Columns" 中的 "RadFrac" 模块，分层器 DECANTER 使用 "Separators" 中的 "Decanter" 模块，本题也可用 1 个带 Decanter 的 "RadFrac" 模块模拟恒沸塔，"RadFrac" 模块模拟回收塔，如图 11-19 所示。

Decanter 模块执行给定热力学条件下的液-液平衡或液-游离水平衡计算，输出两股液相

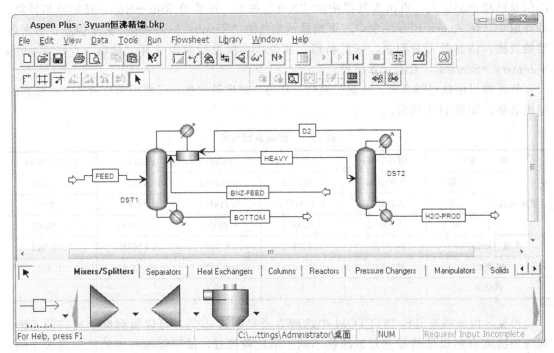

图 11-19 无水乙醇恒沸精馏模拟流程图

产物，用于模拟液-液分离器、水倾析器等。

② 指定组分。在"Components"项目的"Specifications"中，按英文名称或分子式查找乙醇、水和苯三种组分，并添加到组分列表中。

③ 指定热力学计算方法。该步骤主要用于指定物系的气-液平衡计算方法。由于该物系为非理想体系，且存在部分互溶问题，所以热力学方法采用 NRTL。该方法在 Properties→Global→Base method 中指定。

④ 输入物流信息。恒沸塔进料 FEED 的输入信息，包括压力、汽化率（或温度）、组分流量（或流量和组成）。夹带剂苯的用量关系到无水乙醇的浓度，可以先给定一个初始流量（如图中显示的 0.74kmol/h），然后再逐步降低该值，直到乙醇产品达到浓度要求。

⑤ 输入设备信息。恒沸精馏塔的输入信息，在 Blocks→DIST1 中首先输入恒沸塔设备参数，设置塔板数（Number of stages）为 20，冷凝器（Condenser）为全凝器（Total），有效相为气-液-液（Vapor-Liquid-Liquid）。考虑到该塔中存在恒沸物，所以收敛算法（Convergence）采用恒沸算法（Azeotropic）。在操作参数（Operating specifications）中输入馏出液流量（Distillate rate）为 28.6kmol/h，回流液流量（Reflux rate）为 82.51kmol/h。该模块还需要输入操作压力（1atm）、三相范围（1~20），由于比较简单，在此不再单独说明。

苯回收塔的设备信息：理论板数（Number of stages）为 15；由于该塔与恒沸塔共用一冷凝器，所以此处冷凝器（Condenser）选择无（None）；有效相态（Valid phases）选择气-液-液三相（Vapor-Liquid-Liquid）；由于该塔中乙醇浓度较低，不出现恒沸物，所以收敛算法（Convergence）选用标准算法（Standard）。操作参数（Operating specifications）中仅需指定再沸器热负荷（Reboiler duty）为 14 kW。该塔的其他信息指定方式与恒沸塔相似，不再赘述。

⑥ 开始模拟。经过以上步骤，所有的信息输入项均显示了蓝色的"√"标志，表示所

需信息已经全部输入。点击工具栏中的"N→"按钮，或菜单 Run→Run，开始模拟计算。计算成功，则 Aspen Plus 主窗口右下角显示蓝色的"Results Available"提示信息；否则需要检查输入信息是否有问题，或重新指定初值，再次进行模拟计算。最后，点击 Results Summary→Streams，查看计算结果。

物流输出信息包括组成、流量、温度、压力、密度等信息，可根据需要拷贝，组成新的输出表格，如表 11-1 所列。

表 11-1 物流输出信息

物流		BOTTOM	D2	FEED	HEAVY	H_2O-PROD
摩尔组成	乙醇	0.995894	0.287952	0.856488	0.481706	0.513342
	水	5.18E-05	0.1907813	0.139444	0.441602	0.48255
	苯	4.05E-3	0.521234	4.07E-3	0.076692	4.11E-03
流量/(kmol/h)		17.47101	1.158942	24.569	8.256935	7.097994
温度/K		351.1679	337.3673	350.8915	337.3596	351.1955
汽化率		0	1	0	0	0

可见，恒沸塔釜出料 BOTTOM 中乙醇含量已超过 0.99，可以得到纯度较高的乙醇。其塔顶物流 D 组成虽然与三元恒沸物不同，但比较接近，说明恒沸精馏的原理是成立的。回收塔顶产品 D2 也具有类似的恒沸组成，但苯含量偏低，这是由于大部分的苯均通过分层器回流至恒沸塔内。回收塔釜 W2 中苯的含量仅为 4.11×10^{-3}，说明苯几乎全部被回收了，这样一方面可以减少苯的加入量，另一方面可以减少苯的污染。

习 题

1. 根据以下条件设计一座分离甲醇、水、正丙醇混合物的连续操作常压精馏塔。生产能力：4000t 精甲醇/年；原料组成：甲醇 70%（质量分数，下同），水 28.5%，丙醇 1.5%；产品组成：甲醇 $\geqslant$ 99.9%；废水组成：水 $\geqslant$ 99.5%；进料温度：323.15K；全塔压降：0.011MPa；所有塔板的 Murphree 效率 $Eff_i^M = 0.35$。给出下列设计结果：

(1) 进料、塔顶产物、塔底产物、侧线出料流量；
(2) 全塔总塔板数 N；
(3) 最佳加料板位置 NF；
(4) 最佳侧线出料位置 NP；
(5) 回流比 R；
(6) 冷凝器和再沸器温度；
(7) 冷凝器和再沸器热负荷；
(8) 使用 Koch Flexitray 和 Glistch Ballast 塔板时的塔径和板间距。

2. 用甲醇在低温和加压条件下吸收合成气里的二氧化碳。原料合成气的温度为 20℃，压力为 2.9 MPa，流量为 1000 kmol/h，摩尔组成为 CO_2：12%，N_2：23%，H_2：65%。要求经吸收处理后的净化合成气中的 CO_2 浓度降低到 0.5%。吸收剂甲醇中 CO_2 含量为 0.1%，冷却到 -40℃ 下进入吸收塔。给出下列设计结果：

(1) 合理的吸收塔理论塔板数；
(2) 进入吸收塔的吸收剂流量；
(3) 吸收剂甲醇的消耗量；
(4) 使用 MellaPak 填料时的塔径和最大负荷分数（maximum fractional capacity）。

参 考 文 献

[1] 马江权，杨德明，龚方红. 计算机在化学化工中的应用. 北京：高等教育出版社，2005.
[2] 天文德，王晓红. 化工过程计算机应用基础. 北京：化学工业出版社，2007.
[3] 方利国. 计算机在化学化工中的应用. 北京：化学工业出版社，2003.
[4] 杨友麒，项曙光. 化工过程模拟与优化. 北京：化学工业出版社，2006.
[5] Finlayson B A 著. 化工计算导论. 朱开宏译. 上海：华东理工大学出版社，2006.

参考文献